会声会影X3权威指南

詹景森 窦宏宇 禹秀日 等编著

電子工業出版社
Publishing House of Electronics Industry
北京•BEIJING

内 容 简 介

本书作者们都是具有丰富实务经验的专业级玩家，透过深入浅出的引导，将影音编辑的全技巧以实例应用的方式，介绍如何从影片撷取、剪辑、转场及滤镜特效到字幕配乐的运用，让您轻松上手，立即晋升专业级。书中也针对最热门的高画质蓝光、AHCHD影片的刻录，影片上传YouTube或是转存到手机、iPod、iPhone等行动装置的操作有详尽的说明，让您的学习事半功倍，是您精通影音编辑技巧的最佳指南。

本书应该是喜欢摄影、照片编辑与影片编修等数字内容爱好者学习的好帮手。

图书在版编目（CIP）数据

会声会影X3权威指南 / 詹景森等编著. 一北京：电子工业出版社，2010.9
ISBN 978-7-121-11486-1

Ⅰ. ①会… Ⅱ. ①詹… Ⅲ. ①多媒体－图形软件，会声会影X3－基本知识
Ⅳ. ①TP391.41

中国版本图书馆CIP数据核字（2010）第147522号

责任编辑：孙学瑛
印　　刷：
装　　订：北京画中画印刷有限公司
出版发行：电子工业出版社
北京市海淀区万寿路173信箱　　邮编100036
开　　本：787×980 1/16　　印张：23　　字数：387千字
印　　次：2010年9月第1次印刷
印　　数：4000册　　定价：59.80元（含DVD光盘1张）

凡所购买电子工业出版社图书有缺损问题，请向购买书店调换。若书店售缺，请与本社发行部联系，联系及邮购电话：（010）88254888。
质量投诉请发邮件至zlts@phei.com.cn，盗版侵权举报请发邮件至dbqq@phei.com.cn。
服务热线：（010）88258888。

推荐序

在每一个人的生命中常常有一些珍贵或难忘的时刻，让我们迫不急待地想与最亲爱的人分享或保存下来。我对小时候印象最深刻的就是假日晚上围着妈妈一起看幻灯片。我妈妈很喜欢拍照，结婚前拍了很多她和我爸爸出游的点点滴滴，婚后主角就变成了我们几个小孩。每到假日全家一起看幻灯片成了小时候最甜蜜的回忆。随着科技的进步，相机由黑白变彩色再到千万像素；家用摄影机由V8、DV、DVD 到Full HD。技术在不断地演进，不变的是，人们对生命中美好时刻的珍藏。

多媒体影音市场的发展从1995年DV摄影机的推出为家用影音市场的新纪元揭开了序幕，随着DVD的普及以及近年来网络分享的热潮，让原先专业的影片剪辑不再遥不可及，一般消费者也能开始利用影音纪录生命中值得珍藏的时刻，不管是小宝贝的成长历程、旅游纪趣，还是浪漫婚礼 MV、Kuso影片，只要搭配影音编辑软件，就能让您轻松剪辑，制作出具有好莱坞专业水平的影片与人分享，让感动瞬间停留。

Corel 会声会影是一套专为消费者所设计的全方位视频编辑软件，简单易懂的操作接口加上内建的好莱坞专业级影片特效及丰富的编辑素材和专业范本，不管是编辑家庭影片还是专业用途，都能让您充分发挥创意让影片有更令人惊艳的效果。

《会声会影X3权威指南》的作者们都是具有丰富实务经验的专业级玩家，透过深入浅出的引导，将影音编辑的全技巧以实例应用的方式，介绍如何从影片撷取、剪辑、转场及滤镜特效到字幕配乐的运用，让您轻松上手，立即晋升专业级。书中也针对最热门的高画质蓝光、AHCHD影片的刻录，影片上传YouTube或是转存到手机、iPod、iPhone等行动装置的操作有详尽的说明，让您的学习事半功倍，是您精通影音编辑技巧的最佳指南。

郭琼斐

Corel 科立尔数字科技 市场营销中心 资深协理

推荐序

初认识Tommy就知道他是个数字达人，在带着他上电视台以及平面媒体访问时更深深地了解他是如何热诚地想让编修照片、高画质影片的技术普及化，在我眼中他是影音软件业界的资深教祖级的多媒体玩家，也是我所见过把影音科技融入生活的最佳代言人，非常期待《会声会影X3权威指南》的上市，这本书内容丰富，更注入了其他新生代玩家们的热血作品，透过不同主题式的步骤教学，让学习影音编辑不再是难事，这本新书必定是喜欢摄影、照片编辑与影片编修等数字内容爱好者的好消息!

蔡可靖

Corel科立尔数字科技 亚太区公关经理

会声会影是一个值得我们骄傲的产品。与其说它是一套影音编辑软件，我更认为它是一位身怀绝技的影音大师，让使用者将素材发挥到淋漓尽致，并透过专业方式呈现出一个个动人的故事。《会声会影X3权威指南》以浅显易懂的文字，结合情境式范例与解析，帮助您在短时间内学会所有的影音编辑基本功，巧妙应用软件中各种工具及效果。透过此书，您能成为身怀绝技的魔术师，带您的观众进入奇幻的影音世界！

魏孝如

Corel 科立尔数字科技　亚太区产品经理

推荐序

喜爱【会声会影】的您一提到影片剪辑，脑海中就浮现出“学习门坎高”、“费时又费力”的旧印象吗？您手上的这本书，绝对能让影片剪辑变得既简单又有趣！本书以作者丰富的实务经验，提供您三大学习优势：精彩而清晰的操作逻辑与技巧；名师详细图例解说，大方教授独门绝招；每章提供考题，帮助自我学习成果评估，适合教育学习使用。您终于可以省下购买一大堆书籍或上计算机补习课程的金钱与时间，也不需再请教亲朋好友。本书带领您真正活用会声会影X3，完成您独一无二、值得典藏的生活集锦影片光盘！

黄千凌

Corel 科立尔数字科技 亚太区网络营销经理

全新的会声会影X3可以带给爱好者什么样长期的影音新震撼呢？当我不断思索这个问题时，我在《会声会影X3权威指南》中找到了答案！广泛的应用，即刻上手的指导用书——欢迎您透过这本书一起与Corel进入热闹华丽的影音新视界！

姜　瑜

Corel 科立尔数字科技 市场营销中心 营销副理

序

回想笔者接触的第一个版本的会声会影已经是11年前的事了，离笔者出版的第一本书《会声会影5》已经是八九年前的事了，时间过得真快，现在已经是第13个版本了。随着科技的进步，不仅是硬件变得多样化且方便，软件更是日新月异。以前真的很难想象，现在的视频编辑已经迈入FULL HD的年代了，另外在线影音分享如优酷网、土豆网等已经与我们生活密不可分了，使用会声会影这个版本可以快速地上传您的作品到这些视频网站与更多人分享。

在笔者从事多媒体教学8年多的日子里，深深地体会师父领进门修行在个人的道理，相信大家透过此书的介绍加上个人的创意，人人都能在短时间内成为影音艺术家。本书是由一群经验丰富的官方讲师及技术工程师们所编写的，相信市面上再也没有任何一本书能这么地切中要领。想要更快地学习会声会影X3精华以及精彩范例的人，千万不能错过这本书。

詹景森

Corel 资深营销经理

序

为什么会有这本书呢?

数字影像及视频的应用，不论是信息传达、娱乐休闲、教育学习、网络交流还是工作，已经在现代人的生活中无所不在。

在笔者从事技术支持的这几年中，接触到的不管是刚开始想要了解影音剪辑的入门者、摄影爱好、一般家庭使用者，以及客户来电，许许多多的问题都是为了能够轻松快速地将影片漂亮地制作完成。这本书的目的，就是利用“会声会影X3”这套容易上手而又具专业水平的影音剪辑软件，将影片撷取、剪辑、配乐、刻录等技巧及各种应用方式，一次完整地介绍给大家。

本书撰写的方式及内容，是透过各种实用范例的引导，从入门到进阶应用，让读者能一边操作，一边轻松学习，立刻就能直接完成想要的作品。不管是高画质的家庭影片、电子相簿、YouTube个人影片，还是好莱坞专业水平的创意影片等，您都会惊讶地发现，影音剪辑制作一点都不难!

最后要感谢Corel辛苦工作的同仁们给予的鼓励、指导和帮助。也谢谢书中的主角Toto、Camu、波妞、小小，你们给此书带来了美好的画面。

周文琪、张雅婷

光盘内容说明

以下为本书附赠的光盘的内容，如果您要安装试用版软件请直接进入该软件的文件夹内，以鼠标直接双击执行文件就可进行安装。本书中所提到的范例素材皆存放于“范例”的文件夹内，本书中所提供的任何文件读者们皆可以自由使用练习，但禁止将光盘内容进行销售、租借或用来发表等事宜。

光盘内容

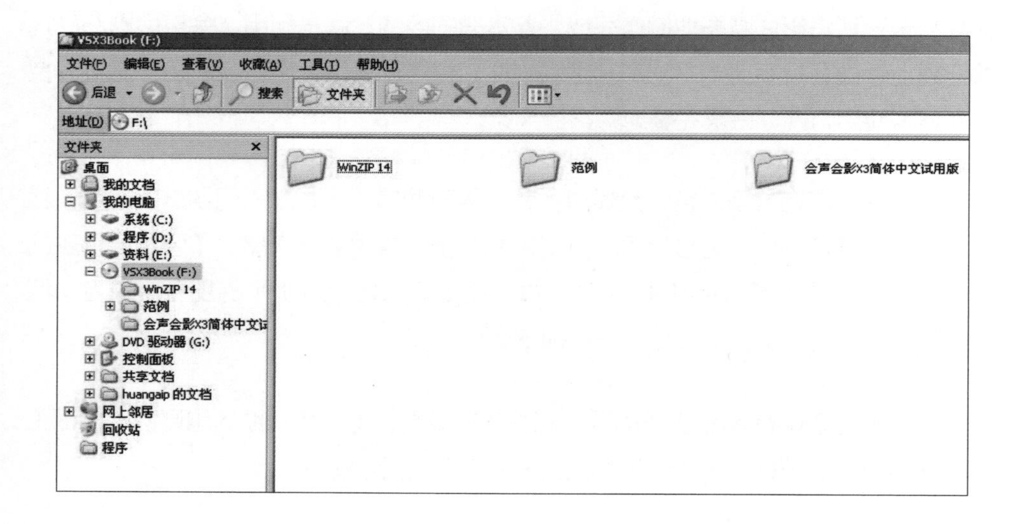

第 1 章

会声会影操作界面大剖析

1-1 操作界面和功能

在开始动手制作之前，我们要先了解会声会影 X3 的4种编辑模式，它们各提供了什么样的功能；并且依照我们不同的制作需求来选择最合适的编辑模式，正如在旅行出发前，也要先拿出地图看看走哪一条路能到达我们想去的地方。快速浏览以下的操作界面和功能介绍，我们就能知道每次进入会声会影 X3 时，该选择何种模式来帮助我们完成制作!

依照我们的制作需求来选择会声会影X3的4种编辑模式，若要制作16：9比例，记得要勾选【宽屏幕（16：9）】。

高级编辑——VideoStudio Pro X3：制作影片的首选模式。依照捕获、编辑、分享3个步骤，将功能分类，能直觉式操作搭配转场、标题、滤镜、音频等特效，使影片有了千万种变化。

◉ 高级编辑工作窗口

简易编辑——VideoStudio Express 2010：快速简易的编辑模式，提供数种影片风格可供套用，也可以让我们快速地将影片、相片上传到土豆、优酷等人气网站。

◎ 简易编辑工作窗口

DV-to-DVD 向导：快速捕获 DV 摄影机，并直接刻录成光盘。

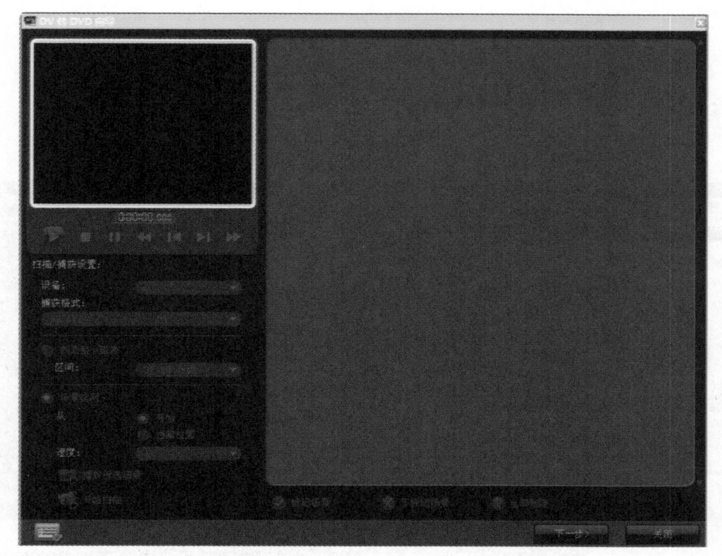

◎ DV-to-DVD 向导工作窗口

刻录 · 转换——DVD Factory Pro 2010：执行刻录、转换文件的最佳选择，还能直接与移动设备，如iPod、 iPhone、PSP等直接连接传输。

刻录·转换文件工作窗口

1-2 高级编辑—VideoStudio Pro X3 的用户界面

使用界面介绍

❶ 步骤面板：包含捕获、编辑与分享按钮，为制作影片的三大步骤。

❷ 功能选项：包含文件、编辑、工具与设定，各提供不同的执行指令。

❸ 预览窗口：显示目前播放的项目或素材。

❹ 浏览面板：提供播放键与与精密微调剪辑。在捕获步骤，还可作为控制DV或HDV摄影机的控制 面板。

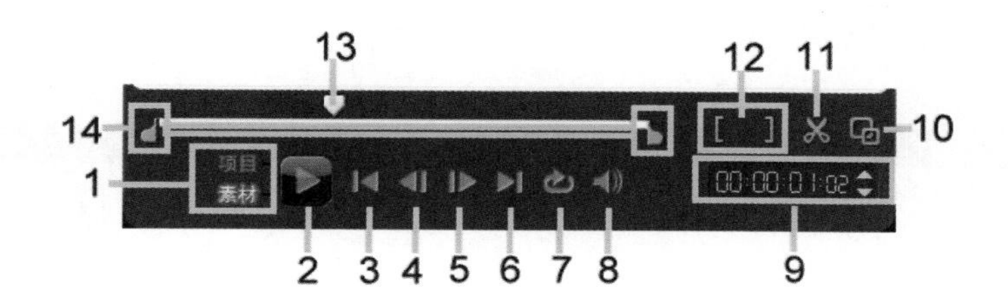

1 播放模式：预览整个项目或预览选取的特定素材。

2 播放：播放、暂停选取的素材。

3 最前面：回到开始帧。

4 上一个：移至前一个帧。

5 下一个：移至后一个帧。

6 最后面：移至结束帧。

7 重复：重复播放。

8 音量：点击并拖曳滑杆调整喇叭音量。

9 时间码：显示项目或素材时间。分别代表的是：时、分、秒、帧。

10 放大预览窗口：放大预览窗口，可以看得更清楚，但是无法编辑素材。

11 分割素材：将选定素材一分为二；将实时预览滑杆拖曳至欲分割处，再按下此钮。

12 标记开始时间／标记结束时间：使用起始点和结束点设定项目的范围。

13 修剪标记：拖曳两端标记可设定项目预览范围或修剪素材。

14 实时预览滑杆：拖曳滑杆浏览项目或素材。播放速度随拖曳速度而定。

❺ 工具栏：包含故事版视图与时间轴视图切换按钮与其他快速设定。

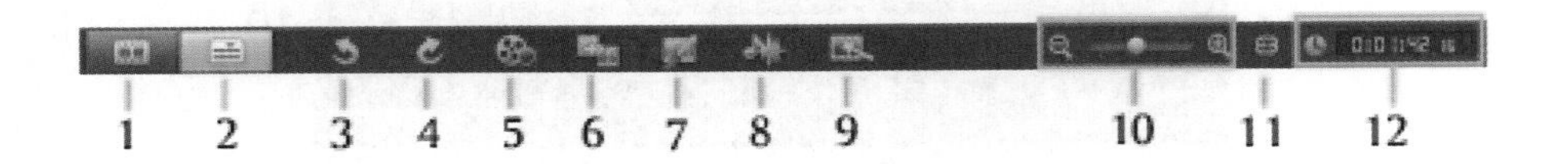

1 故事版视图：在时间轴上显示图像的缩略图。

2 时间轴视图：可以更精确编辑您的素材。

3 撤销：回复到上一个执行动作。

4 取消撤销：取消回复上一个执行动作。

5 录制/捕获选项：在此可执行画面捕获、录制旁白、捕获视频等动作。

6 批量转换：能将多个视频文件转换成一个特定的视频格式。

7 绘图创建器：在相片或影片素材上绘图，并录制绘图笔触。

8 混音器：提供环绕音效混音器并显示时间轴上的音频，方便自定义音频配置。

9 快速模板：模板可插入项目时间轴最前面或最后面，来作为影片的片头或片尾。

10 缩放控制：可将时间轴拉近或拉远显示。

11 将项目调整到时间轴窗口大小：让整个项目长度刚好符合窗口大小。

12 项目时间长度：显示整个项目长度。

❻ 项目时间轴：显示项目中的所有素材、标题与特效。

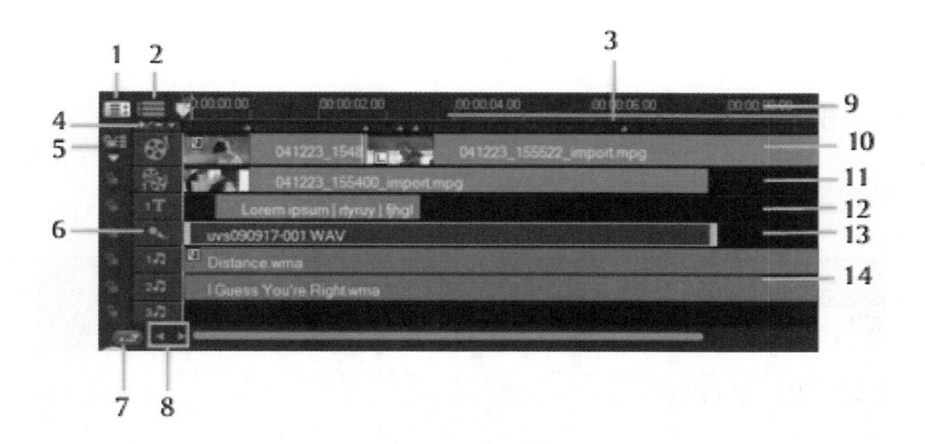

1 显示所有轨道：能全部显示目前开启的所有轨道。

2 轨道管理器：管理项目中轨道，选择开启/关闭特定轨道。

3 选取范围：以彩色线条代表经过修剪的素材或项目的选取范围。

4 添加/删除章节点：在项目影片中添加或移除章节提示点。

5 启用/停用连续编辑：插入素材前可先设定指定轨道启用或停用状态。

6 数据轴按钮：点击不同轨道的图示以切换轨道。

7 自动卷动时间轴：预览素材时，可以沿着时间轴卷动。

8 往后/往前卷动：以两端三角形或滑杆往后或往前卷动时间轴。

9 时间轴标尺：显示目前素材或项目位置的时间，以“时:分:秒:帧”表示。

10 视频轨：可放置视频，图像，色彩素材与转场。

11 覆迭轨：制作子母画面，分割效果的轨道，可放置视频，图像或色彩素材。

12 标题轨：标题素材放置的轨道。

13 语音轨：录音/旁白素材放置的轨道。

14 音乐轨：音乐素材放置的轨道。

⑦ 素材库：存放所有的媒体素材。

1 图库：在图库下拉式选单中切换媒体类型。

2 添加：将媒体素材导入素材库。

3 排序素材库内的素材：以文件名或日期排序素材。

4 缩放素材缩图：放大或缩小素材缩图。包含控制，按钮和其他信息，可以选定素材做不同的自定义选项。依照选定的媒体性质，此面板的设定内容会有所不同。

⑧ 素材列：根据媒体类型分类素材——转场，标题，图形，滤镜与音频。

⑨ 选项面板：包含控制，按钮和其他信息，可以选定素材做不同的自定义选项。依照选定的媒体性质，此面板的设定内容会有所不同。

菜单介绍——文件菜单

1 新建项目：建立新的会声会影项目文件。此操作会清除现有工作区，并依据【添加】对话框中的设定创建新项目。当您按下打开新项目时，如果在工作区中有未保存的项目，会声会影则会提示您先保存目前编辑中的项目。

2 打开项目：弹出【打开】对话框以选取要置于工作区的会声会影项目文件（*.vsp）。如果您在工作区中有未保存的项目，则会出现信息提示您先保存目前编辑中的项目。

3 保存/ 另存为文件：将工作另存为新的或现有项目文件（*.vsp）。它可打开另存新文件对话框，指定保存文件的文件名和位置。

4 智能包：可备份在项目中使用的所有媒体和项目文件，并在指定的文件夹中进行编制。

5 成批转换：打开批次转换对话框，让您选择不同文件格式的视频文件，并将它们转换为单一视频文件格式。

6 保存修整后的视频：将修整后的视频存成新的文件，而不会改变原文件。

7 导出：会声会影提供几种方法导出与分享视频文件。视频文件可导出至DV/HDV摄影机、网页，转换成可执行的贺卡，由电子邮件寄送，或设成桌面屏幕保护程序。

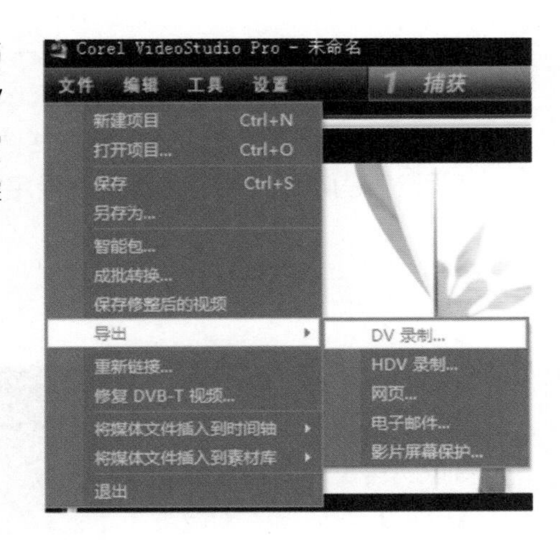

8 重新链接：视情况显示重新链接对话框，提示您重新链接目前选取的素材。如果您将包含源文件的文件夹移动至另一个位置，则在【重新链接】对话框中选择“智能搜寻”。当您重新链接一缩略图时，Corel会声会影会自动重新连接目录中的所有源文件。

9 修复DVB-T视频：从捕获的视频捕获遗失的信息。

10 将媒体文件插入到时间轴：显示快显菜单，让您选取视频、数字媒体、相片、字幕或音频，再将它插入适当的轨中。

11 将媒体文件插入到素材库：显示快显菜单，让您选取视频、数字媒体、相片或音频，再将它插入适当的轨中。

12 退出：关闭Corel会声会影程序。它会显示提示信息，提示您保存目前的项目。

菜单介绍——编辑菜单

1 撤销：撤销项目上执行过的动作。Corel 会声会影让您回到前99个动作。可以撤销的步骤数要看您在【设置：参数选择－常规】中的设置而定。

2 重复：让您撤销您执行过的前 99 个指令。您可以取消撤销的步骤数要看您在【设置：参数选择－常规】中的设置而定。

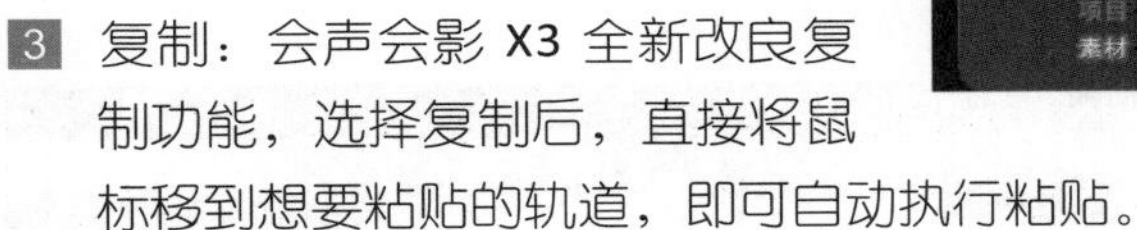

3 复制：会声会影 X3 全新改良复制功能，选择复制后，直接将鼠标移到想要粘贴的轨道，即可自动执行粘贴。

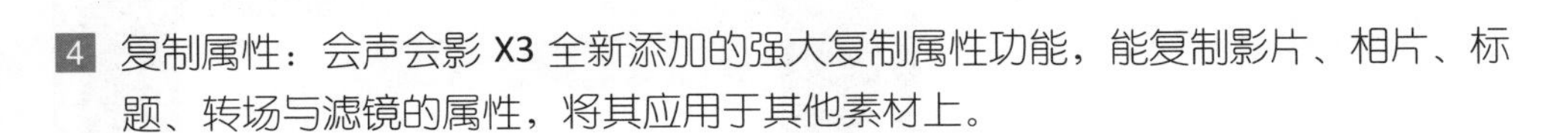

4 复制属性：会声会影 X3 全新添加的强大复制属性功能，能复制影片、相片、标题、转场与滤镜的属性，将其应用于其他素材上。

5 粘贴：将复制的媒体素材粘贴至选取的素材库文件夹中。

6 粘贴属性：将会声会影 X3 全新添加的强大复制属性功能所复制之素材属性，应用在选取素材上。

7 删除：将目前选取的素材从选取的所有轨道/素材库文件夹中移除。

8 更改相片/色彩区间：开启区间对话框，更改素材的区间。

9 抓拍快照：捕获目前素材画面为静态图像。

10 自动摇动和缩放：将【自动摇动和缩放】功能应用到所选素材。

11 多重修整视频：开启多重修整视频对话框，让您从视频素材选取多个区段，再将素材依这些区段分割。

12 分割素材：将视频或音频素材剪成两半。选定素材后，移动预览窗口下的实时预览滑杆，选取您要剪切的素材的位置。

13 按场景分割：开启场景对话框，让您依帧内容或拍摄日期分割视频文件。此选项也适用于素材库中的素材。

14 分割音频：将所选素材的音频和视频分割成两个独立部分。

15 回放速度：调整所选素材的回放速度。

菜单介绍——工具菜单

1 VideoStudio Express 2010：切换到简易编辑——VideoStudio Express 2010编辑模式。

2 DV-to-DVD 向导：切换至DV-to-DVD 向导编辑模式。

3 DVD Factory Pro 2010：切换至转录·转文件——DVD Factory Pro 2010编辑模式。

4 绘图创建器：切换至绘图创建器编辑界面。

菜单介绍——设置菜单

1 参数选择：开启参数选择对话框，让您自定义 Corel 会声会影的工作环境与各种设定。

◆ 常规标签

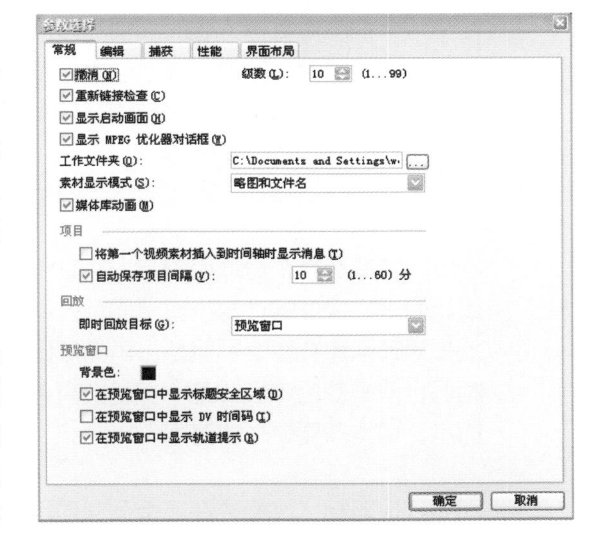

- 撤销：可让您定义撤销一个动作的最高次数，值范围为 1~99。所指定的撤销次数越大，使用的内存就越多。若保存的撤销以及取消撤销动作太多，系统性能将会降低。

- 重新链接检查：会自动执行项目中素材及其关联源文件间的交叉检查，让您将源文件重新链接至素材。当素材库中的文件移到其他文件夹位置时，这个动作很重要。

- 显示启动画面：勾选此选项，每次启动会声会影 X3 时都会开启起始画面；可让您选择开启全功能编辑，简易编辑，DV-to-DVD 向导或转文件-刻录模式。

- 显示 MPEG 优化程序对话框：显示要构建项目的优化区段。

- 工作文件夹：选取要保存完成项目的文件夹，建议把工作文件夹设定为可使用空间较大的硬盘。

- 素材显示模式：决定视频素材将在时间轴上呈现的模式。

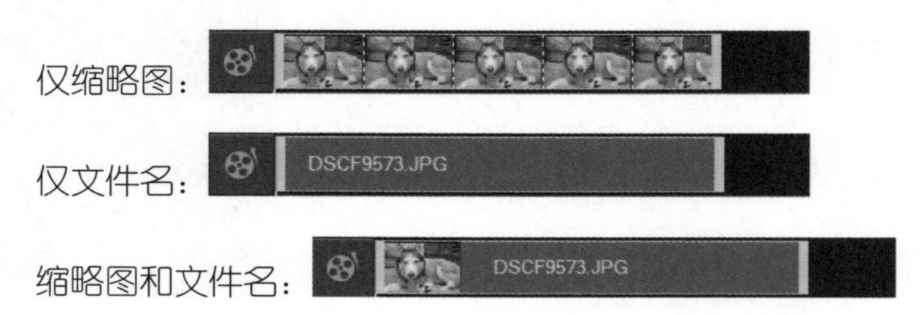

- 媒体库动画：启用素材库中媒体的动画。
- 将第一个视频素材插入到时间轴时显示信息：当插入的视频素材内容与目前项目设定时符时，即产生提示信息，询问是否将项目设定调整成符合素材的内容，以便充分运用会声会影的智能型建构技术。
- 自动保存项目间隔：指定会声会影自动保存目前操作中项目的时间间隔。
- 回放：让您选择预览项目的方法。立即播放可让您快速预览对项目所做的修改，但是，视您的计算机资源而定，可能会有播放断续的情况。高质量播放会先为项目建立暂存预览档，再播放此预览档。【高质量播放】的播放较为顺畅，但是使用本模式第一次建立暂存预览档时，视项目大小和计算机资源而定，可能需要较长的时间。
- 即时回放目标：选择要在哪里预览项目。如果您有双屏幕显示适配器，则可在预览窗口及外接式显示设备上播放项目。
- 背景色：指定要用于素材的背景色彩。
- 在预览窗口中显示标题安全区域：选择此选项后，在建立标题时会在预览窗口中显示标题的安全区域。标题安全范围是指预览窗口中的矩形方块，以确定您的文字在标题安全范围内，如此整个文字才能正确显示在电视屏幕上。
- 在预览窗口中显示 DV 时间码：播放 DV 影片时，在预览窗口上显示 DV 影片的时间码。您的显示适配器在 DV 时间码上必须与VMR（视频混合产生器）兼容，才可正常显示。

- 在预览窗口中显示轨道提示：在停止播放时，显示不同覆叠轨的轨道信息。

◆ 编辑标签

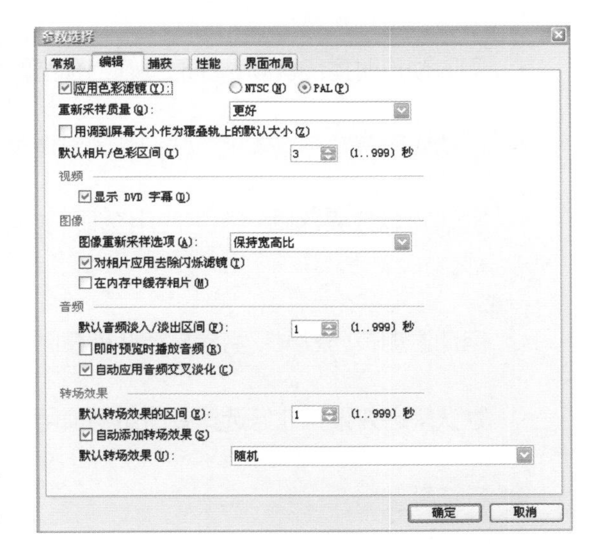

- 应用色彩滤镜：电视系统制式分NTSC及PAL，设定此选项是将NTSC或PAL的滤镜色彩加入您的素材中，以确保所有色彩都是有效的。如果仅在屏幕上显示，则请清除此项的选择。

- 重新采样质量：让您指定所有效果和素材的质量。质量越高，产生的视频越好，不过所需的时间也越久。如果您创建的是最终的分享结果，请选择“最好”。选择“最好”可取得最快的速度。

- 用调到屏幕大小作为覆叠轨上的默认大小：选取此选项可将覆叠轨中的素材默认大小设成屏幕可容纳的大小。

- 默认相片/ 色彩区间：指定将加入视频项目的所有相片与色彩素材的区间。区间的时间单位是秒。

- 显示DVD字幕：选取此选项可显示导入DVD的字幕。

- 图像重新采样选项：图像重新采样有两种模式，分别为保持宽高比以及调成项目大小。一般建议设定为保持宽高比，保持宽高比的好处是不会因为素材大小的不同而造成变形，它会依照您的项目设定而调整成最适合的等比例大小。

- 对相片应用去除闪烁滤镜：在使用电视来观看相片素材时，减少发生闪烁。
- 在内存中缓存相片：可让您使用快取来处理大型图像文件，让编辑工作更有效率。
- 默认音频淡入/ 淡出区间：指定视频素材的音频淡入/ 淡出的预设期间。在这段时间内将到达淡入的正常程度或淡出的基准点，单位是秒。
- 即时预览时播放音频：在时间轴上预览画面时，同步播放音频。
- 自动应用音频交叉淡化：两种音频重叠时，自动应用交叉淡化音频转文件。
- 默认转场效果区间：指定应用至项目中所有素材的转场效果期间，单位是秒。
- 自动添加转场效果：当素材彼此重叠时，将会应用您选择的转场效果。
- 默认转场效果：让您选择要应用至项目的默认转场效果。

◆ 捕获标签

- 按【确定】开始捕获：让您按下【确定】按钮即开始捕获。
- 从CD直接录制：让您直接从 CD 录制音频轨。
- 快照格式：指定已捕获静态文件的单元格式。
- 快照质量：决定捕获的图像的显示质量。质量越高，文件就越大。

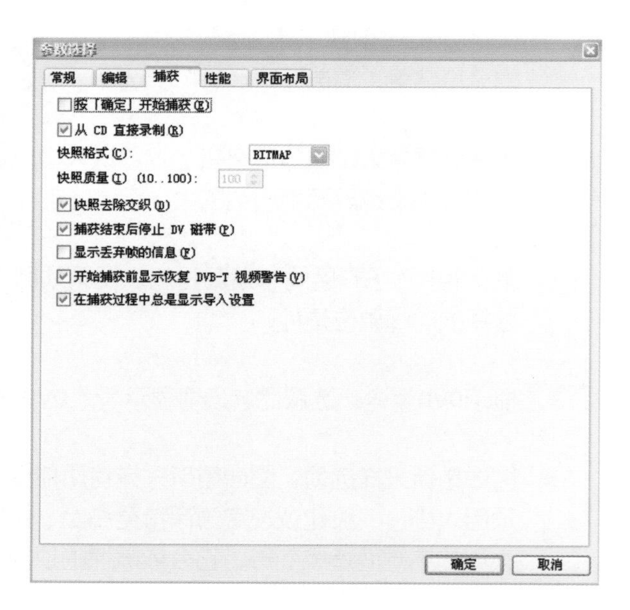

- 快照去除交织：启用在下载文件时使用固定图像分辨率，相对于交织图像所使用的渐进图像分辨率。

- 捕获结束后停止 DV 磁带：让 DV 摄影机在视频捕获过程完成后，自动停止播放影带。

- 显示丢弃帧的信息：显示在捕获视频时掉落多少帧。

- 开始捕获前显示恢复 DVB-T 视频警告：选择此选项，会显示复原 DVB-T 视频文件以使捕获顺畅的警告。

- 在捕获过程中总是显示导入设置：选择此选项，让您在每次捕获时，都显示捕获的相关设定。

◆ 性能标签

- 启用智能代理：每次将视频来源文件插入时间轴时，就自动创建代理文件。

- 当视频大小大于此值时，创建代理：让您设定产生代理文件的条件。如果视频源文件的帧大小超过此处选择的帧大小，就会替该视频文件建立代理文件。

- 代理文件夹：设定保存代理文件的文件夹位置。

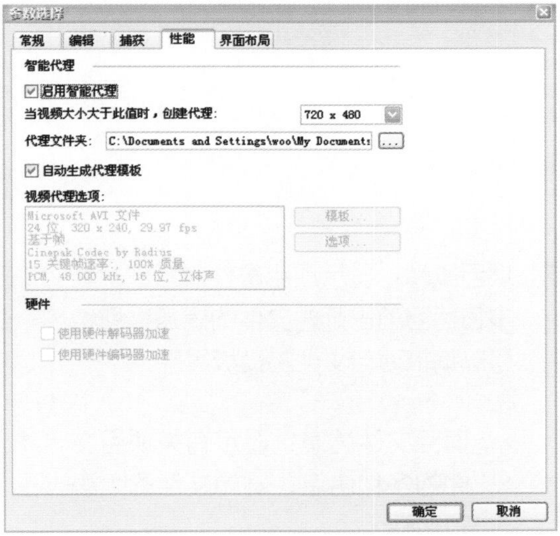

- 自动生成代理模板：使用预先定义设定自动产生代理文件。

- 视频代理选项：用来产生代理档的设定。要变更代理文件格式或其他设定，单击模板，选择已经包含默认设定的模板，或按选项来调整详细的设定。

- 使用硬件解码器加速：当您的设备具有硬件加速功能时，启用此项可加快解码速度。
- 使用硬件编码器加速：当您的设备具有硬件加速功能时，启用此项可加快编码速度。

◆ 界面布局

- 让您通过两个默认选项变更 Corel 会声会影X3用户界面的版面配置，以适合您的使用习惯。

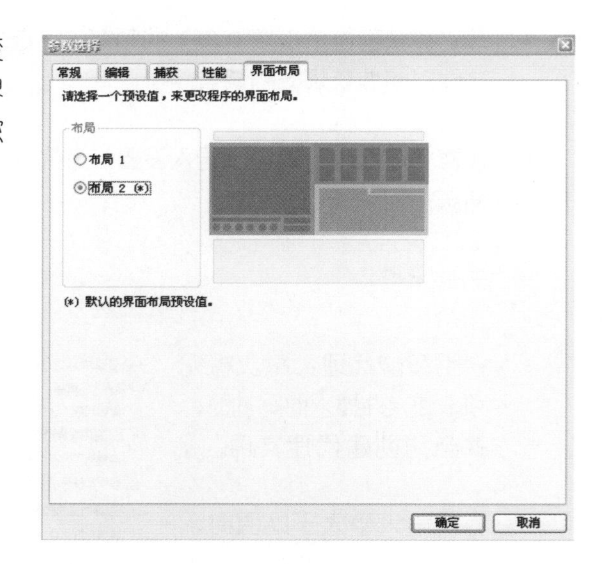

2 项目属性：显示项目属性对话框，其中包括目前已开启文件的信息。您也可以编辑项目文件的模板属性。

- 项目文件信息：显示有关项目文件的多种信息，例如文件的大小和区间。
- 项目模板属性：显示项目使用的视频文件格式及其他属性。
- 编辑文件格式：选择您要用来建

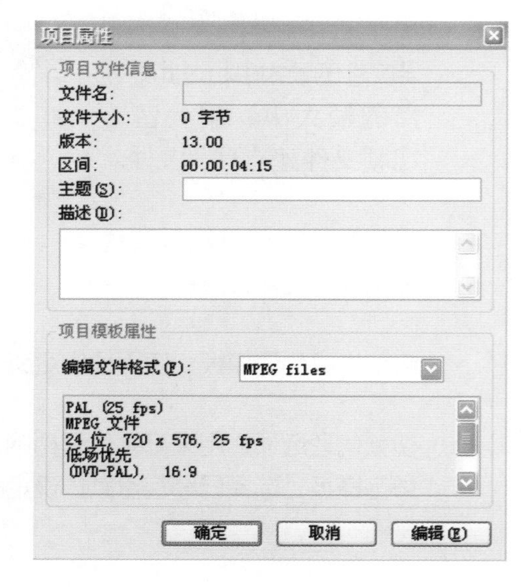

立最终影片的视频格式。单击【编辑】来开启【项目选项】对话框，让您为选定文件格式自定义压缩和音频设定。

◆ 项目选项/Corel VideoStudio标签

- 电视制式：选取您所在地区支持的 TV 标准。
- 执行非正方形像素渲染：在预览视频时，此选项可执行非正方形像素建构。执行非正方形像素可避免 DV 和 MPEG-2 内容扭曲并维持实际分辨率。通常，正方形像素适用于计算机屏幕的宽高比，而非正方形像素则适用于在电视屏幕上观看。在决定时，请考虑主要显示模式所使用的媒体。
- 音频声道：可选择【立体声】或【多声道环绕音效】。

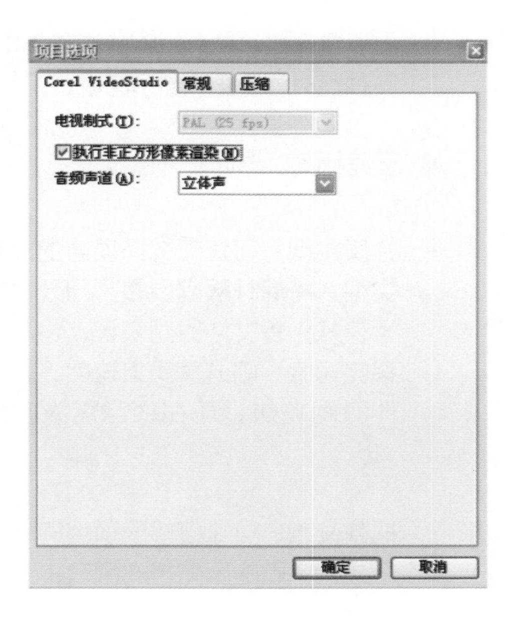

◆ 常规标签

- 数据轨：指定是否要建立视频文件或只建立视频轨，或者加入音频轨。
- 帧速率：指定要用来产生视频文件的帧速率，国内地区TV标准-PAL的帧速率为25帧/秒。
- 帧类型：选择将工作保存为基于图场或基于帧的视频文件。基于图场的视频会将每个帧的视频资料保存

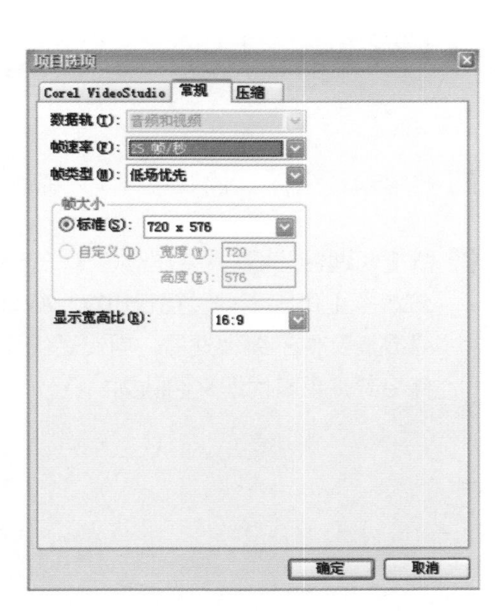

为两个不同的信息图场。如果您只要在计算机上播放视频，则应将文件保存为基于帧类型。

- 帧大小：选择视频文件的帧大小或自定义其他比例大小。

- 显示宽高比：从支持的像素宽高比清单中进行选择。应用正确的宽高比后，在预览时就能正确显示图像，因此可避免图像动态和透明度扭曲。

◆ 压缩标签

- 介质类型：可让您选择项目的介质类型。将滑杆移向质量，则分享质量较好、转文件时间较长；将滑杆移向速度，则分享质量较差、转文件时间较快，可视项目需求自定义。

- 视频设置：可让您修改项目的压缩格式，不同的压缩格式会有不定的视频设定。

- 音频设置：可让您修改项目的音频设定。

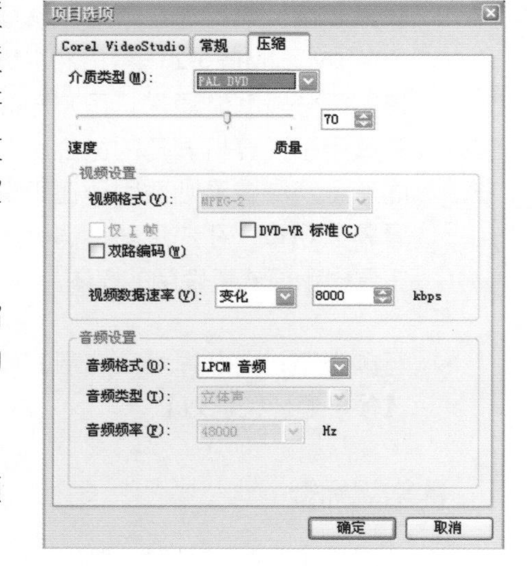

3 启用5.1环绕声：让您建立 5.1 环绕音频轨。

4 智能代理管理器：建立视频文件的较低分辨率工作副本，以加快HDV、AVCHD等高清文件的编辑速度。可设定代理文件格式并查看代理文件队列。

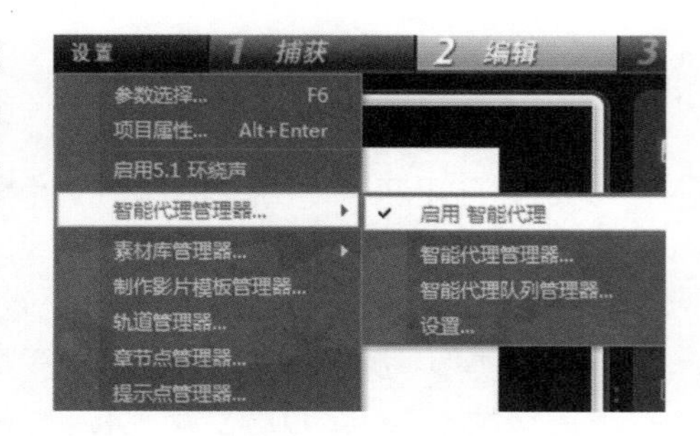

5 素材库管理器：管理、组织素材库的素材，可选择导入/导出或重设素材库。

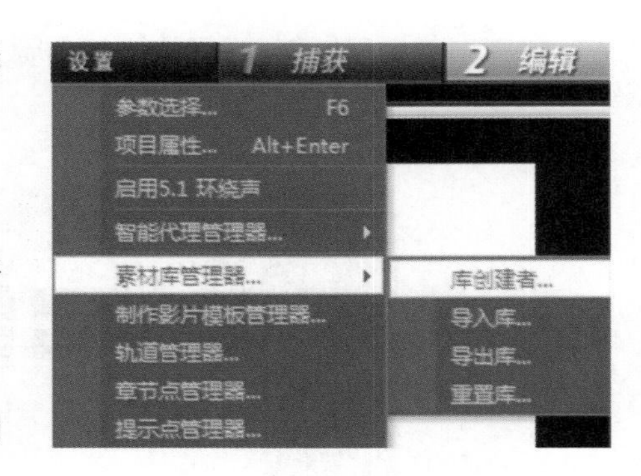

6 轨道管理器：管理项目中轨道，选择开启/关闭特定轨道。

7 章节点管理器：在您的影片中添加/删除项目章节点。

8 提示点管理器：在您的影片中添加/删除项目提示点。

1-3 简易编辑——VideoStudio Express 2010的使用界面

使用界面介绍

1 浏览窗口：在【媒体库】以及【我的物品】区域中访问控制项。所包含的控件如下。

- 媒体筛选器：让您选择工作区中所要显示的媒体类型（所有媒体、照片、视频或音乐）。此外，也可让文件夹以缩略图方式显示，方便您查看个别文件的缩略图。
- 文件夹：让您查看所有文件夹和群组，当您单击浏览窗格中的文件夹按钮时，工作区即显示文件夹缩略图。
- 专辑：可让您集中来自各种文件夹的媒体文件，而不用复制文件本身或变更文件夹的组织方式。当您将缩略图拖到专辑中时，程序会建立专辑和原始文件夹中文件之间的链接（快捷方式或别名）。
- 项目：制作完成或尚未完成的项目会存放于此，让您存取项目文件。

- 回收站：让您查看已删除的项目。

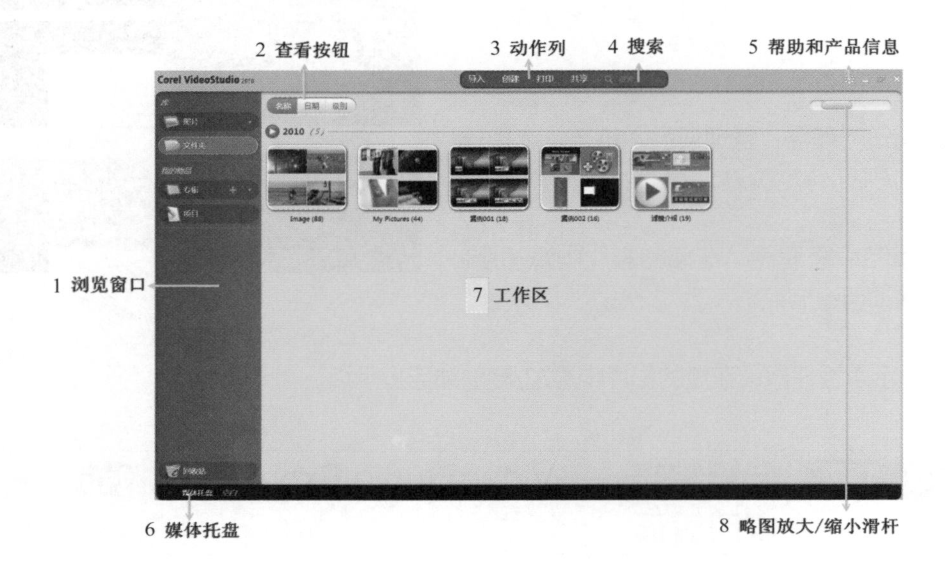

2 查看按钮：让您依名称、日期或级别（可以指定星级评等）查看媒体文件。

3 动作列：让您执行导入、创建、打印和分享等功能。

- 导入：

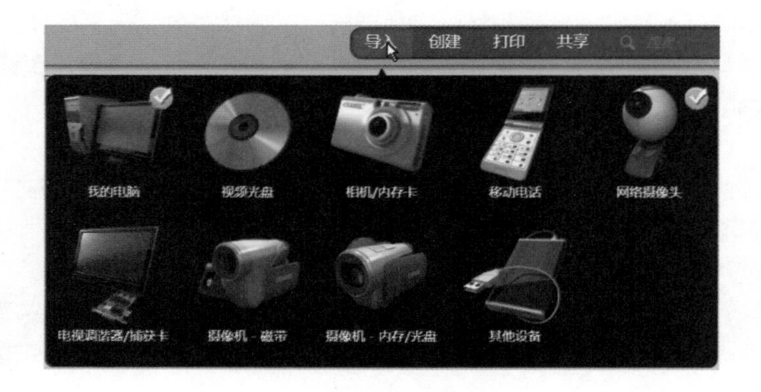

我的电脑——让您查看并查找本机硬盘或外接移动设备上的文件夹。

视频视盘——从视频光盘导入文件。

相机/内存卡——从数字相机导入文件。

移动电话——从移动电话导入文件。

网络摄像头——导入使用网络摄像头实时捕获的照片或视频素材。

电视调谐器/捕获卡——从电视卡捕获并导入照片和视频。

摄像机-磁带——从录制到磁带的数字摄影机导入视频。

摄像机-内存/光盘——从录制到内存卡或光盘的录像机导入视频。

其他设备——从移动设备，如 USB 存储卡或媒体播放器导入文件。

- 创建：创建电影，进入视频编辑接口，将项目创建为视频。
- 打印：

照片——您可以选择版面配置模板，并设定打印选项，就可以进行一页一张照片或一页多张照片的打印。

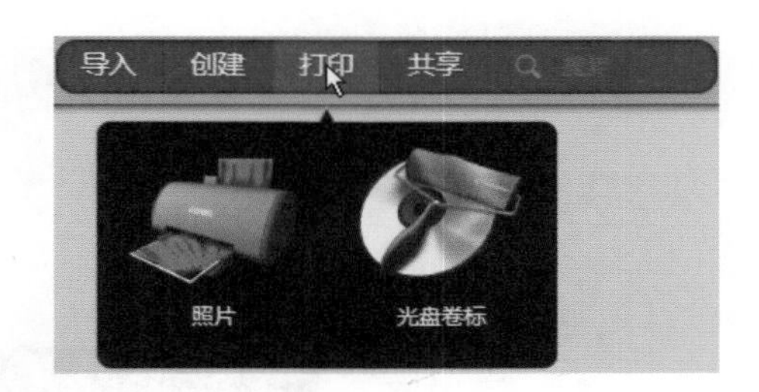

光盘卷标——可创建并打印自定义的DVD/ CD 光盘卷标。

- 分享：

YouTube，vimeo，Facebook，Flicker——您可以将视频或照片上传至这些热门网站与他人分享，无论是否拥有网站账号，Corel VideoStudio 都会引导您完成上传程序，并确保您的上传格式正确。

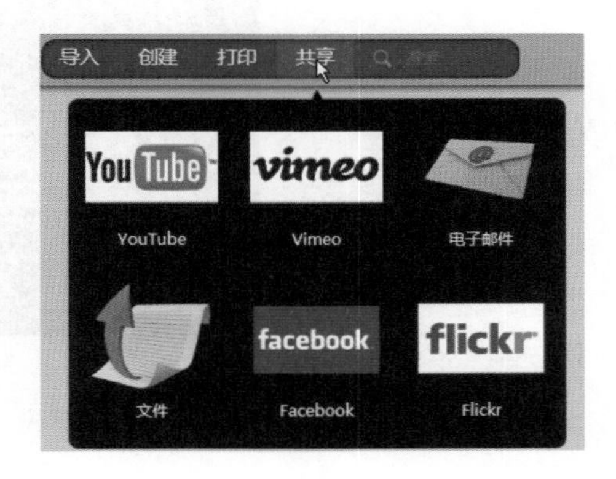

电子邮件——您可以用电子邮件传送位于媒体库的照片和视频。您可以使用默认的电子邮件应用程序，如果已有免费的Gmail账号，则可直接从应用程序传送电子邮件。

文件——您可以选择将视频保存为计算机播放的文件格式，或是保存为适合刻录或复制到设备的文件格式。

4 搜索：让您根据卷标、标题或文件名等信息来搜索媒体文件。

5 帮助和产品信息：让您开启“Corel快速指南”，在这里您可以启动帮助系统、查看产品信息、取得使用方法，以及下载新的项目样式。

6 媒体托盘：让您收集一个或多个文件夹中的媒体文件。您可以接着编辑文件、建立专辑或文件夹，或是启动项目。媒体托盘会默认关闭，不过，当您将缩略图拖曳到媒体托盘区域时，媒体托盘就会开启。

7 工作区：让您查看媒体文件的缩略图。

8 缩略图放大/缩小滑杆：让您调整工作区中的缩略图大小。

视频快速编辑查看

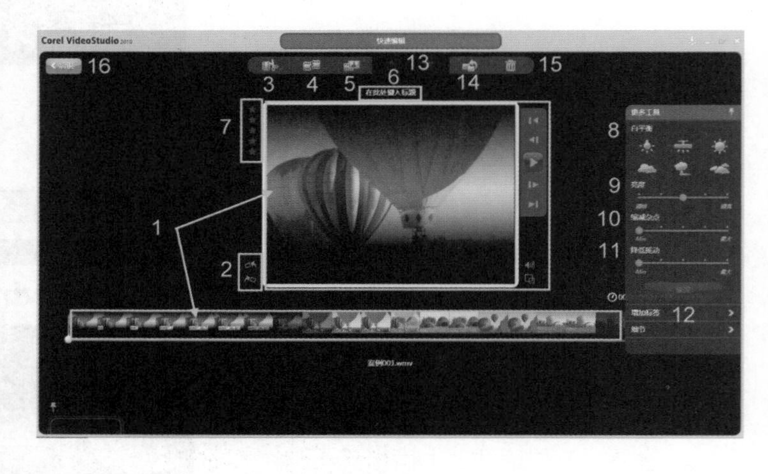

当您想要修改视频时，可以在快速编辑查看中显示每个素材。在这里，您可以将必要的调整和增强应用于视频。如果不需要编辑素材，您依然可以使用快速编辑查看，为文件加上有用的信息，例如等级、字幕和卷标。双击视频素材以进入视频快速编辑查看。

❶ 预览视频：您可以使用快速编辑查看来预览视频素材。快速编辑会显示一个预览窗口和一个含有素材画格缩略图的时间轴。

❷ 旋转视频：您可以旋转视频素材，变更素材的方向。

❸ 修整视频：您可以在快速编辑查看中，对于视频素材移除不想要的部分，只要拖曳剪辑标记，即可在视频素材中指定新起点和终点。

❹ 分割视频：分割可让您将一个视频素材切割成数个素材。当视频十分冗长，或是含有您想分开的许多不同场景时，这个功能更显实用。

❺ 抓拍快照：您可以从视频素材中捕获画格。画格可存成图像文件。

❻ 标题：标题是您可以加到视频素材的简短说明，标题能帮助您在编辑过程中辨识素材。

❼ 级别：可依任何标准来评等视频，评等可帮助您快速找到最喜欢的视频素材。

❽ 白平衡：白平衡可移除因光源和不正确的设定所造成的错误色彩，还原素材的自然色温。 共有6种白平衡预先设定供您选择，让您根据各种光源条件（钨丝灯、日光灯、日光、阴天、阴影和多云）进行修正。

❾ 亮度：透过调整亮度，可以将整段视频调亮或调暗。

❿ 缩减杂点：使用缩减杂点调整滑杆能有效消除看得到的视频噪声，例如颗粒和斑点，这些是电子干扰所造成的。这种现象常见于模拟电视和视频装置中。

⓫ 减少摇动：可让您修正画面不稳、摇晃的视频。

⓬ 增加标签：可以附加到视频素材中的数字卷标，使用卷标识别和分类视频会更轻松。

⓭ 撤销和取消撤销动作：在编辑照片时，您可以撤销一次或多次动作。例如，您可以撤销已应用至照片的色彩调整。您也可以取消撤销一次或多次动作，以重新应用取消之前的效果。

⑭ 恢复为原来视频：您可以透过还原成原始照片，来移除对照片所做的一切变更，可以一次撤销所有变更。

⑮ 删除视频：您可以在快速编辑查看中，将视频删除。视频删除后，会移到应用程序的回收站。您随时都可以从应用程序的回收站还原删除的视频，或是将视频永远删除。

⑯ 后退：结束快速编辑查看。您随时都可以结束快速编辑查看，回到主工作区。

照片快速编辑查看

当您想要修改照片时，可以在快速编辑查看中开启照片。您可以执行基本的编修工作，如修整、矫直、色彩校正、移除瑕疵和红眼。双击照片素材以进入照片快速编辑查看。

① 查看照片：在快速编辑查看中开启照片后，同一文件夹里的所有照片，或是出现在媒体库中的所有照片都可以一目了然。您可以在预览窗口中查看每张照片，或使用全屏幕查看。

② 旋转照片：您只要单击，就可以将照片旋转90°，使照片变成横向（水平）或纵向（垂直）。

❸ 矫直：您可以轻松地调正歪掉的照片。例如，您可以使用矫直工具来修正照片中歪掉的水平线。

❹ 修剪：您可以移除不想要的图像部分，建立更强烈的构图，或建立照片中某个元素的特写。若要打印照片，可以修剪成可冲印的其中一种尺寸或自定义尺寸（自由变形）。

❺ 修复红眼：使用照片闪光灯时，照片常会出现红眼现象。您可以使用移除红眼工具来修正这个问题。移除红眼工具会使用深灰色来覆盖瞳孔，使眼睛恢复正常。

❻ 快速修复：如果您不确定该如何调整照片，则可以使用快速修复工具。您只需要单击，快速修复工具就会自动将预设的色彩修正应用至照片。

❼ 级别：您可以加入级别，以便快速找出您最爱的照片。级别的方式是采用星级制度，您可以为照片指定1~5颗星。

❽ 撤销和取消撤销动作：在编辑照片时，您可以撤销一次或多次动作。例如，您可以撤销已应用至照片的色彩调整。您也可以取消撤销一次或多次动作，以重新应用之前取消的效果。

❾ 恢复为原始内容：您可以透过还原成原始照片，来移除对照片所做的一切变更，可以一次撤销所有变更。

⓫ 删除：您可以在快速编辑查看中，将照片删除。照片删除后，会移到应用程序的回收站。您随时都可以从应用程序的回收站还原删除的照片，或是将照片永远删除。

⓬ 后退：您随时都可以结束快速编辑查看，回到主工作区。

创建视频——视频编辑界面

❶ 工作区：包含预览窗口及所有相关控制。

❷ 预览窗口/查看器：让您使用预览窗口/查看器右侧的播放控件，来预览视频项目。

❸ 时间轴：以逐帧的方式呈现视频项目。拖曳白点（实时预览滑杆）可变更预览窗口中的查看。

❹ 媒体库：包含您已选取要用于视频项目的所有照片和视频。

1-4 DV-to-DVD 向导用户界面

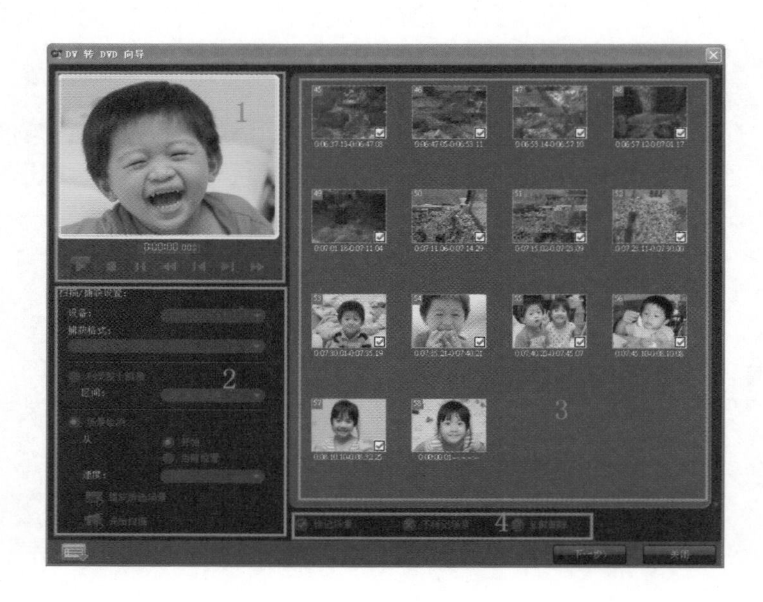

❶ 预览窗口：预览DV磁带内的影片，下方的播放控制列可控制影片的播放。

❷ 扫描/捕获设置：显示设备型号，捕获格式与刻录、场景等设置。

❸ 选择场景：标记或取消标记影片场景。

1-5 刻录-转换文件——DVD Factory Pro 2010的使用界面介绍

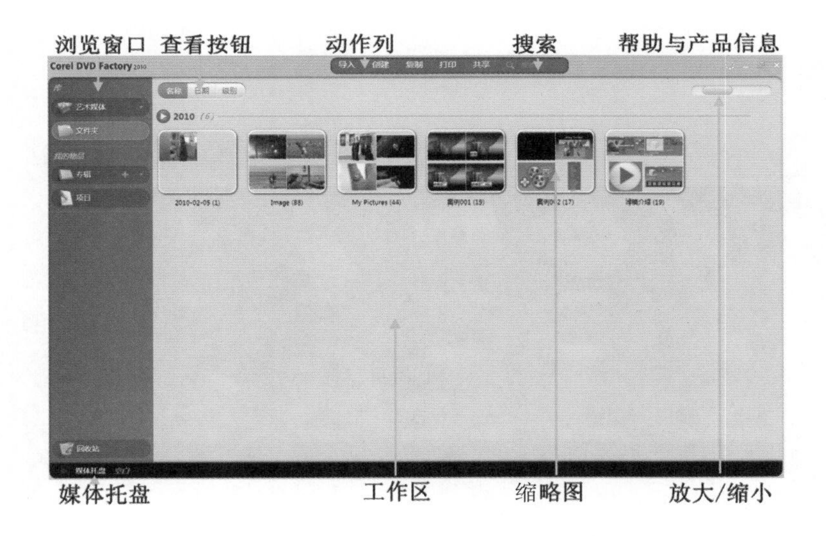

❶ 浏览窗口：在【库】以及【我的物品】区域中访问控制项。所包含的控件如下。

- 媒体筛选器：让您选择工作区中所要显示的媒体类型（所有媒体、照片、视频或音乐）。此外，也可让您显示文件夹的全缩略图，方便您查看个别文件的缩略图。

- 文件夹：让您查看所有的文件夹和群组，当您单击浏览窗口中的【文件夹】按钮时，工作区即显示文件夹缩略图。

- 专辑：可让您集中来自各种文件夹的媒体文件，而不用复制文件本身或变更文件夹的组织方式。当您将缩略图拖到专辑中时，程序会建立专辑和原始文件夹中文件之间的连接（快捷方式或别名）。

- 项目：制作完成或尚未完成的项目会存放于此，让您存取项目文件。
- 回收站：让您查看已删除的项目。

❷ 查看按钮：让您依名称、日期或级别（可以指定星级级别）查看媒体文件。

❸ 动作列：让您存取导入、创建、复制、打印和分享等功能。

- 导入：

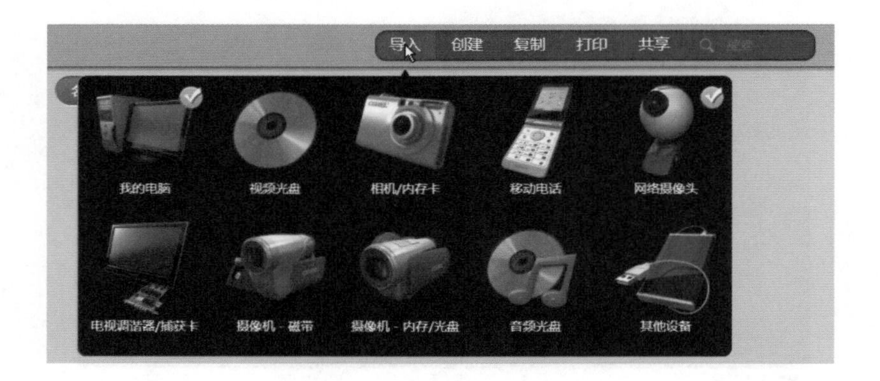

我的电脑——让您查看并管理本机硬盘或外接储存装置上的文件夹。

视频光盘——从视频光盘导入文件。

相机/内存卡——从数字相机导入文件。

移动电话——从移动电话导入文件。

网络摄像头——导入使用网络摄像头实时捕获的照片或视频素材。

电视调谐器/捕获卡——从电视影像捕获卡捕获并导入照片和视频。

摄像机-磁带——从录制到磁带的数字摄影机导入视频。

摄像机-内存/光盘——从录制到内存卡或光盘的录像机导入视频。

音频光盘——从音乐 CD 导入文件。

其他装备——从移动储存装备，如 USB存储卡或媒体播放器导入文件。

- 创建：

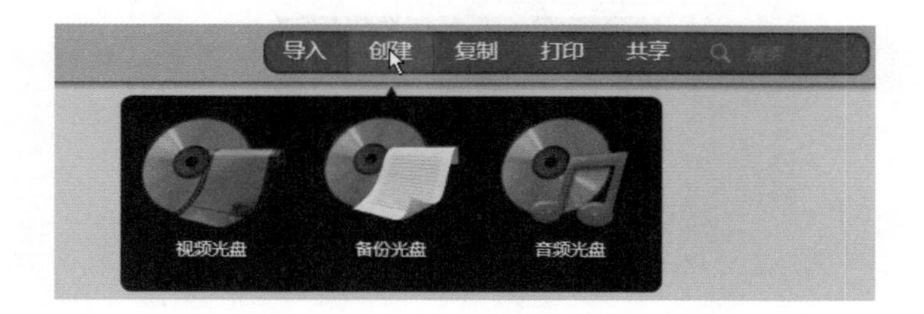

创建视频光盘——Corel DVD Factory 可让您制作具有完整章节和选单的影片。您可以刻录 DVD 光盘，在标准 DVD 播放器上播放。其他支持的格式包括 BDMV、BD-J 和 AVCHD。

创建备份光盘——文件不经过转文件，直接刻录进光盘中，可作为备份数据之用。

创建音频光盘——将音频文件制成音频光盘。

- 复制：

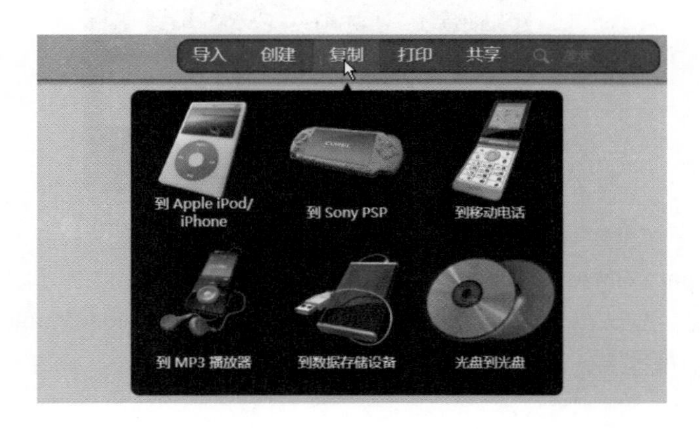

您可以将音乐、视频和照片复制到 iPod、iPhone、PlayStation Portable、MP3 播放器、支持 Nokia PC Suite 6.0 或以上版本的 Nokia 系列移动电话、Windows Mobile 手机，以及其他任何支持的储存装置。

- 打印：

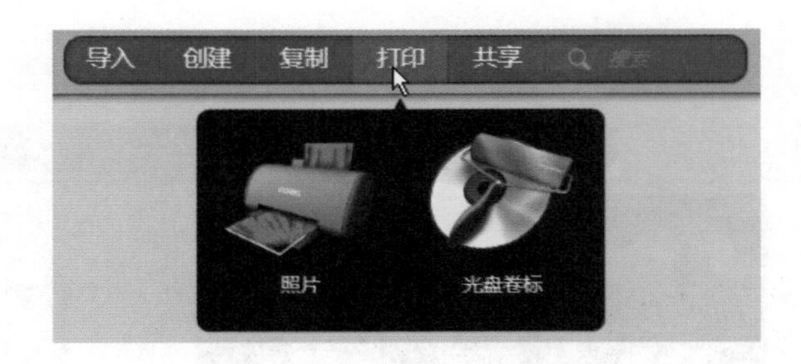

照片——您可以选择版面配置模板，并设定打印选项，就可以进行一页一张照片或一页多张照片的打印。

光盘卷标——可建立并打印自定义的DVD/ CD 光盘卷标。

- 共享：

YouTube，Vimeo，Facebook，Flicker——您可以将影片或照片上传至这些热门网站与他人分享，无论是否拥有网站账号，Corel VideoStudio 都会引导您完成上传程序，并确保您的上传格式正确。

电子邮件——您可以用电子邮件传送位于媒体管理器的照片和影片。您可以使用默认的电子邮件应用程序，如果已有免费的 Gmail 账号，则可直接从应用程序传送电子邮件。

文件——您可以选择将视频保存为计算机播放的文件格式，或是保存为适合刻录或复制到装置的文件格式。

❹ 搜索：让您依卷标、标题或文件名等信息来搜索媒体文件。

❺ 帮助与产品信息：让您开启【Corel 快速指南】，在这里您可以启动说明系统、查看产品信息、取得使用方法，以及下载新的项目样式。

❻ 媒体托盘：让您收集一或多个文件夹中的媒体文件。您可以接着编辑文件、建立专辑或文件夹，或是启动项目。媒体托盘默认会关闭，不过，当您将缩略图拖曳到媒体托盘区域时，媒体库就会开启。

❼ 工作区：让您查看媒体文件的缩略图。

❽ 放大/缩小：让您调整工作区中的缩略图大小。

影片快速编辑查看

当您想要修改影片时，可以在快速编辑查看中显示每个素材。在这里，您可以将必要的调整和增强应用于视频。如果不需要编辑素材，您依然可以使用快速编辑查看，为文件加上有用的信息，例如级别、字幕和卷标。双击视频素材以进入影片快速编辑查看。

照片快速编辑查看

当您想要修改照片时，可以在快速编辑查看中开启照片。您可以执行基本的编修工作，如修剪、矫直、色彩校正、移除瑕疵和红眼。双击照片素材以进入照片快速编辑查看。

1-6 习题

选择题：

1. （　　）想要快速将视频传输至iPod，iPhone与PSP，或手机等移动设备中，最适合进入会声会影X3哪一个编辑模式？

A.高级编辑　　B.简易编辑

C. DV-to-DVD　　D. 刻录 · 转文件

2. （　　）欲以多种不同的方式导入设备上的媒体素材，要到会声会影的哪一个步骤面板？

A.文件　　B.编辑

C.捕获　　D.输出

3. （　　）编辑高清影片时，如想加快编辑速度、使预览画面顺畅，可利用高级编辑中的哪一个功能？

A.绘图创建器　　B.画面捕获

C.智能包装　　D.智能代理

4. （　　）在简易编辑模式的照片快速编辑里，以下哪个功能可以将歪斜照片转正？

A.　　B.

C. 　　D.

5. （　　）在高级编辑中，如果要设定照片与转场的默认时间，可以去哪里设定？

A.文件：批量转换　　B.编辑：回放速度

C.设置：参数选择　　D.设置：项目属性

6. （　　）复制属性功能无法复制以下何种属性？

A.视频 B.照片

C.标题 D.轨道

7.（ ）在影片快速编辑里，如果要将已变更过的素材一次还原到最初状态，应该按下哪一个按键?

A. B.

C.  D.

8.（ ）以下哪一个符合此叙述：管理、组织素材库的素材，可选择导入/导出或重设素材库?

A.素材库管理 B.提示点管理器

C.章节点管理器 D.轨道管理器

9.（ ）若想变更影片的大小、形状、角度，该段影片应放置在哪一个轨道上?

A.视频轨 B.覆叠轨

C.标题轨 D.语音轨

10.（ ） PAL（Phase Alternating Line）是国际电视标准委员会所制定的标准，此电视系统的定义为水平扫描至少625条，而每秒有几个画面显示?

A.25 B.29.97

C.30 D.35

填空题:

1._____面板包含控制、按钮和其他信息，可依选定素材做不同的自定义选项。依照选定的媒体性质，此面板的设定内容会有所不同。

2.可将项目中的所有素材一同储存于特定文件夹，以避免项目文件链接不到素材的功能为 _____。

3.在照片快速编辑中，_____功能可以解决照片中的红眼问题。

4.在简易编辑与刻录·转换文件中，查看素材的方法有名称查看、日期查看与_____。

5.在高级编辑中制作项目，如果想要同时查看各类别轨道，我们必须切换到_____查看方式。

练习：

1.利用智能包功能，将一个包含视频、照片、标题与音频的项目存储至文件夹中。

2.利用参数设置默认素材与转场时间功能，制作一个包含20张照片、每张照片各5秒、每个转场各2秒的项目文件。

3.利用批量转换功能将5个视频文件转为具有相同格式设定的AVI文件。

4.利用影片快速编辑的白平衡功能，将一段影片套用3种不同灯光效果。

5.利用复制属性功能，将十段标题文字套用相同字型、颜色、对齐位置。

习题答案

选择题：

1.D	2.C	3.D
4.B	5.C	6.D
7.C	8.A	9.B
10.A	10.B	

填空题：

1.选项	2.智能包	3.移除红眼
4.级别	5.时间轴	

第 2 章

【DV to DVD向导】快速上手

2-1 快速将整支DV磁带制作成DVD

虽然已经越来越少人使用DV磁带了，但是相信还是有非常多的DV磁带使用者或者是将以前拍摄的DV磁带想转换成DVD的使用者。因为磁带有保存期限，还有不易分享的缺点，所以本单元就是要教大家如何轻轻松松地将DV磁带刻录成DVD光盘永久保存。接下来笔者就教您一个步骤、一个步骤地把 DV磁带转成DVD片保存下来，让当时美丽的画面永久保存。

1 首先连接计算机与DV，此时计算机就会自动检测到您的DV摄影机视频装备，跳出检测到DV装置的信息。

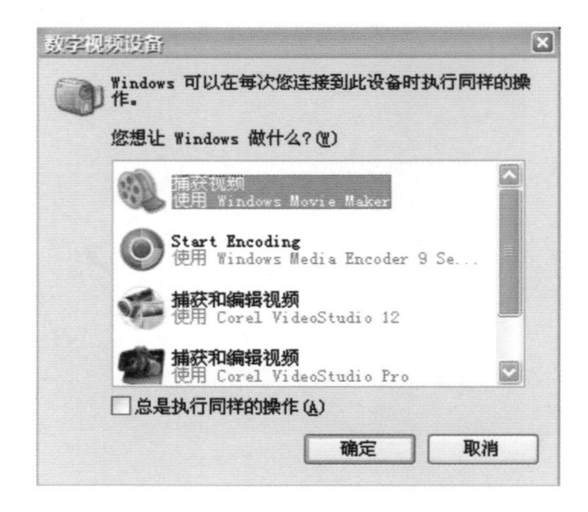

2 单击【DV-to-DVD向导】，开启程序。

3 首先，设定【装置】的DV来源及所想要【捕获格式】，接着，根据整个DV磁带的长度，选择想要的【刻录整个磁带时间长度】，如选择场景检测则可选择从头开始扫描或是目前位置扫描DV磁带，设定好了可直接按【开始扫描】按钮。

4 扫描完毕后在右方的窗口脚本里会跳出所扫描到的各场景，光标选择场景后可选取【标记场景】与【取消标记场景】，来决定想要保存或不想要的场景，如果不想要全部场景的话可选择【全部删除】，选择好了以后，单击【下一步】按钮。

5 在此窗口可指定光盘名称及刻录格式，也可选取会声会影内置的【主题模板】，然后选择您要转出的【视频质量】，有高、标准、精简3种选项可选，设定好之后按下【刻录】按钮即可轻轻松松地制作好一张DVD光盘。

注意

在刻录格式里有个高级设置，如果所需的工作文件夹空间的硬盘空间不足的话，可在刻录格式右方的【高级设置】按钮下做设置，就不会发生硬盘空间不足而无法继续刻录。

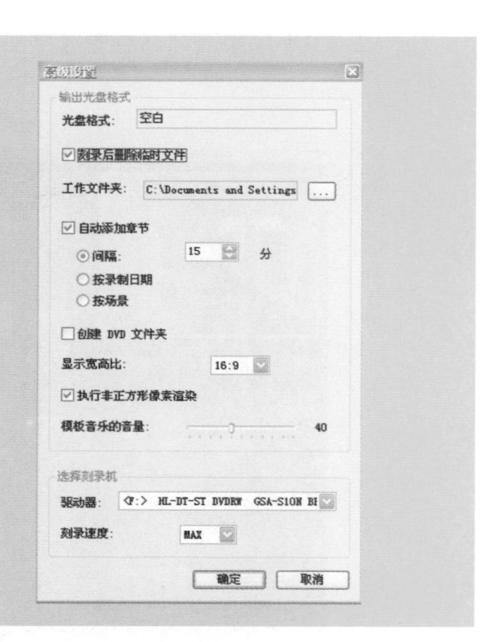

2-2 习题

选择题:

1. ( ) 下列何种格式不是 DV-to-DVD向导能支持的捕获格式?

A.DVD B.DVAVI

C.WMV D.以上皆非

2. ( ) 如果想要变更工作文件夹需在刻录格式里做何种设定?

A.高级设定 B.编辑文件夹设定

C. 应用设定 D.刻录设定

习题答案:

选择题

1.C 2.A

Note

第 3 章

3分钟完成影片剪辑及制作

3-1 影片快剪编辑

如果您想以最短的时间、最利落的手法，在 3 分钟之内，完成影片的编辑，您可以使用简易编辑——VideoStudio Express 2010来帮助您快速工作。简易编辑提供了两种实用的影片修剪工具和数种灯光效果，还有转场、旁白等功能。操作非常简单，只要按照以下步骤做，一定马上学会!

1 在会声会影 X3 起始画面中，选择简易编辑——VideoStudio Express 2010。

2 进入简易编辑后，从上方动作列的导入中，选择【我的电脑】。

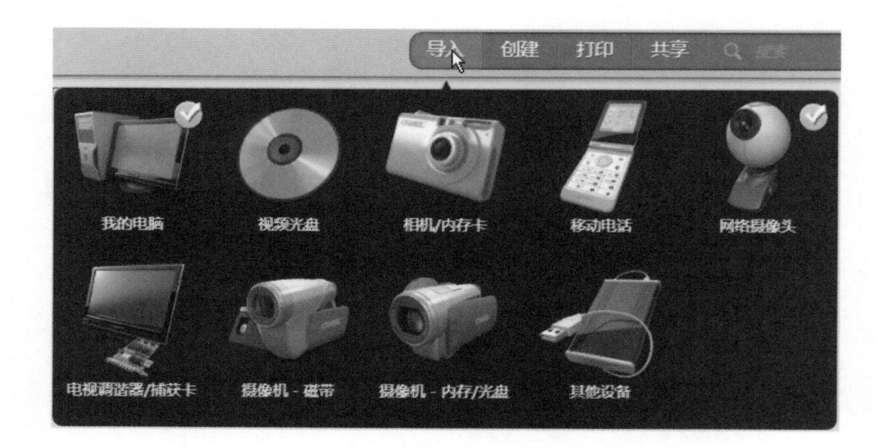

3 勾选影片与相片存放的位置，再单击【开始】按钮。

4 所选择的影片与相片全部都导入工作区中。

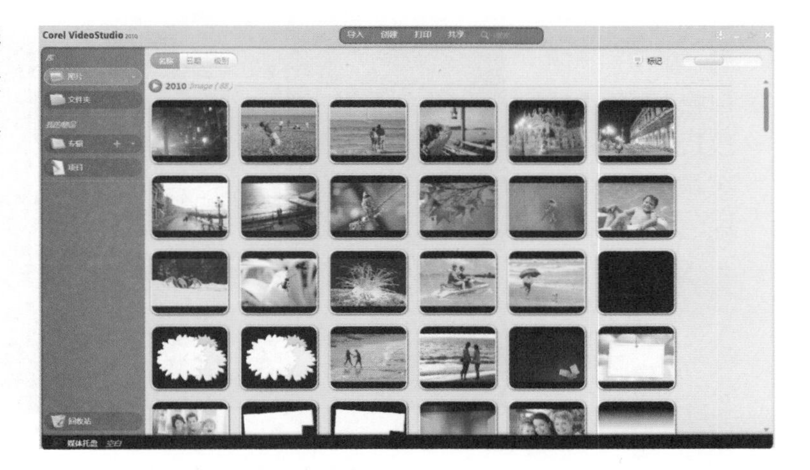

5 为了方便浏览我们的素材，在左侧导览列的【库】中，选择只显示视频素材。

6 在工作区中，我们可以清楚地挑选我们要编辑的影片文件。双击欲编辑的文件即会进入【快速编辑】窗口中。

7 进入快速编辑后，单击预览窗口右边的【播放】按钮，看一次欲编辑的影片。

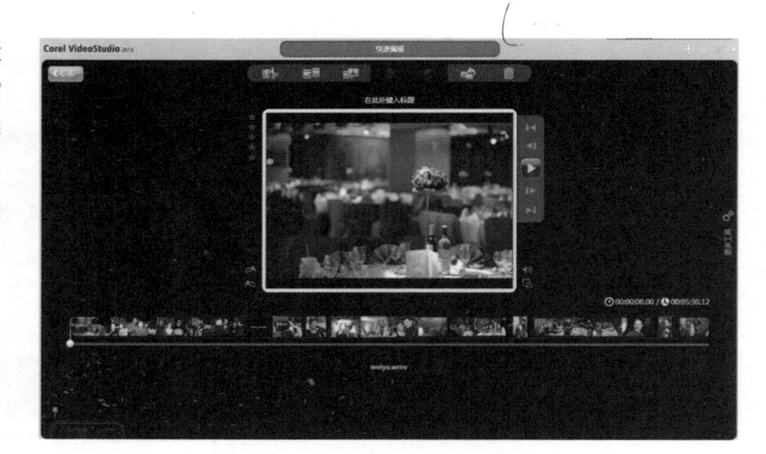

8 现在马上利用修剪工具来将影片去芜存菁。在预览窗口上方，单击【修剪视频】按钮。

9 接着会看到下方的画格预览区出现两个橘色的控制杆。用鼠标移动前、后方的橘色控制杆来框出要删除的片段。

10 框出要删除的片段后，单击预览窗口右方的【删除选定】。

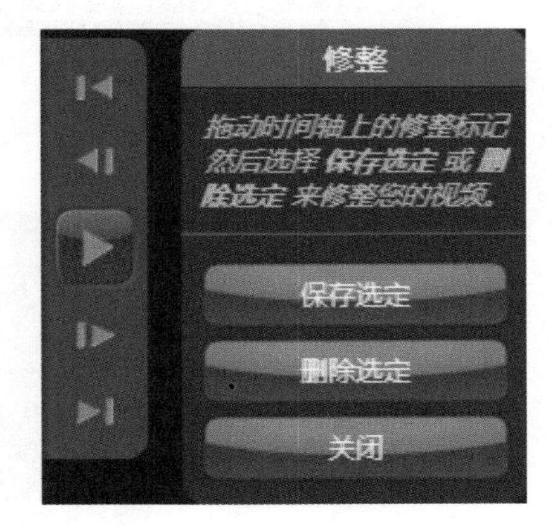

11 如果要删除的片段有很多，而相比之下，只要保留影片中的某一个片段，就可以用橘色控制杆框出你要保留的片段，再单击【保存选定】即可。

12 除了以上的方法外，如果您想要将影片一分为二或一分为三，还可以使用另一个剪辑工具：【分割视频】。在预览窗口上方，单击【分割视频】按钮。

13 在下方的画格预览区会出现一个红色的控制杆。将红色控制杆移到欲分割的时间点上。

14 按下预览窗口右方的【分割】按钮。

15 将视频分割后，会看到下方的媒体库中，保留了我们一分为二的两段影片。

注意

用【剪辑视频】功能删除选取的部分，会声会影会自动将不要的影片删掉，并结合剩余的影片，成为单一的影片。但用【分割视频】功能，会声会影会将分割后的两段影片全部保留。

16 如果不满意修剪的结果，可以随时单击【还原成原始视频】，将影片原封不动地还原成最初的样子。

17 将影片剪辑之后，如果要调整影片的光线、减少手震等，还可以利用【更多工具】来修复我们的影片。【更多工具】是一缩放式工具区，在快速编辑的窗口右边，可以看到两个齿轮图示的【更多工具】。

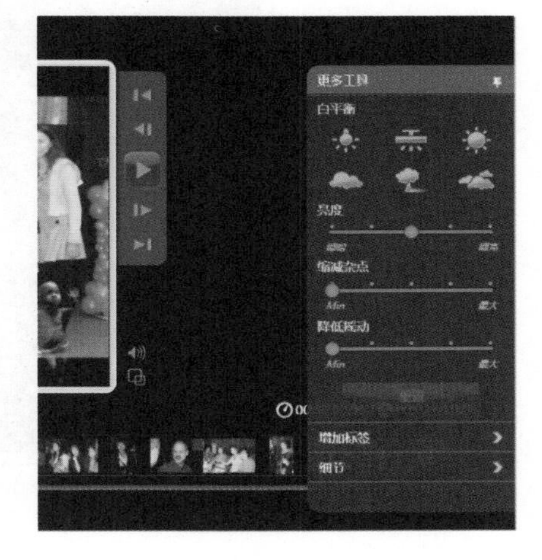

18 将鼠标移到【更多工具】上，【更多工具】窗口即会弹出。我们也可以单击右上角的大头针来锁定或解除锁定【更多工具】窗口。

19 在【白平衡】工具中，共有6种灯光效果，可依喜好应用适合的光线。

也可以直接拉动【亮度】滑杆来调整影片的亮度。

原始影片

增加亮度后的影片

20 调整完影片后，单击【返回】即可回到【媒体管理器】进行输出。

3-2 快速制作影片的片头/片尾

如果我们不想花时间构想素材间的转场特效，或是片头片尾特效，在会声会影的简易编辑里，也能帮我们解决这个问题。只要提供素材，剩下的就交给会声会影帮我们处理!让我们以最短的时间，输出最精美的影片!

1 将影片拖曳到下方的【媒体托盘】。影片拖曳接近【媒体托盘】时，【媒体托盘】会自动弹出，当看到【拖动条目至此处】时，即可将鼠标左键放开。

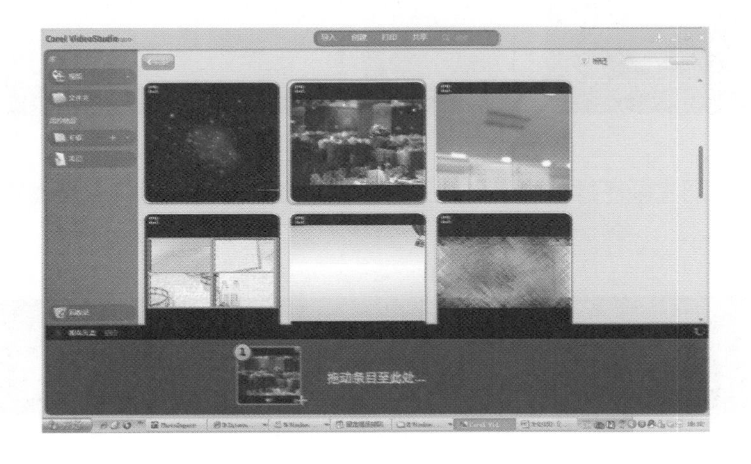

2 除了影片之外，我们还可以加入喜欢的照片，一起将它做成影片。先到左侧【库】中，选择【相片】，再挑选喜欢的相片，一起加入【媒体托盘】中。

技巧

按着Ctrl 键不放，可以一次选取多张照片。

3 现在媒体托盘中有影片与相片，我们可以利用影片左上角的回形针图示来辨别影片与相片。有回形针图示的即为影片。

也可以依照主题任意排序素材，只要用鼠标拖动影片或相片，更改它们的排列位置。

4 选好要输出成影片的素材之后，将鼠标移到上方动作列的【创建】，在弹出的窗口单击【电影】。

5 接着进入制作影片的画面。在这里打上我们为影片取的名字。笔者的影片名称为《澳门威尼斯人》，输出格式为标准4:3 格式。

如果要在支持高清的配备上播放，可选择宽银幕16:9，高清。选择高清格式后，会看到菜单也会换成高清菜单。

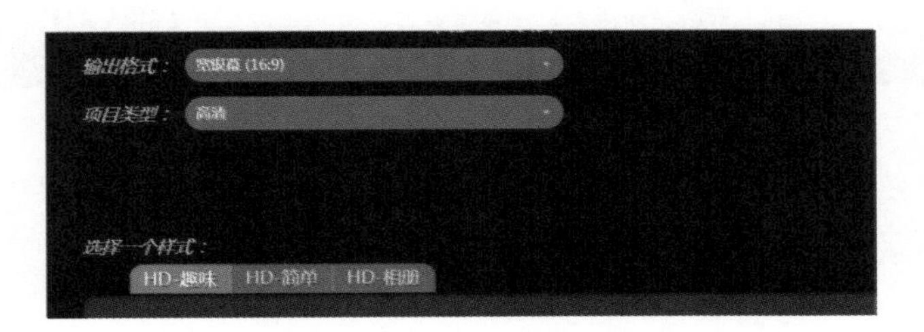

6 挑选喜欢的菜单——趣味，右上角的预览窗口会播放菜单的动画效果与搭配的音乐。

a. 趣味：共有5种不同风格的主题，选一个合适的菜单吧!

b. 基本：共有4种不同简单的样式。样式上有【My Title】，表示可以在影片开始前，打上影片的标题或说明。而样式上的 图示，表示在进入影片时，会有淡入的效果，让影片慢慢清晰呈现。

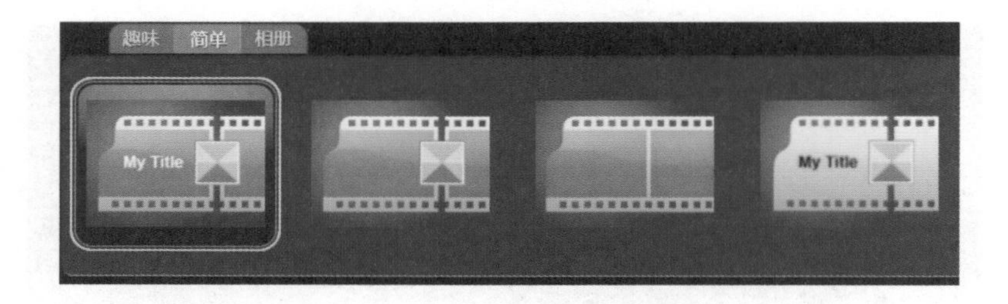

c. 电子相册：共有4种适合应用在相片素材上的菜单。如果要输出的素材有影片与相片，也可以应用电子相册内的样式，这是没有问题的!

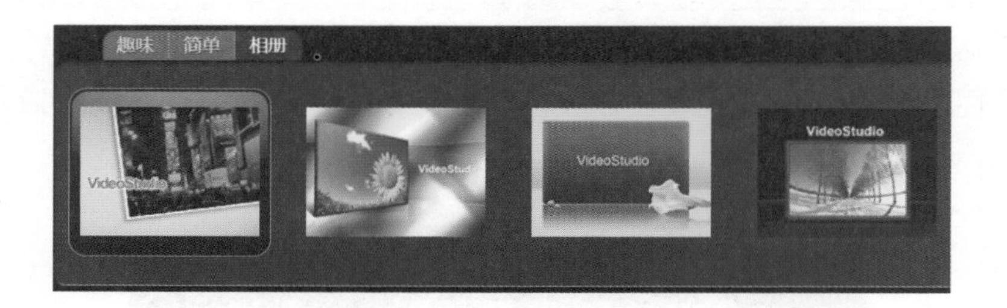

7 选好喜欢的菜单样式后，单击【转至电影】，看看【简易编辑】帮我们做了什么样的特效!

8 从下方的画格预览区可以看到，片头跟片尾已经加上了刚才挑选的菜单特效，素材跟素材中间也帮我们加入了转场效果。现在先播放一次看看成果吧!

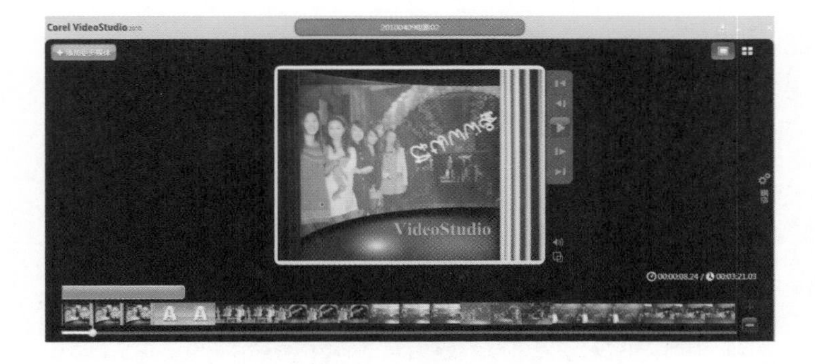

9 影片已经完成了，但如果想要加上自己的文字，挑选自己喜欢的音乐，下方的项目功能列能帮助你动手做更多的创意编辑!

a. 媒体：浏览项目中的所有素材，也可以用鼠标拖曳素材，变更它们的排列方式。

b. 样式：与步骤 6 相同，在这里还有机会更换你的影片主题。

c. 标题：共有14种动态字幕特效，只要将鼠标移到任一个动态字幕上，即可预览字幕的动态效果。

在标题功能中，可以在项目任意一处加上文字。先将预览滑杆拖曳到要加上文字的地方。

选好要加入的字幕特效，再单击字幕特效上的“+”符号。

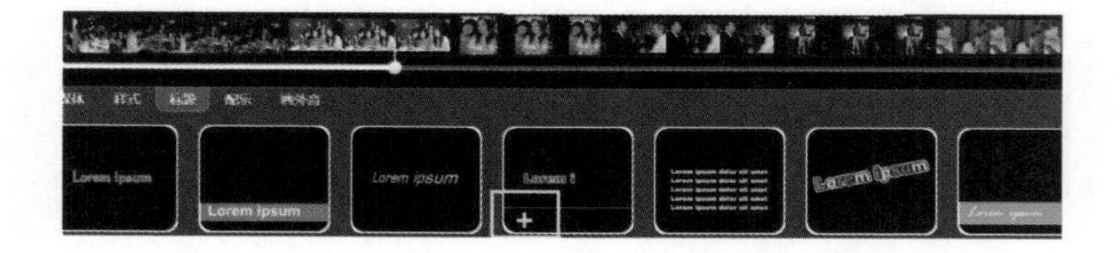

预设字幕已加至项目，此时即可将默认文字删除，输入您想要的文字。

更改文字字型、大小、颜色等，再将文字移到合适的位置上。

下方标题指示方块中的文字也会一并更改。单击标题指示方块旁的“X”按钮可将标题删除；尾端的控制区则可将文字的显示时间延长或缩短，只要以鼠标拖曳即可。

如果要更改项目片头、片尾的默认文字，先将预览滑杆移到片头或片尾，双击屏幕上的文字或是画格预览区上方的标题指示方块。此时预览窗口上的文字会呈现反白，再直接打上想要的文字就可以了！

片尾标题

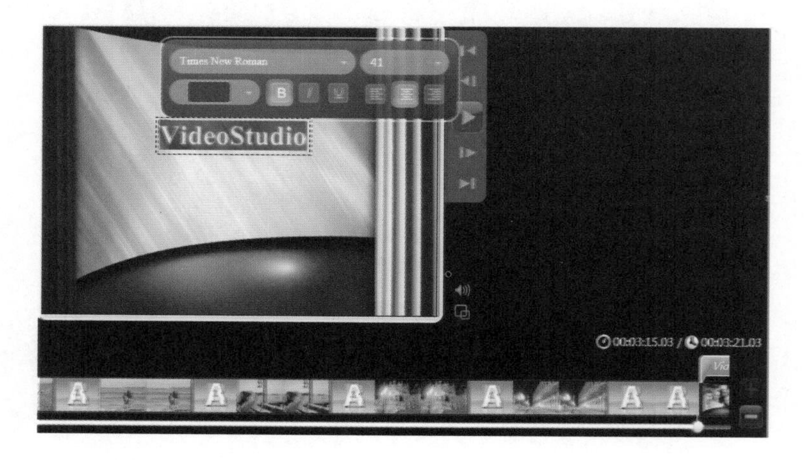

d. 配乐：项目中已自动配有适合的音乐，如果想要换上自己的音乐，可以在音乐文件上单击“X”按钮，再单击【加入音乐文件】，导入自己的音乐。

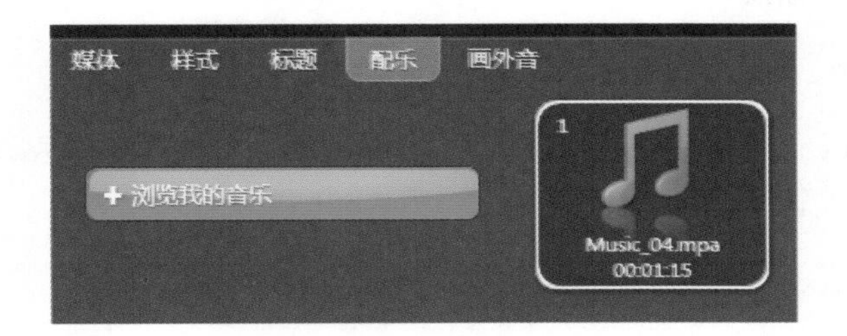

e. 旁白：除了标题与配乐之外，我们也可以利用计算机麦克风，录下我们对影片的介绍，将录下来的旁白放入项目中。

在录制之前，我们先测试一下麦克风音量大小是否适中。单击左下角的测试音量按钮，屏幕上会出现3，2，1倒数，看到“开始”，即可测试音量。

测试音量结束后，单击【播放】按钮，确认音量是否适中。

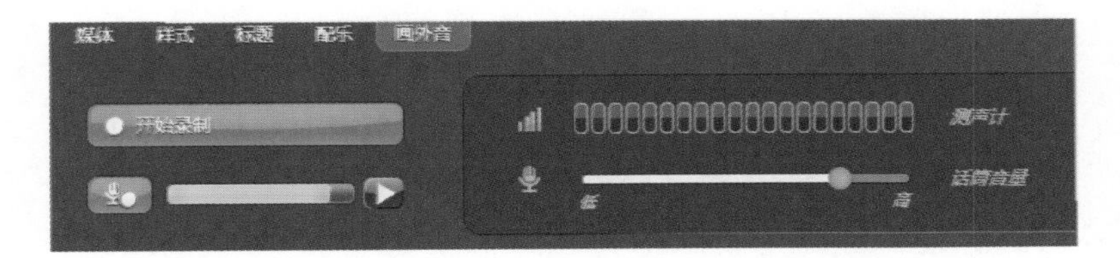

若要调整麦克风音量，可以到Windows控制面板中的声音，选择【录制】分页中选择音量进行调整即可。

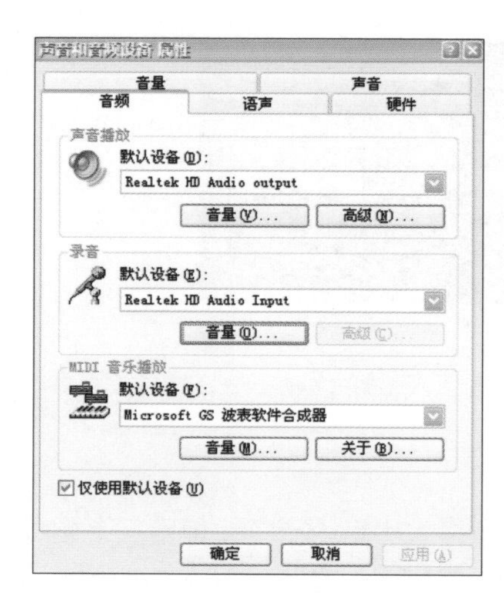

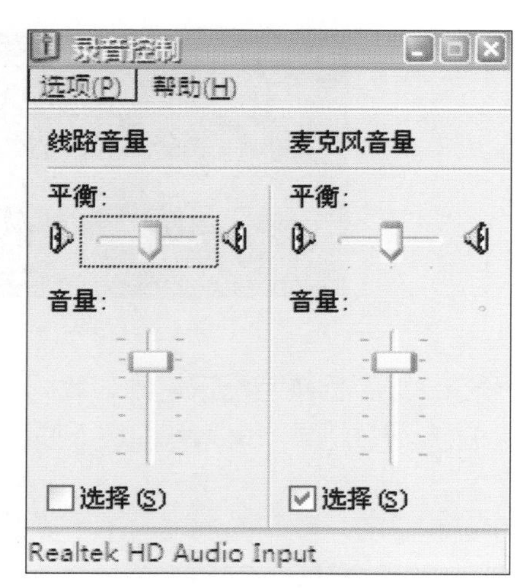

确定好麦克风音量，就可以开始录制了！按下【开始录制】按钮，屏幕上会出现3，2，1的倒数，看到【开始】就可以开始说话或唱歌了！在录制的同时，【音频计量表】也会显示目前的音量强度。

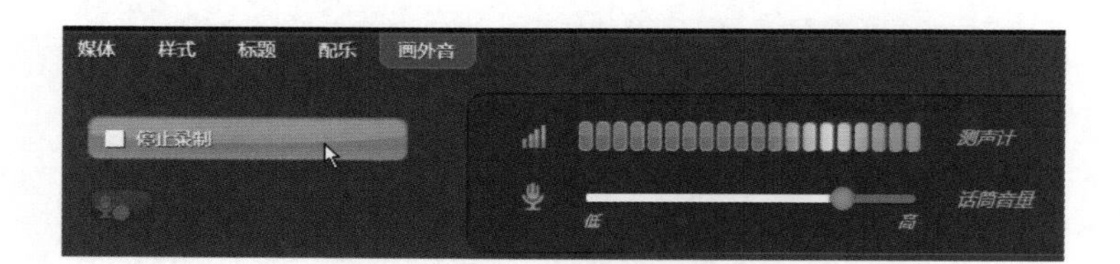

录制好的音频，会在画格预览区上方显示，单击三角形图标播放录制的音频，如果不满意，可以单击“X”按钮将音频删除。尾端的控制区可以将音频剪短。

注意

音频只能剪短、不能延长！

10 接下来，在右边窗口还藏有【设置】选项。将鼠标移到齿轮图标的【设置】上，会出现【设置】菜单。

11 将鼠标移到转场上，看到总共有9种选场特效可供选择。用鼠标左键单击想应用的转场。笔者在此选择左下角的翻页转场。

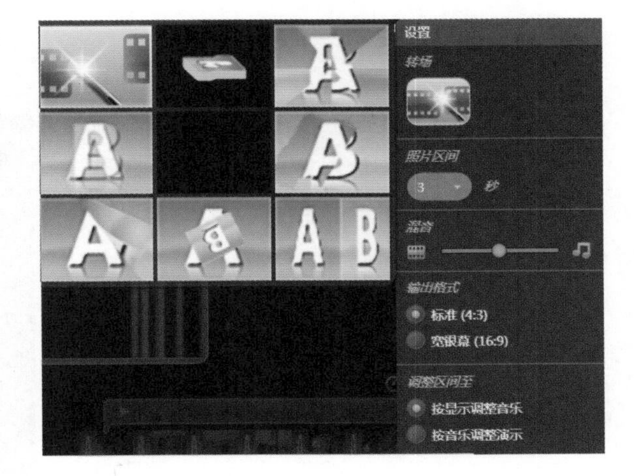

我们会看到画格预览区上的转场特效已经应用为翻页特效了。

12 在设定菜单中，我们可以调整每张相片的显示时间长度。

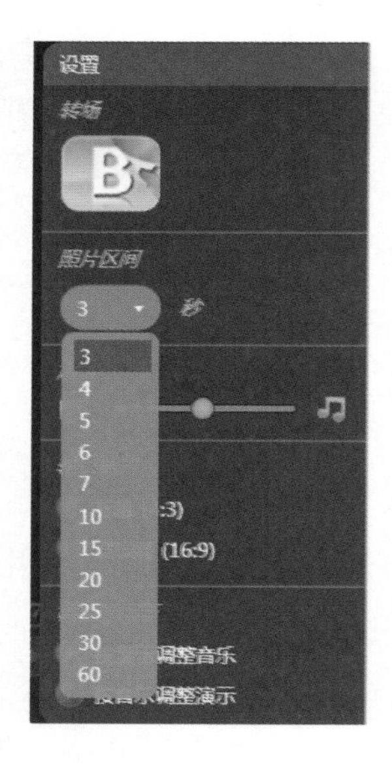

13 在混音功能里，我们可以设定影片音频与背景音乐的音量比例。将调整音量滑杆往右拖曳，会放大背景音乐的音量，往左拖曳，则会放大视频音量。

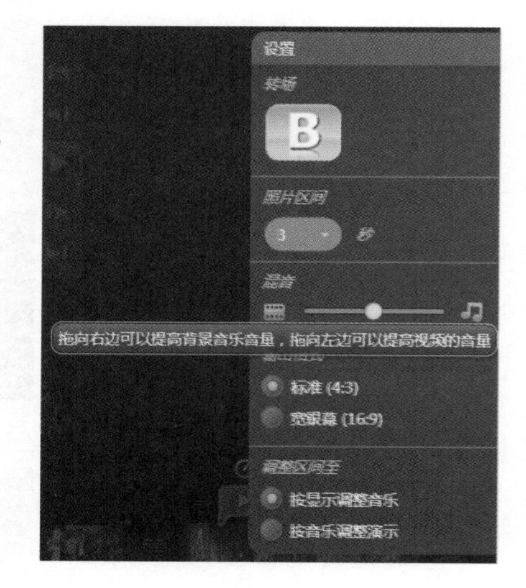

14 我们还可以将音乐时间长度调整成与项目同步。勾选【按音乐调整演示】，会修剪或延长音乐播放时间，以搭配整个项目。或者是勾选【按显示调整音乐】，则会调整相片的显示时间，以配合背景音乐。我们可以都试试看，来比较它们的不同之处。

15 项目已经全部设定好之后，就可以输出了，单击【输出】准备开始输出影片。

16 输出影片共有8种选项，我们要将制作好片头片尾的项目转成视频文件，所以在这里选择文件。文件保存完毕，我们的影片也完成了！

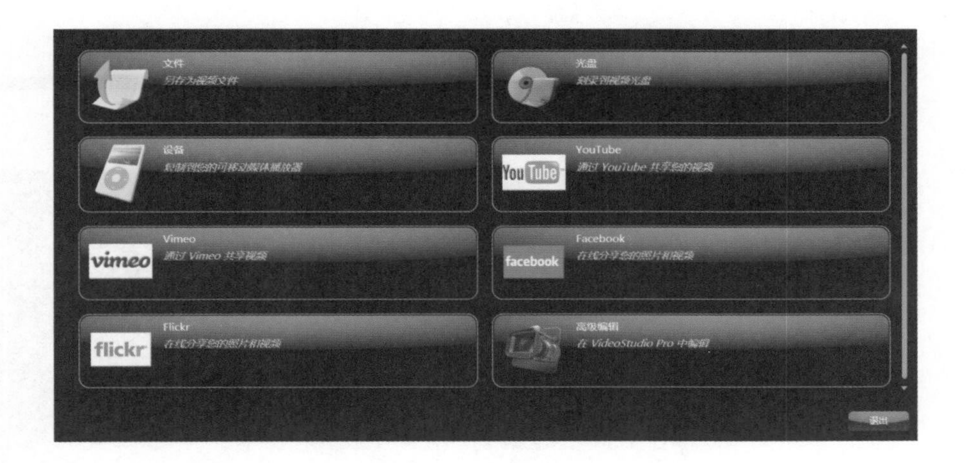

3-3 2分钟快速完成数码相册

在日常生活或旅行中，我们常会拍摄大量的照片，有时想与亲朋好友分享，又不知道该从何着手。将照片做成具有转场特效与动人配乐的影片是一个很好的选择，我们可以加上文字解说与旁白配音，只要花一点心思就可以让感动多了好几倍。而制作一个极具巧思的影片只要花我们两分钟的时间，如此快速简单的制作方法，一定要好好享受一下！

1 从上方动作列的导入中，选择“我的电脑”。

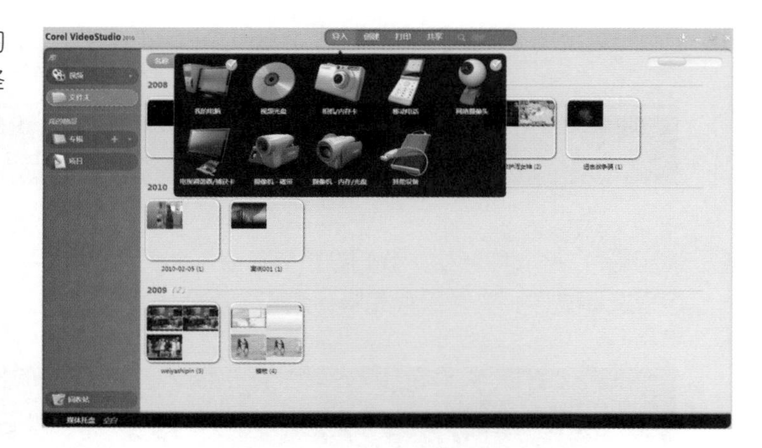

2 勾选想导入的照片文件夹，再单击【开始】按钮。

3 照片导入工作区后，我们先利用右上角的放大/缩小滑杆将照片放大来看一下。此时笔者发现其中有一张照片过暗，而且拍的时候还有些歪。所以我们双击这张照片，来对它进行修正。（如果不需调整照片，请直接跳至步骤 7 。）

4 进入快速编辑窗口后，单击上方【快速修复】功能。会声会影会分析影像，调整照片的亮度与对比度。

使用【快速修复】功能后，照片明显变亮，对比也比较清楚了。

5 除了光线问题之外，您如果还觉得这张照片的画面是斜的，那我们就可以利用【矫直】功能，让照片回复矫直状态。单击【矫直】功能后，屏幕上会出现若干条横、纵垂直线。移动屏幕下方的控制滑杆，来将相框与垂直线对齐。对齐好后，单击【应用】按钮。

6 接着再单击上方的【修剪】功能，将照片重新构图。因笔者想维持照片的比例，所以勾选了【限制】，以控制裁切的宽高比。确定裁切范围后，单击【应用】按钮，再单击【返回】按钮，以回到工作区。

注意

要恢复对照片应用的所有调整，单击上方的【恢复原样】即可。

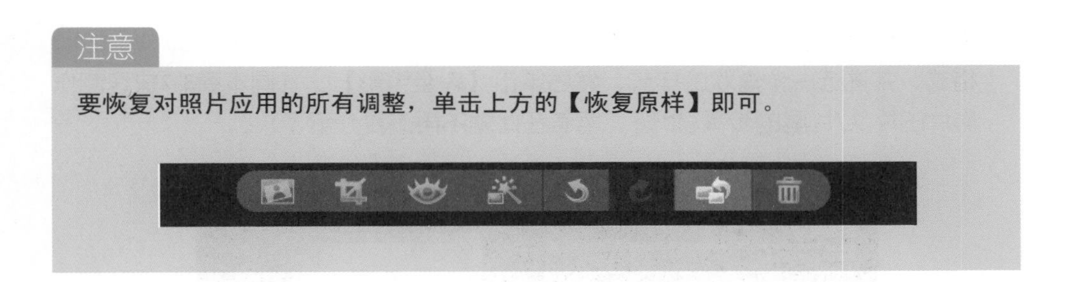

7 挑选出要制作成电子相册的素材，并将它们拖曳到下方的【媒体托盘】中。

8 将鼠标移到上方动作列的【创建】，并单击【电影】。

9 进入制作电影窗口，笔者将影片名称设定为《与你分享》，输出格式为标准4:3格式，并挑选一个喜欢的样式，然后单击【转至电影】。（同本章3-2快速制作影片的片头/片尾的步骤5~7，笔者在此就不再重复介绍了）。

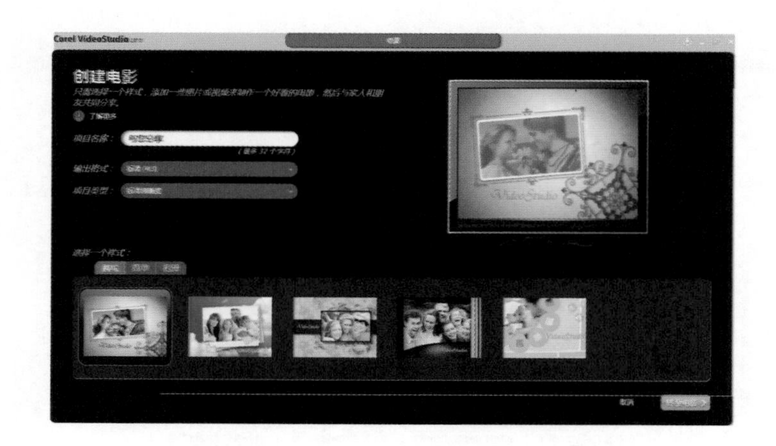

10 笔者选的片头样式，第一个画面为横式方框，所以我们将一张横式照片拖曳到最前面，让呈现的画面更好看。

变更排序后：

11 将片头、片尾的文字改成自己想说的话。在片头的屏幕上双击，出现闪烁光标时，即可将默认文字删除，输入自己的文字。再移到片尾，做同样的动作以更改文字。

12 完成片头、片尾的文字后，单击【输出】按钮。

注意

更多的编辑设定与操作方法请参考本章3-2快速制作影片的片头/片尾的步骤8~9。

13 我们要将所有的照片、片头片尾与字幕转换成单一电影，所以在输出电影的窗口中，选择【文件】。

14 在保存为视频文件前，我们要给电影文件一个名称，并指定影片的保存位置、转出格式等选项。设定好后，单击【保存】。

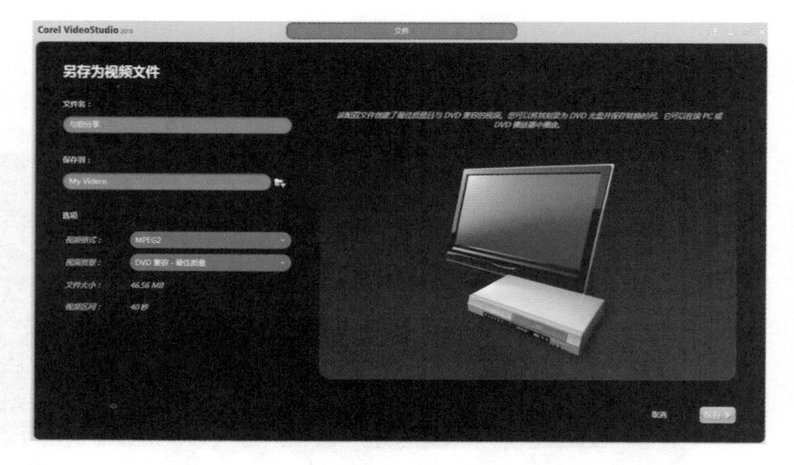

15 渲染完成后，会看到以下画面，单击【确定】按钮，就可以去储存路径欣赏成果了！

3-4 习题

选择题：

1.（　　）以下哪一个不是简易编辑的功能？

A.将照片上传到Facebook　　B.依比例修剪照片

C.将照片备份成数据光盘　　D.将照片印成光盘卷标

2.（　　）在执行动作列上的创建、打印、分享功能之前，我们要将素材拖曳到哪里？

A.媒体托盘　　B.库

C.专辑　　D.项目

3.（　　）以下何者不是影片选单样式？

A.电子相册　　B.缩略图

C.基本　　D.花样

4.（　　）如果我要让影片项目的背景音乐覆盖原始影片声音，可以使用哪一个功能？

A.配乐　　B.旁白

C.混音　　D.消音

5.（　　）以下哪一个不是媒体库的素材分类类别？

A.照片　　B.音乐

C.文件　　D.视频

填空题：

1.我们可以使用_____工具来移除影片中不需要的片段。

2.我们可以使用_____工具将影片一分为二。

3.项目长度与背景音乐可以互相搭配，在简易编辑中，我们可以选择将项目时间长度调整为______或______。

4.想要快速调整NG照片，除了设定选项之外，我们可以使用_______功能来解决照片问题。

练习：

1.导入20张照片，制作包含自定义标题与配乐的影片，并将其输出成文件。

2.将一段影片剪成四段，并分别应用不同的灯光效果，将其上传至视频网站。

3.将素材新增两个标签，上传至Flicker，并于搜寻字段搜寻出自己的照片。

4.将3张照片剪裁为同比例：8x10英寸、横式照片。

5.呈上题，挑选3张照片素材以电子邮件传送给自己与朋友，邮件模式选择【附件】，照片大小为【小】。

习题答案

选择题：

1.C　　2.A　　3.B

4.C　　5.C

填空题：

1.剪辑视频　　2.分割视频

3.音乐配合项目、项目配合音乐　　4.快速修复

第 4 章

捕获进入影片的全方位应用

4-1 DV视频捕获设置大公开

如果您是DV、HDV的使用者，在会声会影X3您只需要用【捕获】步骤透过IEEE1394卡的连接，就可以选择您所想要捕获的格式，如DV或DVD。此设计真的是非常聪明，免除了许多繁杂的设置，以下笔者就针对数字摄像机作DV来做捕获的详细介绍，读者只需依照下列步骤就可以捕获到想要的视频格式。另外关于【DV快速扫瞄】的使用方法，笔者在此单元也一并详细介绍一番。

1 将IEEE1394线4 Pin的接头插入数字摄像机的端口中，接着将模式切换到播放磁带的模式，如VCR。

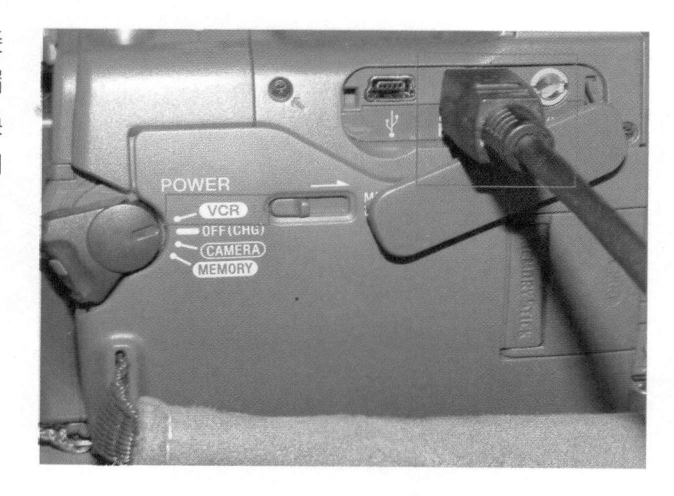

2 另外为了确保DV正常捕获，我们还可以到【设备管理器】中查看当DV电源开启时，会不会找到一个【图像处理设备】，然后显示您DV的厂牌。

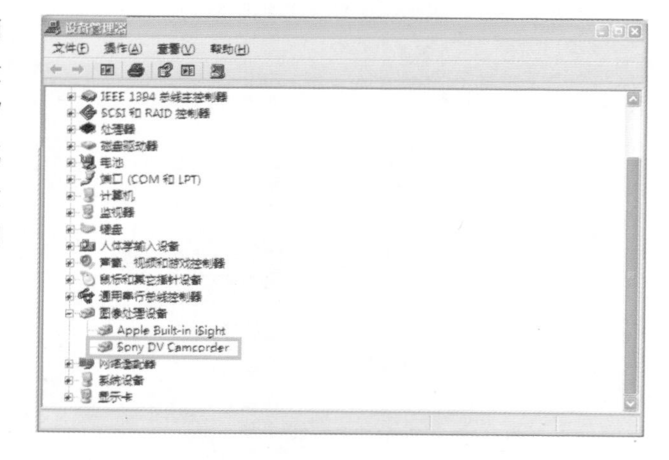

3 要开始捕获，请在【捕获】步骤单击【捕获视频】按钮。

4 设置您想捕获的视频格式。透过IEEE1394卡连接DV时，会声会影可以将视频捕获成DV或DVD。

5 您可以利用【设备控制列】控制您的DV影片到您想要捕获的位置。【设备控制列】可用的控制选项包括了播放、暂停播放、快速倒转和快进。另外左边更方便的【快门速度飞梭控制】，可以让您做更细致的控制（建议用这个，会比较容易操作）。

6 单击【捕获视频】键开始捕获您的影片。在捕获影片时，双击预览窗口的中央，就可以全屏幕观看。

7 按下【Esc】或【停止捕获】键就可以停止捕获的动作。

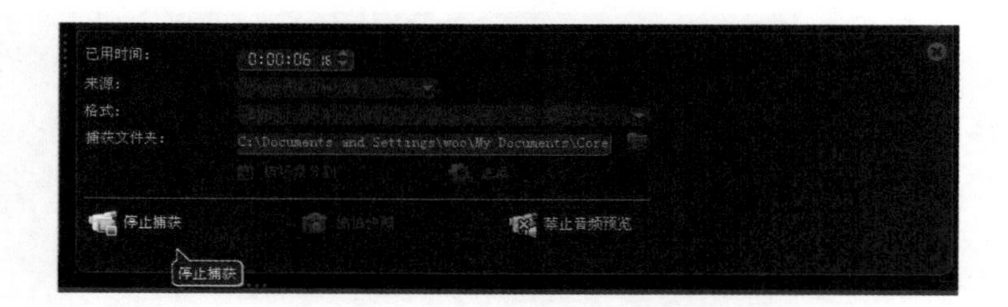

8 此时从开始捕获至停止捕获的视频素材就会放置在图库以及编辑步骤的时间轴上。

注意1

IEEE1394卡的使用者，您知道吗？在会声会影X3中您可以将您的DV视频捕获成DV类型1或是DV类型2。您只需在捕获视频之前将格式设置成“DV”，然后单击【选项】中的【视频属性】，选择捕获成DV type-1或是DV type-2。

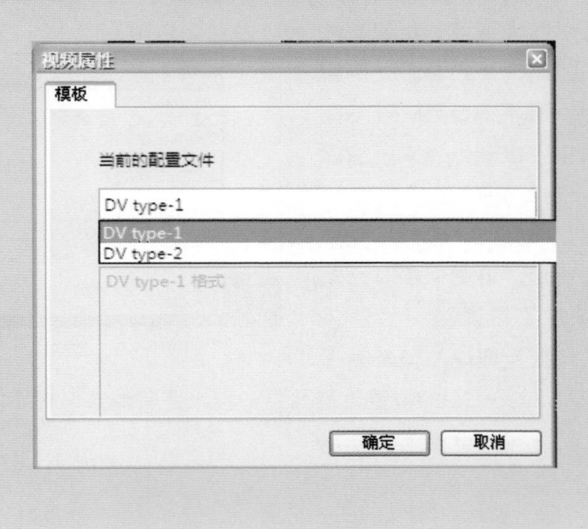

◆ 说明：

透过IEEE 1394捕获卡所捕获下来的DV视频会自动保存成DV AVI文件。DV AVI文件通常包含视频和音频两种串流。但DV信号只有一种数据串流，本身就包含视频和音频。DV类型1的AVI就是将原始的DV串流保存到AVI 中（影音在同一个串流）。DV类型2的AVI则是将DV串流分割成独立的视频串流和音频串流数据保存到AVI 中。DV类型1的优点是DV数据不需要加以处理，即可以使其原始格式保存。而DV类型2的优点是，它能与其他非支持DV类型1的视频剪辑软件兼容，例如Adobe Premiere。

注意2

透过IEEE1394卡将视频捕获成DVD文件时（直接将格式设置成DVD），您可在选项面板中单击【选项】中的【视频属性】，接着可以在【当前的配置文件中】选择MPEG的高级格式设置。例如HQ、LP、SP等，选用HQ则MPEG-2压缩就可以用VBR 9000kbps来压缩以取得高的质量，但相对的文件就会比较大。如果选择LP或是SP压缩就会损失一点点的视频质量，但文件相对比较小，毕竟鱼与熊掌不可兼得。另外关于音频压缩可选择杜比数码AC3音频压缩，例如DVD PAL AC3 GQ的设置就是其中一种。还有如果您想要捕获16：9的视频就要选择后方有16_9的设置选项。

注意3

当您在浏览影片时想要将某画面捕获成单张的图像文件时，您可以随时单击【抓拍快照】按钮来捕捉画面。捕获的画面会存成BMP或JPG文件放在图库中，您可以随时按下F6键调出参数设置，在【捕获】标签中您可以设置您想要的格式。

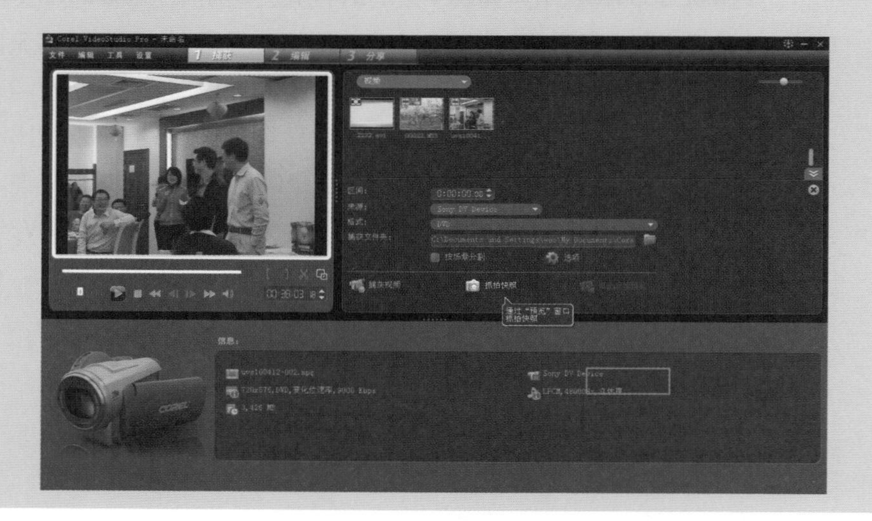

◆ DV快速扫描

DV磁带拍摄得越多，要整理起来越是费力，一来要把不要的场景剪掉，二来还要盯着计算机看。现在大家不用苦恼了，透过会声会影的【DV快速扫描】，您可以非常轻松地完成这些工作，只要让会声会影去快速扫描您的磁带，将您要的场景选出来，然后只捕获这些您要的片段，会声会影会自动倒带并跳过不捕获的片段。而且您还可以将这些扫描的结果存成文件管理，日后再一起捕获都没问题。请读者依照以下的操作步骤来操作【DV快速扫描】。

1 将您的DV接好，然后将您想捕获的磁带放进DV，接着单击会声会影【DV快速扫描】按钮。

2 设置您要捕获的【格式】如DVD，然后设置您要扫描的场景是从【开始】还是【目前位置】，如果您是要扫描整卷带子请选择【开始】，如此会声会影便会自动帮您倒带然后从头到尾扫一遍。还有就是设置扫描的倍数，速度越快精细度越差，最后要开始扫描请单击【开始扫描】按钮。

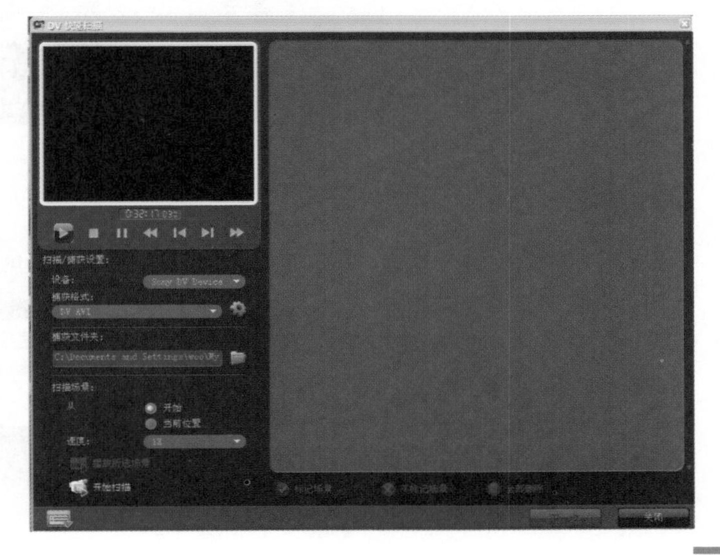

3 扫描结束时，会声会影会将磁带的所有场景全部找出来，您可以利用下方的【取消标记场景】将不想捕获的场景取消掉，当然您也可以随时利用左上方的预览窗口来检查该场景的内容。选取设置完毕时请单击【下一步】按钮来开始捕获。

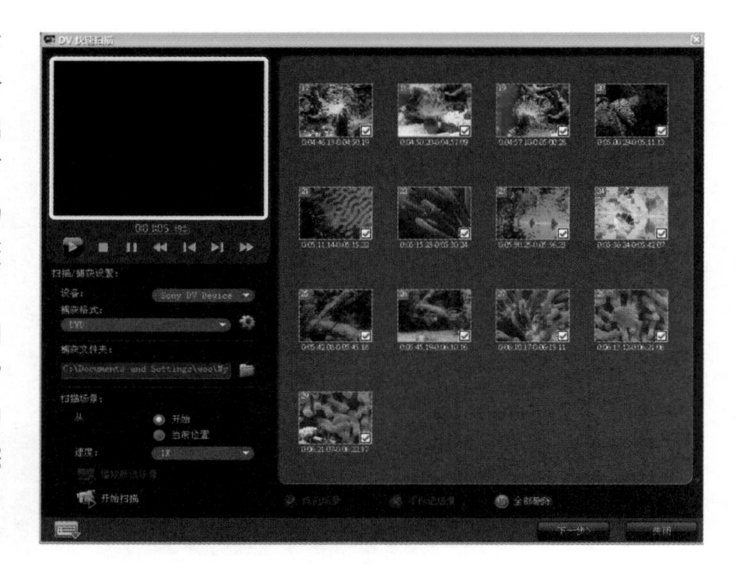

4 捕获完毕后会声会影会问您要不要插入到时间轴，选择【确定】按钮您就会在时间轴以及图库中找到您刚刚捕获的场景素材，您可以随时按下F6键来调整适合您的编辑习惯的设置。

注意

您还可以将扫描出来的摘要保存成文件，您只要单击左下角的【选项】然后将您扫描出来的摘要保存成＊.sca，日后您只要将此文件打开（打开DV快速扫描摘要）放入相对应的DV磁带就能直接设置想要捕获的场景，完全不需要重新扫描。

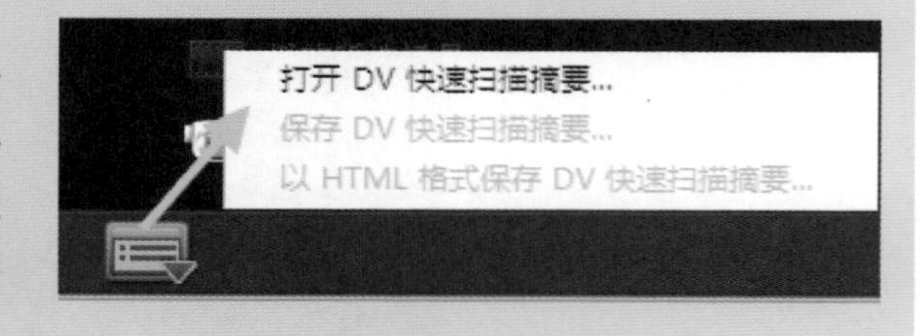

4-2 HDV高清视频捕获轻松上手

HDV可以说是一个跨时代的过渡品，但是笔者认为HDV所拍摄的画质还是非常得好。加上现在越来越多人的家里都已经有了数字电视而且都支持1080i 或1080P等，所以将HDV拍摄的影片转成AVCHD/ DVD或蓝光光盘也是让人看了非常痛快的。会声会影X3支持大多数的HDV摄像机，像SONY FX1、HC1以及HC3都可以完全支持。当初HDV刚问世时就有许多人来问笔者如何操作，其实只要您在HDV上的设置正确，会声会影上的操作是很简单的，大多数人只是不知道如何设置罢了，现在就让本书来公开所有的操作步骤。

1 以SONY HC1为例首先我们先将HDV切换到【PLAY/EDIT】模式。

2 接着我们点选【P_MENU】进入选单设置。

3 再点选【MENU】进入下一层。

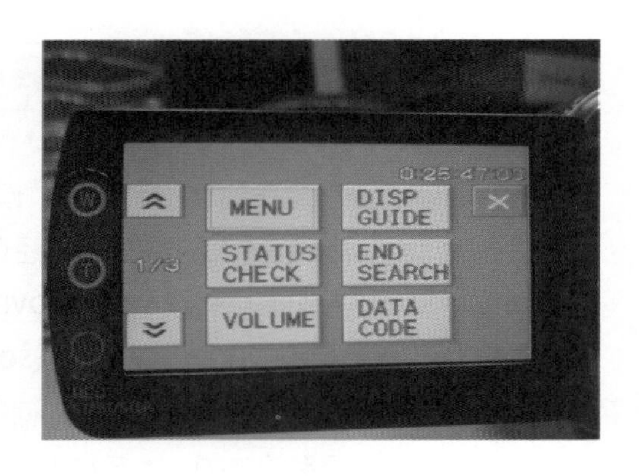

4 将模式切换到【VCR HDV/DV】模式并进入其设置。

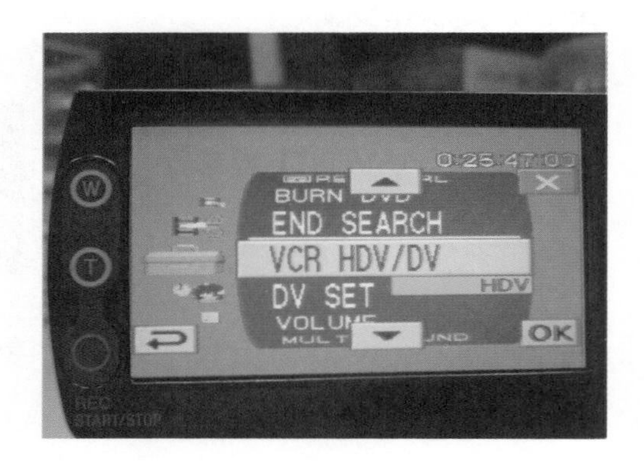

5 将模式设置到【HDV】，要捕获到高清的1440×1080（1080i）HDV MPEG-2文件，切记不管是拍摄或捕获都要设置成HDV模式。

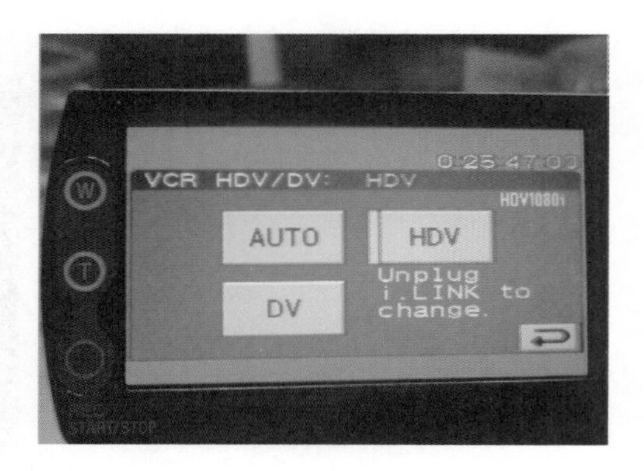

6 接着再将模式切换到【i.LINK CONV】并进入其设置。

7 一定要将此模式设置成【OFF】，如果是【ON】的话，摄像机会将您拍摄的HDV高清转换成DV信号输出，您将永远无法捕获到HDV质量的影片，这是很多人都会疏忽的地方。

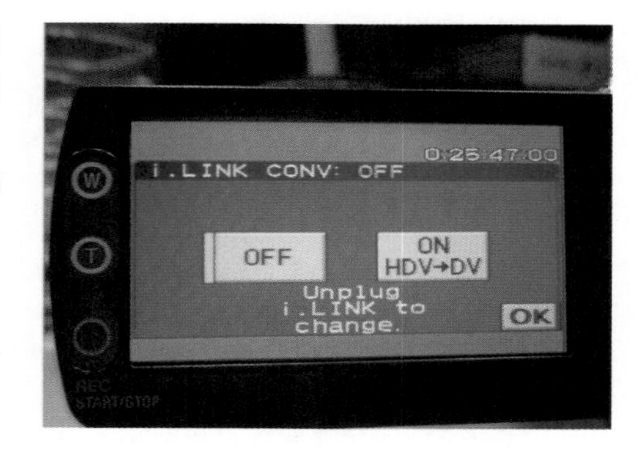

8 将IEEE1394线4 Pin的接头插入HDV摄像机的端口中，接着将模式切换到播放磁带的模式如PLAY/EDIT。

9 另外为了确保HDV捕获的正常，我们还可以到【设备管理器】查看当HDV电源开启时，会不会在【声音，视频和游戏控制器】中找到您的HDV设备或AV/C Tape Device 等字样，如果您找到图像设备，然后显示出您DV的厂牌就表示设置错误。

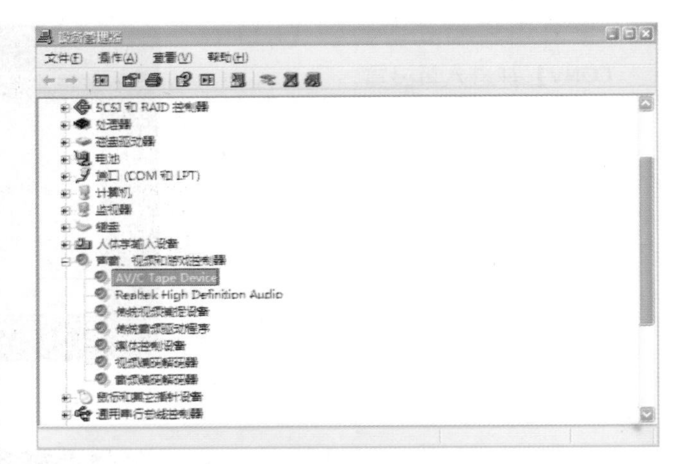

注意

如果您的电脑无法正常识别您的HDV设备并提示无法正确安装AV/C Tape Device，那么请咨询您的摄像机的厂商。

10 要开始捕获请在【捕获】步骤单击【捕获视频】按钮。

11 再次确定来源为HDV，格式为MPEG。

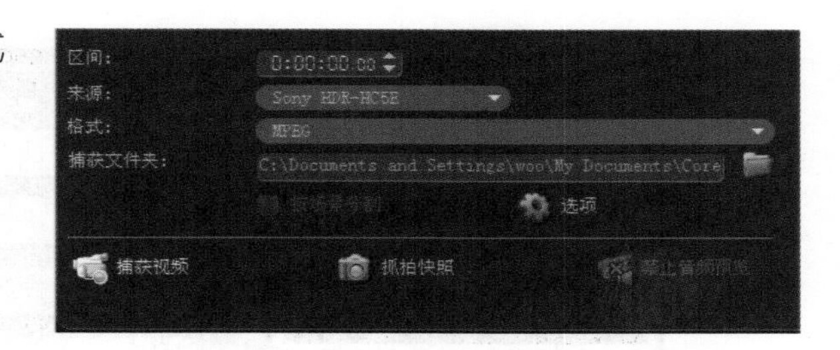

12 您可以利用【设备控制栏】控制您的HDV影片到您想要捕获的位置。【设备控制栏】可用的控制选项包括播放、暂停播放和快进/快退。另外左边更方便的【快门速度飞梭控制】，可以让您做更细致的控制（建议用这个，会比较容易操作）。

13 单击【捕获视频】键开始捕获您的影片。在捕获影片时，双击预览窗口的中央，就可以全屏幕观看。单击【Esc】或【停止捕获】键就可以停止捕获的动作。

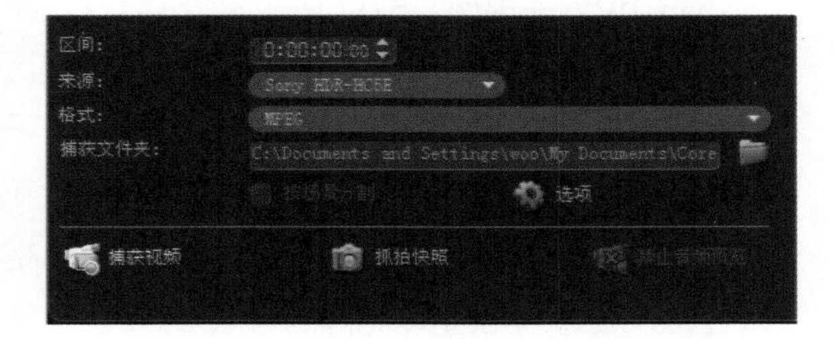

14 此时捕获完视频素材就会在图库以及工作区的时间轴上显示了，播放看看您会觉得这画质真的非常非常好。

4-3 捕获高清视频轻松上手

捕获高清视频轻松上手——硬盘式摄像机、Full HD视频捕获、数码相机、内存卡影片捕获。

随着HD数字电视、AVCHD与蓝光的普及，硬盘式摄像机与Full HD摄像机在近年来已快速成为家庭数字摄像机的主流。硬盘式与Full HD摄像机的优点，除了拍摄高清影片外，储存容量大、捕获方便，更是它广受欢迎的主要原因。无论您使用的是硬盘式摄像机（如Sony DCR-SR87、SR 10），或是Full HD（如Sony HDR-XR520，Canon VIXIA HF200），还是人人都拥有的数码相机、或是摄像机与相机中的内存卡，在会声会影中都是以相同的方法来捕获，在捕获进入计算机之前，还可以先预览我们拍摄的所有影片与照片。捕获方法十分容易，只要确认以下步骤已正确执行，就可以开始将影片与照片导出了。

捕获硬盘式/Full HD摄像机前要做的步骤（硬盘式摄像机与Full HD摄像机的执行步骤完全一致）：

❶ 将摄像机插上电源。

❷ 用USB线连接摄像机与计算机。

③ 将摄像机切换到Play（播放）模式。 ④ 确认计算机已识别到此设备。

捕获数码相机的步骤：

① 用USB线连接数码相机与计算机。 ② 将相机切换到Play（播放）模式。

③ 确认计算机已识别到此设备。

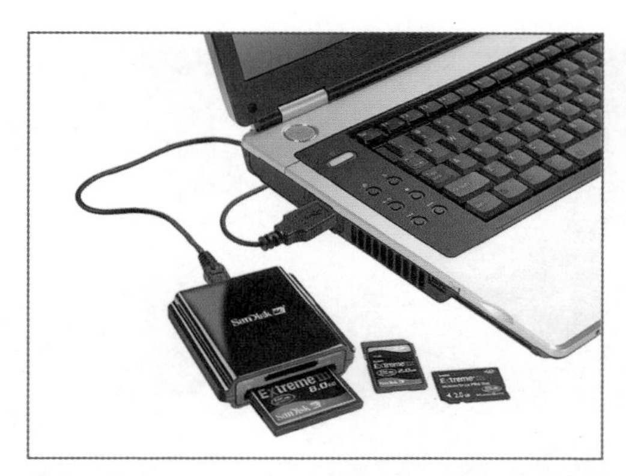

SanDisk Ext III USB 2.0 读卡器（图片取自http://tw.sandisk.com）

捕获内存卡步骤：

① 将内存卡放入读卡器中。 ② 用USB线连接读卡器与计算机。

③ 确认计算机已识别到此设备。

1 进入会声会影高级编辑，单击【1 捕获】中的【从移动设备导入】。

2 在左侧设备中，会看到【HDD】与【Memory Card】两个设备。【HDD】指的是本机硬盘；而【Memory Card】就是我们的摄像机、数码相机或读卡器了。

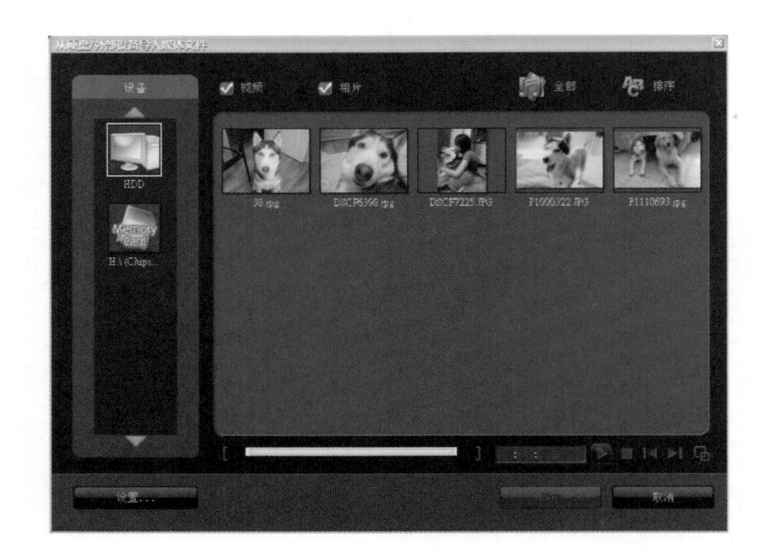

注意

如果要更改【HDD】的读取路径，单击窗口左下角的【设置】，再单击【添加】按钮，加入想导入文件的路径，选好之后单击【确定】按钮即可。

3 单击【Memory Card】设备，可以看到该设备中的影片与相片；若要将影片与相片分开显示，只要勾选或取消勾选窗口上方的【视频】、【相片】选项就可以依类型分开显示。

4 若要预览特定影片，只要选择该影片，并单击右下角的【播放】按钮就可实时预览。

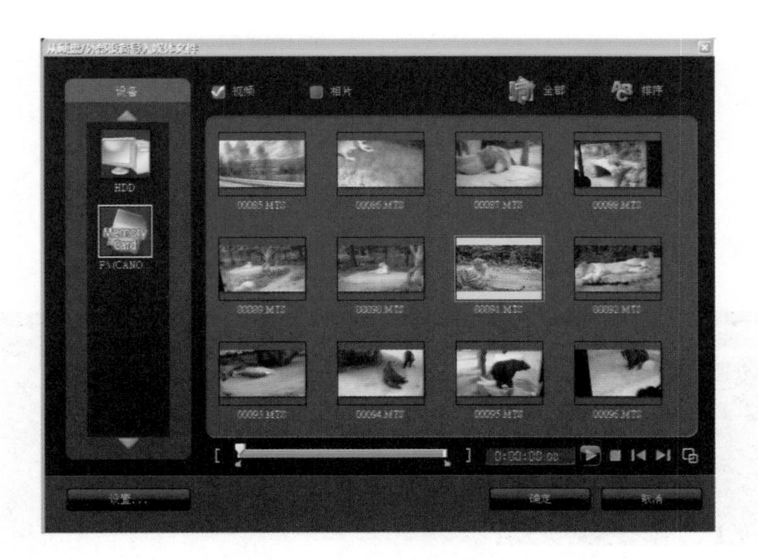

5 按住键盘上的【Ctrl】键不放，一次选择多个想导入的文件，再单击【确定】按钮，即可将文件导入会声会影中。

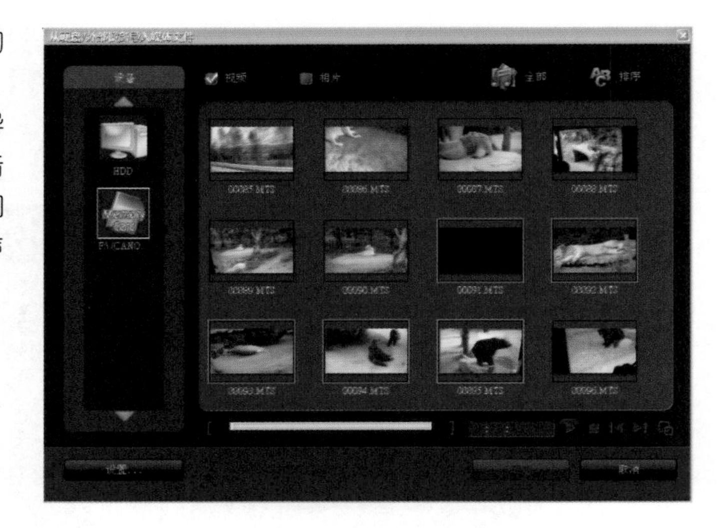

6 接着会出现【导入设置】窗口，选择导入的目标，如果要直接将素材插入至时间轴，即勾选【插入到时间轴】，再单击【确定】按钮。

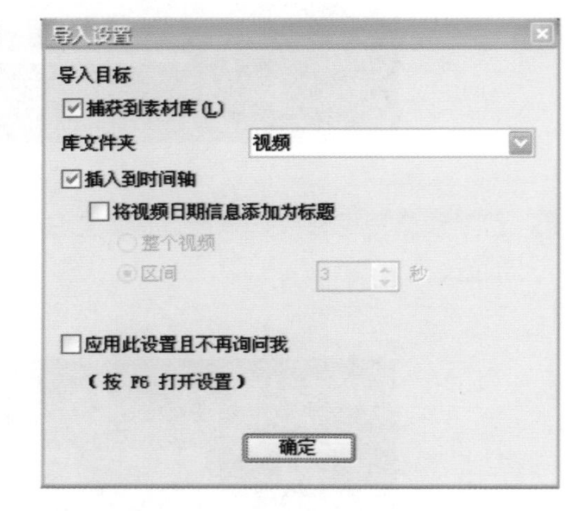

7 素材已依照我们的设置，导至素材库里了。

4-4 将DVD影片转录至计算机

会声会影X3也支持将DVD摄像机的DVD影片转录至计算机中编辑，只要光盘片中有VIDEO_TS的文件夹就能转录进来。所以市面上不管是经由DVD录放机录出来的DVD光盘片，或是DVD摄像机所拍摄的8cm或12cm的DVD光盘片，还是没有防拷的DVD影片通通都能导进会声会影编辑。

◉ Sony DVD 755 DVD摄像机

◉ Pioneer DV-696AV-S DVD录放机

（图片取自于http://ww.sonystyle.com.tw）

1 将DVD 放入光驱，在会声会影编辑程序中，单击【1捕获】的【从数字媒体导入】选项。

2 出现【选取“导入源文件夹”】窗口后，勾选放入DVD光盘片的光驱，然后单击【确定】按钮。

3 接着会出现【从数字媒体导入】窗口，单击导入来源再单击【确定】按钮。

注意

若步骤2所选取的硬盘中包含数个DVD内容，在此步骤会将全部DVD文件夹列出。选择想导入的文件夹后，单击【确定】按钮。

4 分析完DVD内容后，会出现DVD包含的影片，勾选想导入的片段后，单击【开始导入】。

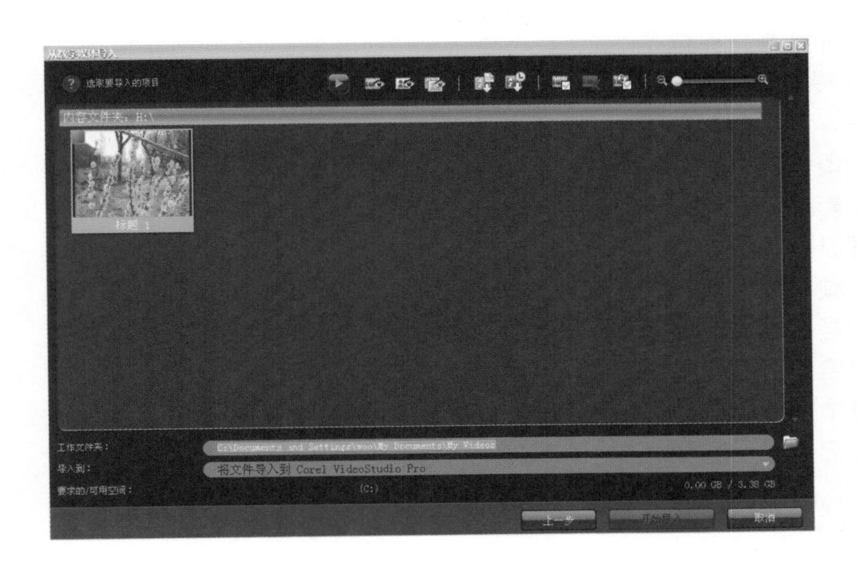

注意

影片的存放文件夹默认为计算机中的影片文件夹，若要更改存放路径，可单击下方【工作文件夹】字段后的文件夹图标来选择存放路径。

5 导入过程中，可看到影片的日期、格式与导入进度等信息。

6 导入完成后，在导入设置窗口内，选择将导入的影片置于视频素材库或是直接插入到时间轴；若要将DVD的拍摄日期、时间加于影片内，可勾选【以标题形式加入视频日期信息】。加至标题的视频日期信息可选择要在整个视频中显示或是选择显示的区间中，然后单击【确定】按钮。

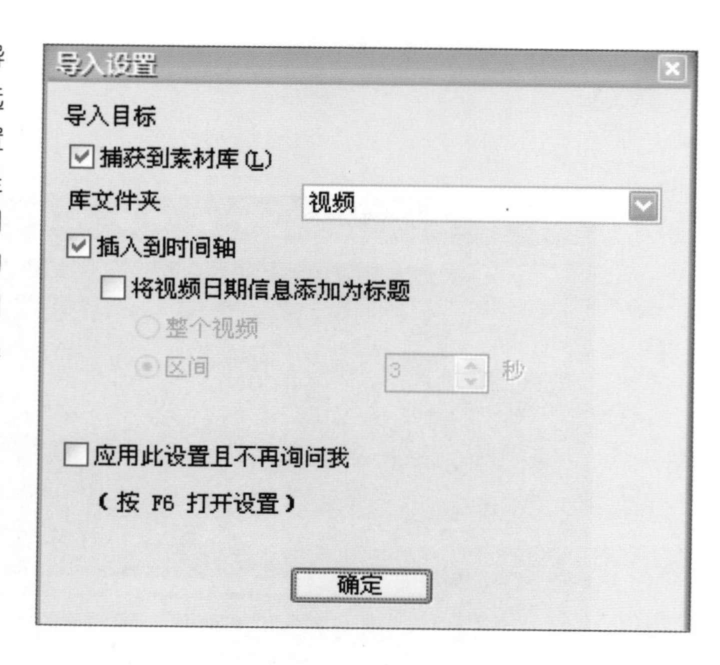

7 导入的DVD影片已经依照我们的设置导入素材库与时间轴内了。

4-5 习题

选择题：

1.（　　）在会声会影的哪个步骤，可以将各种媒体素材导入？

A.编辑　　B.分享

C.捕获　　D.文件

2.（　　）利用会声会影的哪一个捕获功能可以自动找出影片的各个场景，然后只导入想要的片段？

A.捕获视频　　B.DV快速扫描

C.从移动设备导入　　D.从数字媒体导入

3.（　　）在会声会影中捕获HDV，所导入的文件格式为？

A.*.AVI　　B.*.MP4

C.*.MPEG　　D.*.WMV

4.（　　）会声会影可以从下列哪些设备捕获视频？

A.DV摄像机　　B.V8摄像机

C.数码相机　　D.以上皆可

5.（　　）捕获硬盘式摄像机、Full HD摄像机与内存卡时，要进入捕获步骤选择哪一个捕获选项?

A.捕获视频　　B.DV快速扫描

C.从数字媒体导入　　D.从移动设备导入

6.（　　）捕获DVD光盘时，要进入捕获步骤选择哪一个捕获选项?

A.捕获视频　　B.DV快速扫描

C.从数字媒体导入　　D.从移动设备导入

7.（　　）捕获视频时，出现的导入设置窗口，可让我们设置视频的插入位置与视频日期信息的显示时间。在任何时候要更改以上设置，可以按下键盘上的哪一个快捷键?

A.F3　　B.F4

C.F5　　D.F6

8.（　　）捕获DVD光盘时，DVD中需要有哪一种文件夹，才可以导入会声会影中?

A.*.VOB　　B.VIDEO_TS 文件夹

C.AUDIO_TS文件夹　　D.DVD_RW文件夹

填空题：

1.在会声会影X3中，要捕获DV或HDV，可以通过_____卡的连接，就可以选择您所想要捕获的格式，如DV或是DVD。

2.续上题，所捕获下来的DV视频会自动保存成_____文件。

3.捕获视频时，需在捕获面板上的_____选项选择好要使用的捕获驱动程序。

4.捕获硬盘式摄像机时，要先将摄像机电源接上，并将摄像机切换到_____模式。

5.捕获硬盘式摄像机与外接读取装置时，计算机会识别到外接移动设备，显示为Memory Card，而HDD代表的则是_____。

练习题：

1.捕获DVD光盘，并将影片设置插入素材库与时间轴。

习题解答

选择题：

1. C　　2. B　　3. C

4. D　　5. C　　6.C

7. D　　8. C　　9. D

10. B

填充题：

1.IEEE1394　　2.DV AVI　　3.来源

4.Play(播放)　　5.本机硬盘

Note

第 5 章

影音转换技巧大公开

5-1 创建最高清的DVD影片

在会声会影X3中您知道如何创建质量最好的视频文件吗？现在就让笔者来告诉您。其实选用会声会影X3默认的格式，其质量已经相当不错了，预设设定其实是一个建构时间与影片质量的平衡设定，也就是说花费在算图的时间不会太长就能得到相当不错的画质。但是或许有些人跟笔者一样吹毛求疵，宁愿花最多的时间来换取最高的质量，当然先决的条件是我们的来源素材拥有很高的质量，也就是说我们在捕获时就设定捕获成很好的质量了，这点读者们可参阅前几招关于捕获视频的单元。例如，我们将视频捕获成DV AVI，然后转成DVD 的MPEG-2格式，现在读者们可以利用以下的步骤来自己定义最好的视频压缩质量。

1 项目都编辑完成之后请单击【创建视频文件】。

2 此时我们不要选择预设的设定，直接选择最下方的【自定义】。

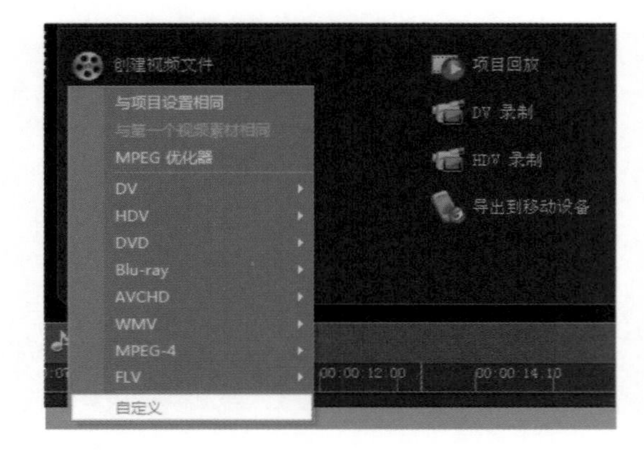

3 选择MPEG文件为保存类型，然后单击【选项】按钮。

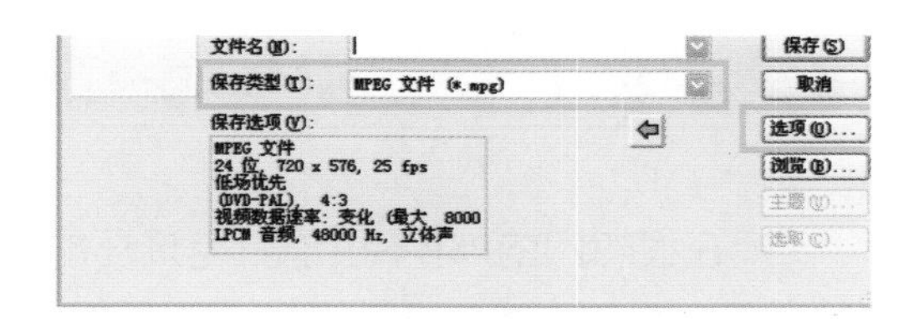

4 在【压缩】的卷标下，我们可以将【质量】调整到100，然后视频数据速率也可以调高一点，基本上如果您的音频压缩式设定成【杜比数码音频】，就能将视频数据速率调整超过9000 kbps，但如果结果会在您的DVD播放器中播放不顺畅，您就必须降低一些了，高数据速率真地是考验DVD播放器的播放能力。

注意

其实每一种视频格式都能利用自定义的方式来设定其压缩，例如Xvid为AVI的压缩格式之一，而且都支持HD的视频压缩。只要您将保存类型设定为AVI，接着单击【选项】按钮，然后在AVI标签下的压缩下拉菜单中选择Xvid MPEG-4 Codec来压缩文件，而且您还可以单击【高级】按钮来做高级的设定。

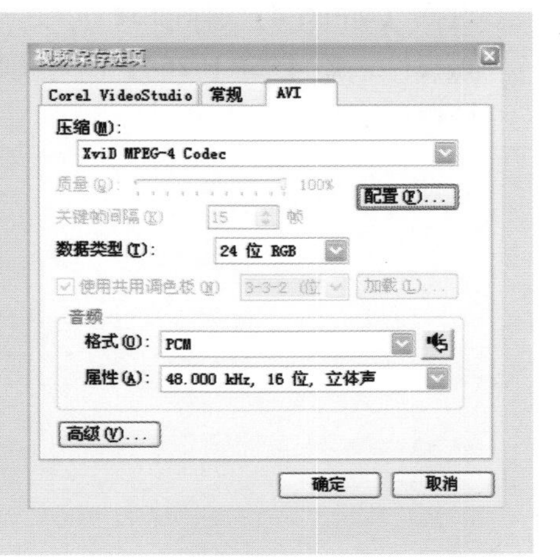

5-2 PSP专属Mpeg-4视频制作秘籍大公开

现在很热门的PSP不仅能打电玩还能听MP3、上网、浏览数码相片以及播放MPEG-4的视频，真的是一台随身携带的多媒体播放器了。会声会影X3也支持制作PSP可以支持的MP4以及H.264的MP4文件，而且方法比以前简单，只要您的PSP是新版的都可以利用这个方法。在本书附赠光盘中，读者也可以将以下路径的MP4文件直接复制到PSP中的VIDEO文件夹播放一下效果。

范例\Sea world.mp4

1 项目编辑完成之后请单击【创建视频文件】。

2 选择【MPEG-4】中的PSP开头的配置文件，如【PSP H.264】作为视频储存设定。

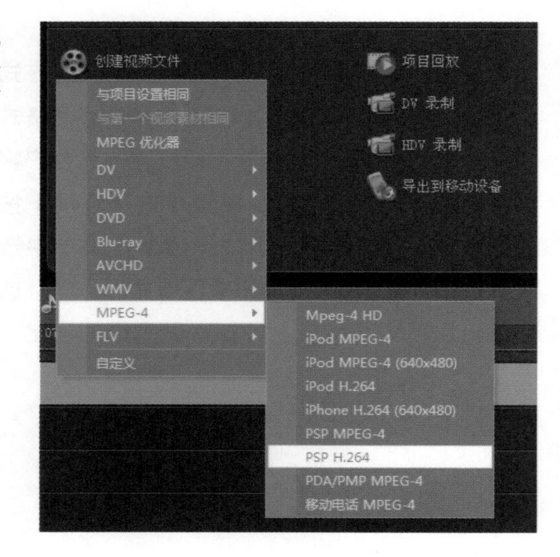

3 将PSP接到计算机并设定到USB连接模式，或是用读卡器直接读取存储卡。

4 不管是直接连接PSP还是通过读卡器，您都会在【我的电脑】中找到一个【可移动磁盘】，接着将刚刚创建好的文件直接存放在VIDEO文件夹内。

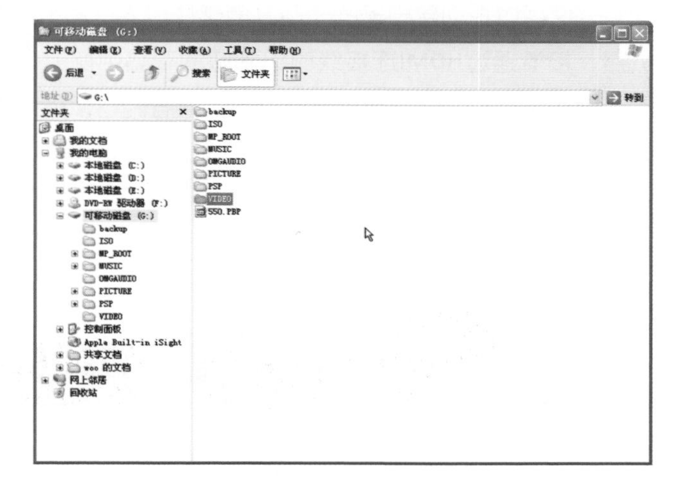

5 然后您就可以在PSP影像（VIDEO）中的Memory Stick中选择到您存放的影片了。

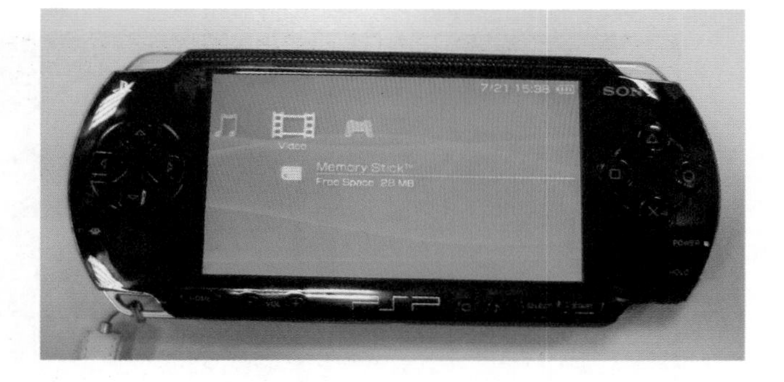

5-3 创建超高清的影片

有许多人都问笔者，现在蓝光刻录机又没有那么普及，那么利用高清摄影机拍的高清影片要如何应用呢？其实还是有办法的，现在不是有许多的液晶电视都支持1080P吗？所以我们做出来的720P~1080P影片一定可以在这里播放，720P以上的高分辨率影片播放时几乎不会有DVD那种闪动的感觉，绝对是清晰无暇的，还有利用会声会影将我们旅游所拍的数码相片制作出高清的电子相册，相信只要您看过一遍，就知道什么是感动了。如果不刻录成蓝光光盘或是AVCHD光盘的话，笔者建议您花费3千多元人民币买一个多媒体播放盒，例如，笔者就试过Zinwell兆赫所发行的Full HD高清蓝光口袋机ZP-mini520还有蓝光奇机多媒体播放器（ZIN-5005HD如下图）。您可以将创建出来的任何高清影片放入这台机器中或是透过外接硬盘连到此机器，接着通过HDMI连接线输出到您的液晶电视上，如此就随时观赏高清的影片了。您想要体验一下1080P的魅力吗？读者们可以依照以下的步骤制作高清视频或是打开本书附赠光盘中的文件，体验高清的影音享受。

范例\1080P.mpg

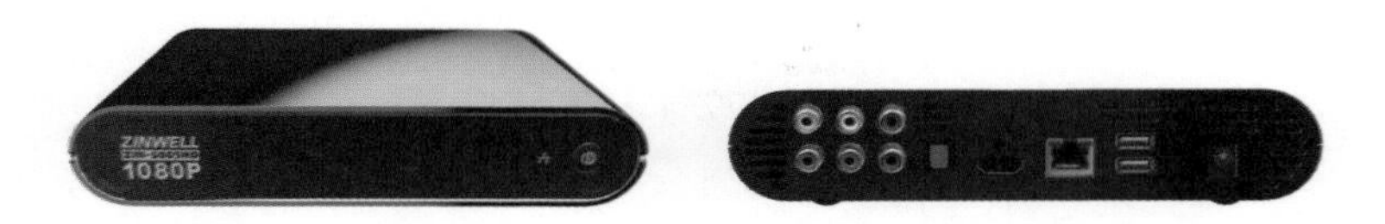

1 项目编辑完成之后请单击【创建视频文件】。

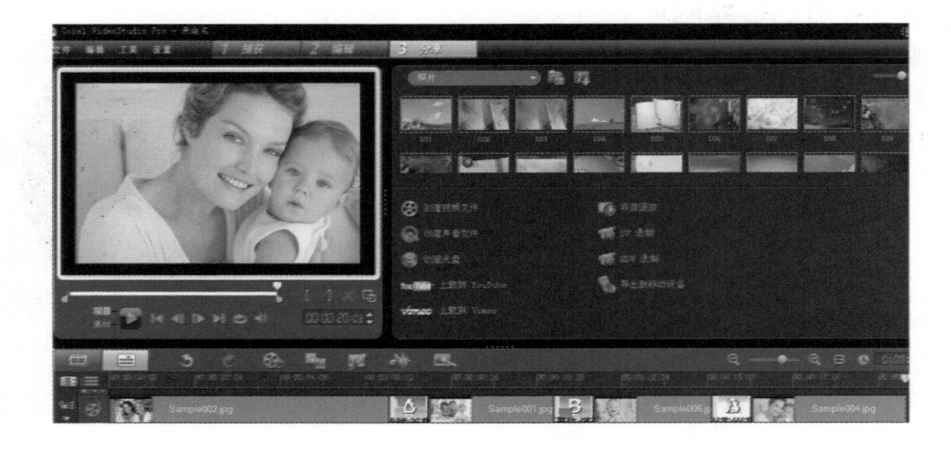

2 然后在会声会影X3中有很多的格式都支持FULL HD的压缩，例如，如果您最后的目的是要直接刻录成蓝光光盘，则可以直接选择Blu-ray PAL MPEG2（1920×1080）或是PAL H.264（1920×1080）来做压缩设定。另外AVCHD、WMV以及MPEG-4都有相对应的FULL HD支持。

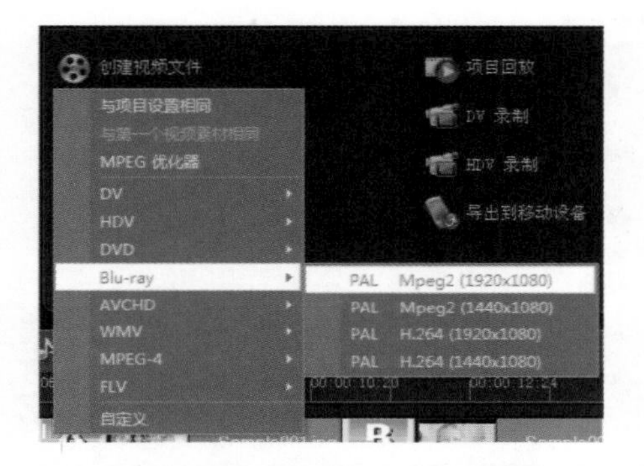

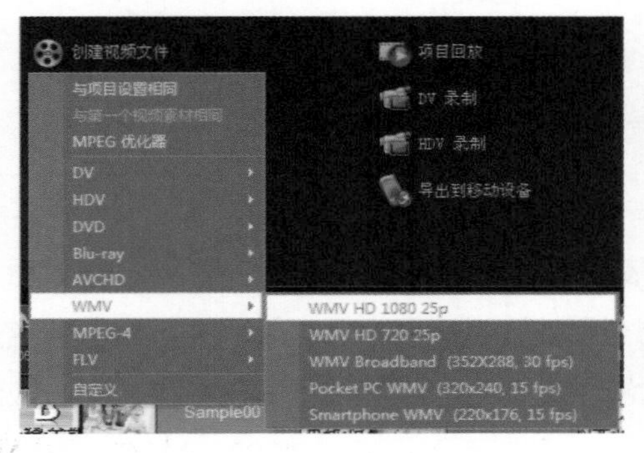

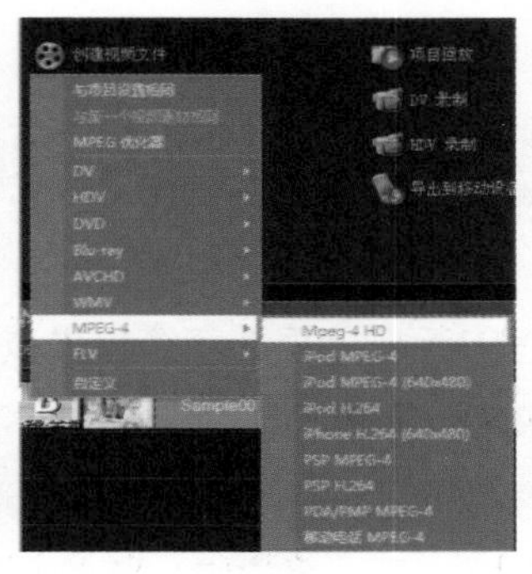

说明。

- Blu-ray：如果最后目的是要直接刻录成蓝光光盘，那么您就可以直接选择Blu-ray来压缩。

- AVCHD：简单地说AVCHD与Blu-ray的差别就是，AVCHD可以用一般的空白DVD来当做保存媒体，刻录出来的DVD光盘可以在计算机中或PS3中播放。

- WMV：这个格式保存出来的高清影片可以运用在网站上，或是许多高清影片网络分享的平台上，如优酷、土豆等。

- **MPEG-4**：这个格式压缩出来的文件相对小很多，尤其是**H.264**的压缩。可以运用在许多**MPEG-4**的播放器材上。

3 设定完成单击【保存】按钮就可以将文件保存到您的硬盘中。

5-4 手机专用视频轻松制作

现在的手机几乎都支持录像或播放视频，不仅如此，现在的手机还可以插入内存卡来加大保存的空间，所以将电影或影片转进来放进手机随时播放真的非常方便。笔者常常将一些儿童节目或卡通片录下来，一旦笔者那宝贝女儿哭闹时，放出来让她高兴一下，真是哄小孩的利器啊。一般的手机都支持**3GPP**、**MP4**或是**WMV**这几类格式，会声会影都能制作出来，只要您将会声会影制作出来的视频复制到手机的内存卡中就可以了。但是每只手机视频要放的位置可能有点不同，这点可能要参阅手机的使用手册了。

以下笔者就介绍如何制作**Pocket PC**手机专用的视频并在手机中播放，如果您已经有**Pocket PC**或是支持播放**WMV**文件的手机了，就可以直接将以下的影片复制到手机中的内存卡试播效果。

范例\Pocket PC.wmv

1 项目都编辑完成之后请单击【创建视频文件】。

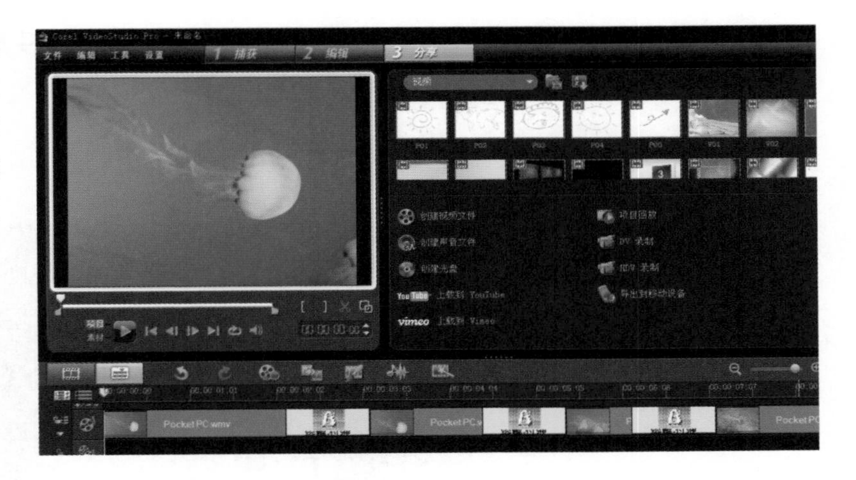

2 Pocket PC视频请选择【Pocket PC WMV】，如果您的手机是支持MPEG-4、3GPP或是3GPP2的，请选择对应的格式。保存成3GPP以及3GPP2必须到【自定义】中去选择。

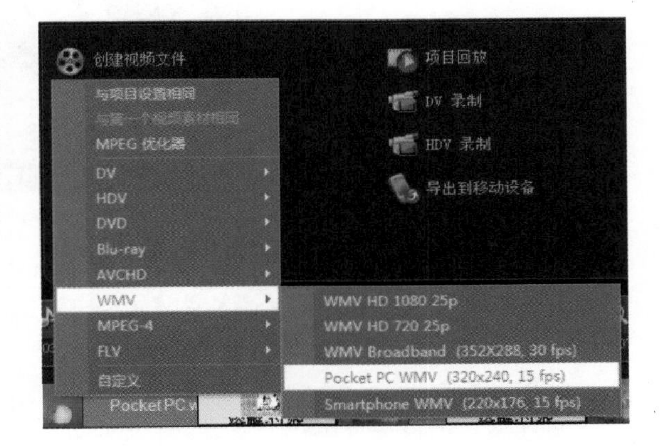

3 输入您要的文件名，然后单击【保存】按钮将文件保存到您的硬盘中。

4 将您的手机连接计算机，如果是Pocket PC手机，您会在计算机中找到一个【移动设备】，其他手机可能会出现可移动磁盘。

5 找到您手机中的内存卡位置，如Pocket PC的【内部保存】。

6 将刚刚制作出来的视频文件复制到内存卡中。开启您手机中的播放软件，如Pocket PC中的Windows Media Player播放该视频文件。

5-5 轻松输出影片至iPod/iPhone

近年来，iPod 与 iPhone一直是热门的3G产品，越来越多的人会把喜欢的影片放入iPod或iPhone 里随时观看，将各种不同的视频文件转成iPod/ iPhone兼容的MP4格式，是必学的技巧。然而在此，我们要介绍一种简单的方法，不管是何种视频文件格式，只要通过会声会影的【刻录－DVD Factory Pro 2010】，就可以直接把影片放入iPod或iPhone中。

注意

计算机中需先安装iTune，下载与更多信息请至http://www.apple.com/cn/itunes/download/。

1 进入会声会影【刻录－DVD Factory Pro 2010】。

2 从上方动作列的【导入】中，选择【我的电脑】。

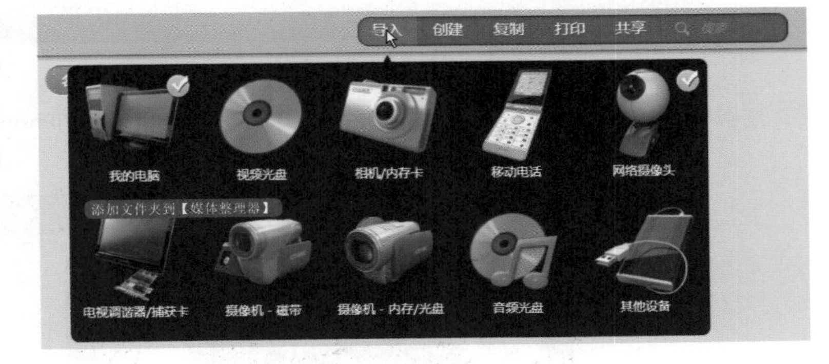

3 勾选影片存放的位置，再单击【开始】。

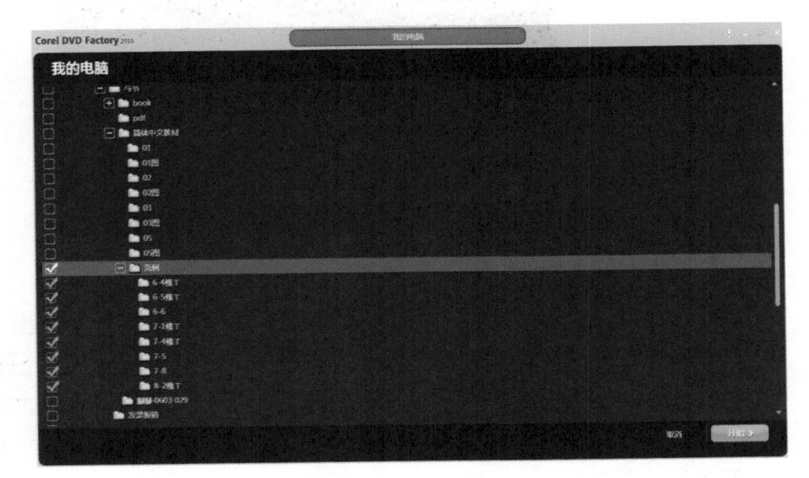

4 影片导入工作区后，将要放至iPod 或iPhone的影片拖曳到下方的【媒体托盘】中。

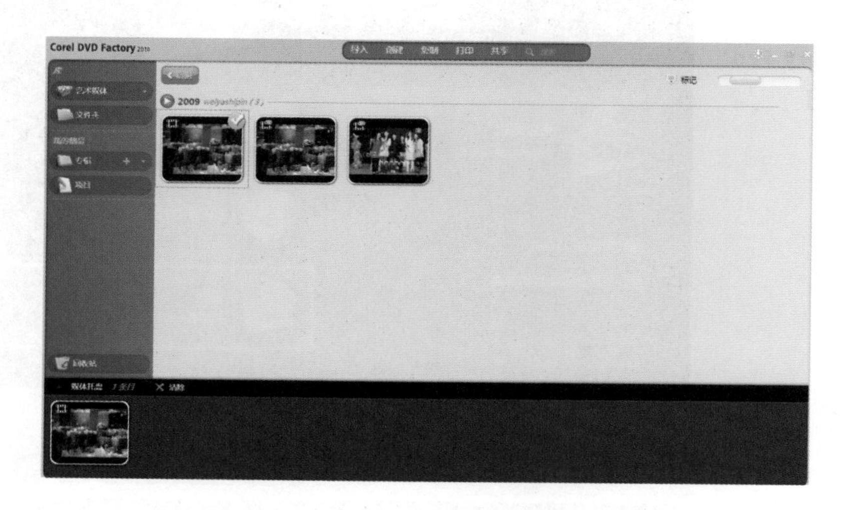

5 将鼠标移到上方动作列的【复制】，再单击【到Apple iPod/iPhone】。

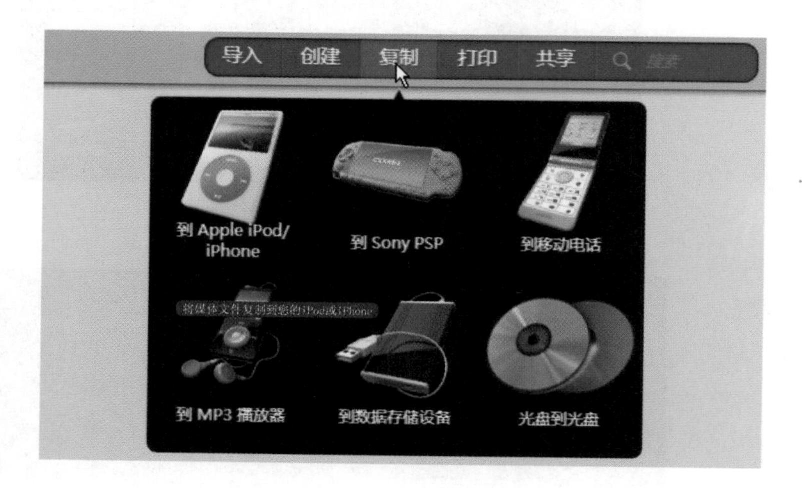

6 进入【传输至iPod/iPhone】的窗口后，会看到窗口左侧列出【设备名称】、【可用】与【所需空间】等信息，窗口右边则有一隐藏的【设置】选项；将鼠标移到齿轮状的【设置】上，设置窗口会自动弹出。可以在此选择我们需要的【音频】与【视频】设置。设置完成后，单击【开始复制】，DVD Factory Pro 2010就会开始进行转换文件与传输了！

表5-1为各质量层次的视频转文件信息。

表5-1 各质量层次的视频转文件信息

	最佳	较佳	佳
视频大小	640×480	320×240	320×240
视频数据速率（kbps）	2500	768	576

注意

此时iPod/iPhone 已联机准备传输，请勿将USB线移除或中断连接装置。笔者在此是以iPod示范传输，若目标装置为iPhone，操作步骤完全相同。

7 在文件的转换与传输的过程中，我们可以看到影片缩图由模糊到清晰，这也代表目前文件转换与传输的进度。

8 传输完成后，看到屏幕上出现“文件成功复制至iPod”信息，就表示成功了!单击【确定】回到DVD Factory Pro 2010。

9 此时我们可以看到，在Apple© iTunes 中，影片已经传输至iPod 中了。

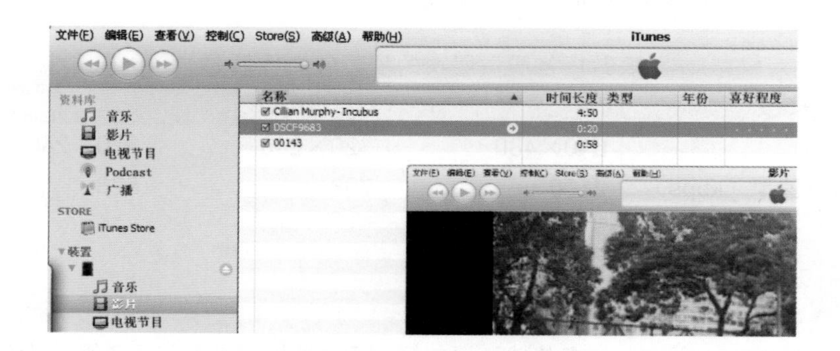

5-6 习题

选择题:

1. (　　) 想将视频文件并传输到PSP中，应该选择转换为以下哪种格式?

A.MEPG　　B.AVI

C.WMV　　D.MP4

2. (　　) 要将影片刻录成最高清DVD之前，要先点选哪一种影片格式设定?

A.自定义　　B.HDV

C.DVD　　D.Blu-ray

3. (　　) 要将影片刻录成最高清DVD，在视频保存选项内，要将哪一项设置调高?

A.帧大小　　B.画面捕获质量

C.速度　　D.品质

4. (　　) 用会声会影X3输出视频文件时，以下哪种文件格式不支持输出HD影片格式?

A.FLV　　B.Blu-ray

C.AVCHD　　D.WMV

5. (　　) 以下哪一项是非手机支持的视频格式?

A.3GPP　　B.MP4

C.WMV　　D.MOV

6. (　　) 将影片转为PSP支持格式后，要放到PSP的哪一个文件夹中?

A.PSP　　B.MUSIC

C.VIDEO　　D.PICTURE

7.（　　）在会声会影刻录 · 转文件中，如想执行将影片复制至iPod/iPhone，PSP等移动设备，需先将影片拖曳至哪？

A.工作区　　B.文件夹

C.媒体托盘　　D.库

8.（　　）要将影片传输至iPod/iPhone 前，计算机需先安装以下哪一套软件的最新版本?

A.iTune　　B.QuickTime

C.FlashPlayer　　D.MediaPlayer

9.（　　）在会声会影刻录 · 转文件编辑模式执行转文件时，若想要得到最小的视频文件，在视频质量设定中，应选择哪一个项目?

A.普通　　B.佳

C.较佳　　D.最佳

10.（　　）在会声会影刻录 · 转文件编辑模式执行复制功能时，媒体托盘中的影片无法复制至以下何种设备?

A.DVD光盘　　B.PSP

C.移动电话　　D.MP3播放器

填空题：

1.想刻录AVCHD光盘时，如果没有蓝光配备，我们可以用______来刻录。

2.在会声会影刻录-转文件编辑模式执行复制功能时，我们可以设置视频与的输出质量。

练习题：

1. 建立最高清的DVD光盘。

2. 将影片转成手机支持的格式，并传输至自己的手机中。

3. 将影片转成PSP支持的格式，并保存在计算机或传输至PSP中。

习题答案

选择题：

1.D　2.A　3.D

4.A　5.D　6.C

7.C　8.A　9.B

10.A

填空题：

1.DVD　2.音频

Note

第 6 章

影片编辑与特效运用的技巧

6-1 三步成为剪接大师

在会声会影中，修整影片是一件非常轻松愉快的事。使用不同的修整工具，您可以轻易地应对各种情况；简单的操作模式，让您只要用过一次就能上手。

影片去头去尾

视频素材加载脚本之后，立刻将头尾不需要的部分去除，是最基本的初剪方式。

1 在预览面板上，拖曳左右两端的【修整标记】，中间白色区即为素材保留区。如果想要随时改变心意，再拖曳【修整标记】，还是可以还原或继续修整。

2 同样的去头去尾，可以拖曳预览面板上的【实时预览滑杆】到想要素材开始播放的位置，单击【标记开始时间（F3）】；再把滑杆拖曳到希望素材结束的位置，单击【标记结束时间（F4）】，即可完成。

3 编辑过程中，如果觉得预览窗口太小，不方便查看，可以单击【放大】按钮，窗口就会变成全屏幕，再单击又会恢复原窗口，回到原来的工作区。

4 在【时间轴查看】模式里，也可以直接拖曳时间轴上的素材两端黄线的部分，以改变起始点和结束点。

5 建议你将修整过后的素材另行保存，下次需要时可直接到素材库取用。选择时间轴上的素材，单击菜单上的【文件】，选择【保存修整后的视频】，保存的文件就会放在预设的工作文件夹中，并出现在素材库中。

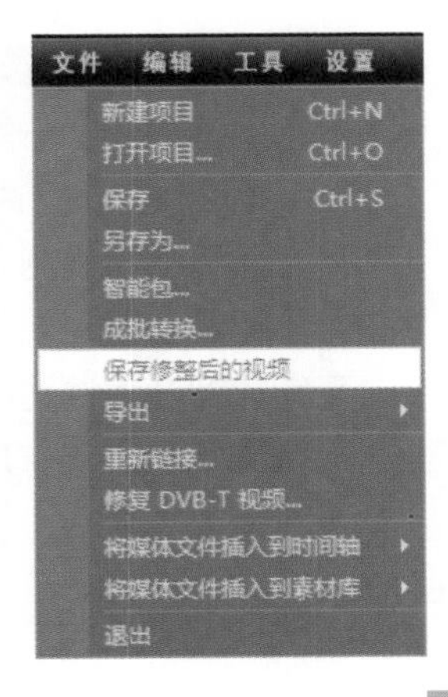

分割视频

当影片中有明显的场景变化，或是希望针对不同段落来做个别的设置及编辑时，就可以用分割视频的方式，快速地将影片分割出不同段落。

1 视频加载脚本之后，拖曳预览窗口上的【实时预览滑杆】到想要分割的位置，单击【剪刀】工具，即可将素材一分为二。

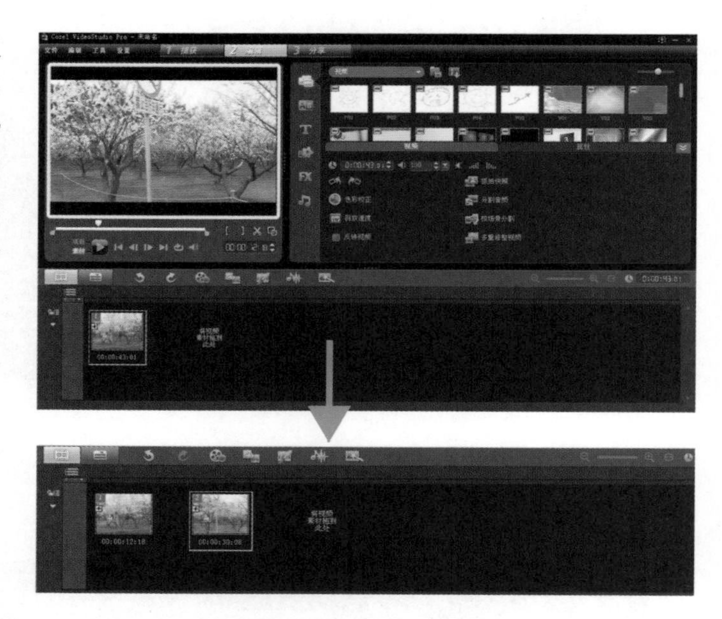

技巧

分割视频并不会切割原始素材，只是定义出一个段落。

2 另一个分割段落的方法，是利用【按场景分割】功能，扫描拍摄影片的内容，然后自动分割出各个场景片段。导入视频后，在右边的【属性面板】，选择【按场景分割】。

3 开启【场景】对话框之后，在【扫描方式】处有【DV录制时间扫描】及【帧内容】两种方式可选择。分别会根据拍摄日期及时间，或者是场景变化、镜头转移来分割出不同片段。设置完成后，单击【选项】按钮。

注意

视频素材必须是DV AVI文件，才会显示【DV录制时间扫描】的选项；若是其他文件格式，就只能选择【帧内容】的扫描方式。

4 出现【场景扫描敏感度】对话框之后。我们可以来设置敏感度，数值越高，敏感度越高，但相对扫描所需的时间也越久。设置完成后，单击【确定】按钮。

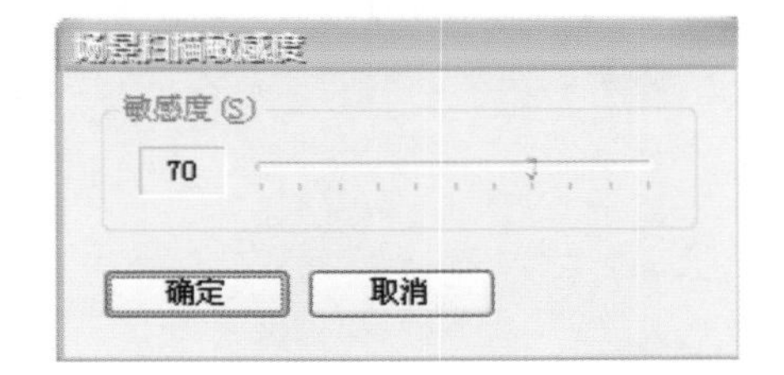

5 单击【扫描】按钮即开始进行场景检测。扫描完成后，可以看到所有检测出的场景。选择任一个场景，右边预览就会出现该场景的第一个帧。

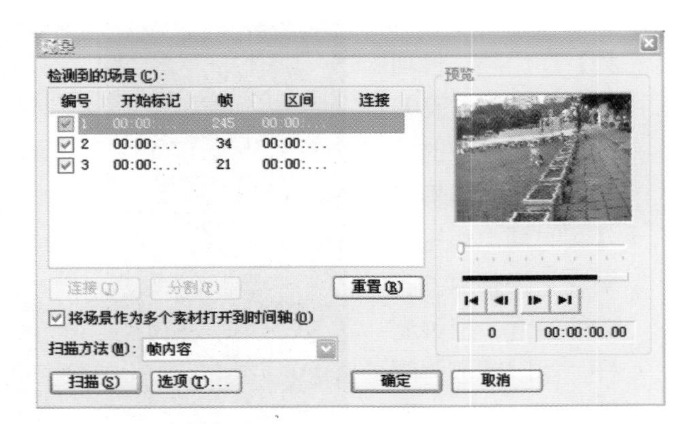

6 如果希望将两个场景做合并，选择清单中的一个场景，单击【连接】，该场景就会合并到上一个场景，在【连接】栏显示的数字，就是合并的场景数。记得勾选【将场景作为多个素材打开到时间轴】，分割后的结果才会显示在时间轴上。

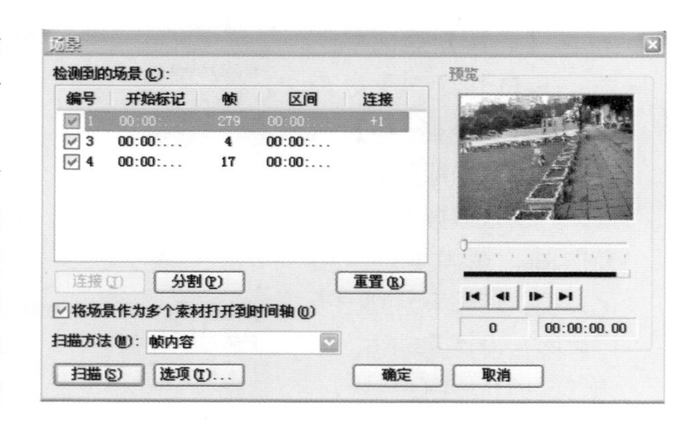

多重修整

一次就能将素材随意修整出多个段落，精确地剪出想要的片段。

1 在【视频面板】上，单击【多重修整视频】。

2 开启【多重修整视频】窗口后，你可以单击【播放】键、拖曳【实时预览滑杆】或是转动【实时预览转轮】来找到修整点。左边的拉近、拉远滑杆，可以缩放时间轴上的帧数。最远到1800帧（1分钟），最近可以拉

到1帧，做最精细的修整。或是利用【快速搜索间隔】，立刻往前或往后到指定的时间位置。

3 利用【设置标记开始时间（F3）】和【设置标记结束时间（F4）】来设置想保留的区段的开始画面和结束画面。

4 继续重复标记选取，找出所有想保留的段落。

5 相反，如果标记选取出来的区段都是要“删除”的，按下反向全选，那么刚才标记出来的每一段区域都会被删除。所以我们是可以决定要标记出来的区段是要“删除”，或是要“保留”的。修整完成后单击【确定】按钮。

6 返回主窗口后，我们可以在时间轴上看到刚才所修整出来的各段素材。

注意

在会声会影中，不需将视频拖曳至视频轨，我们也可以直接在素材库中针对个别视频素材做立即的修整。

1 在素材库中选择想要修整的视频素材，单击鼠标右键，选择【单一素材修整】。

2 开启【单素材修整】窗口后，可以直接拖曳【实时预览列】上左右两端橘色的【修整标记】来定义想保留的片段。或是和多重修整视频的方式一样，拖曳【实时预览滑杆】或是转动【实时预览转轮】来找到修整点，再单击【设置标记开始时间（F3）】和【设置标记结束时间（F4）】来设置想保留的区段的开始画面和结束画面。

利用自动检测轻松删除电视广告

如何轻松删除电视广告呢？以前都要自己寻找广告片段再修整掉，现在在会声会影中，只要轻轻地按一个按钮，就可以自动把您所录的电视节目中的广告轻轻松松地删除掉，是个非常方便的功能。

1 在【视频面板】上，单击【多重修整视频】。

2 出现【多重修整视频】窗口后，单击左方【自动检测电视广告】按钮，程序即会自动侦测所录的电视视频中是否有广告存在。

3 按下自动检测广告后，会出现检测进度窗口，当进度达**100%**时即完成广告检测。

4 在下方脚本窗口中会出现许多分段场景，其中就会发现有广告场景的存在，此时即可选择广告场景，单击左方的【删除选取素材】键，即可将不要的广告场景删除，利用此简便的功能，可大量删除不要的广告，简单完成无广告的视频文件。

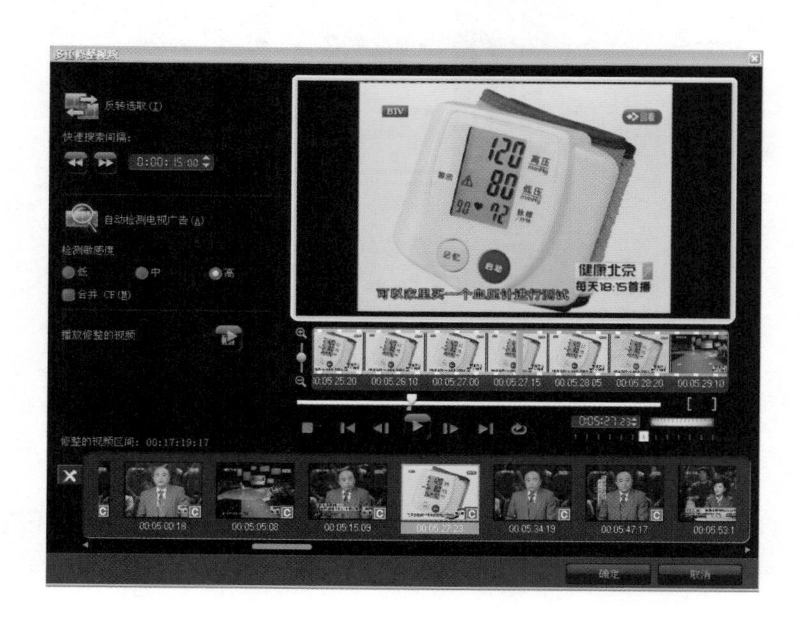

6-2 绘图创建器——在影片上手绘涂鸦

在这里要介绍的是会声会影X3一个既好玩又实用的功能：绘图创建器。绘图创建器能让我们在动态影片或静态相片上画图，或者直接在单色的背景上画画、写字等。笔者在此介绍几种绘图创建器的应用，当然，除了笔者的介绍之外，你还可以发挥创意，利用绘图创建器制作出更多不同的效果。

1 将要利用绘图创建器制作的相片图像文件导入会声会影并拖曳至视频轨上。

2 单击时间轴上的【绘图创建器】按钮，以进入绘图创建器操作界面。

3 单击左下角摄影机或相机的图示变更为“动画”或“静态”模式按钮，并选择【静态模式】。

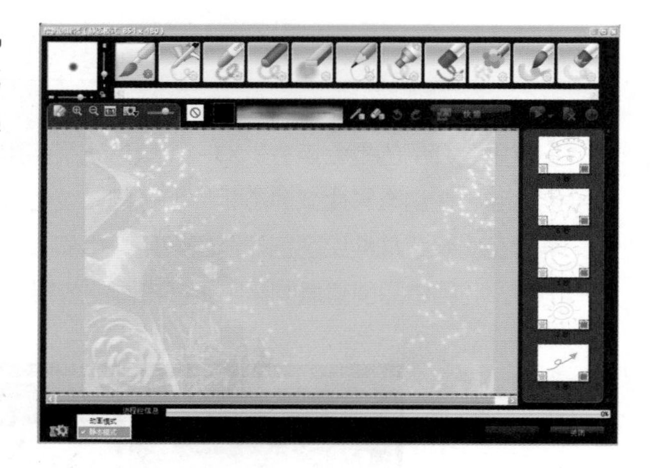

4 单击左下角齿轮图示的【参数选择】。在【参数选择】窗口中，笔者取消勾选【设置参考图像为背景图像】选项，并单击【确定】按钮。

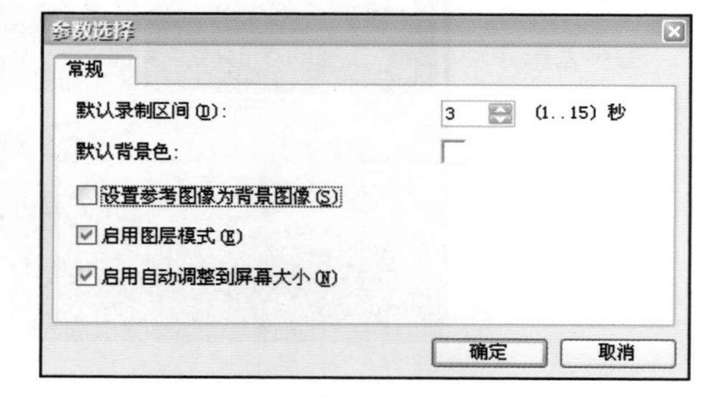

注意

若勾选【设置参考图像为背景图像】选项，捕获出来的成果即为笔触加上背景素材；若不勾选此选项，捕获出来的成果仅有笔触效果。可视读者想要的效果而定。

5 将【预览窗口背景图像透明度设置】滑杆拖曳至最左边，表示背景影像为不透明，可以让我们清楚看见底图以确定下笔的位置。若想要自由发挥、不要看到素材底图，则把滑杆移到最右边，就看不到素材底图了。

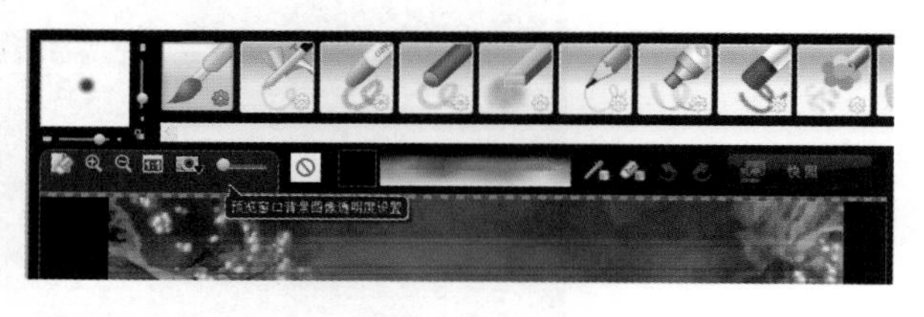

6 窗口上方共有**11**种不同的笔刷，先选取要用的笔刷，再到左侧调整【笔刷高度】与【宽度】。

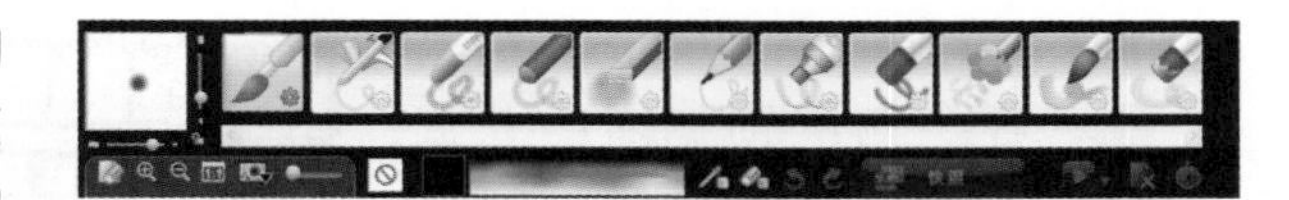

7 接下来，将鼠标移到下方的【色彩】上，鼠标光标会变成滴管图示，点一下我们要的颜色。

或是使用【取色】工具，选择喜欢的颜色。

除了色彩之外，单击【材质】选项，就可以更改笔触的材质。

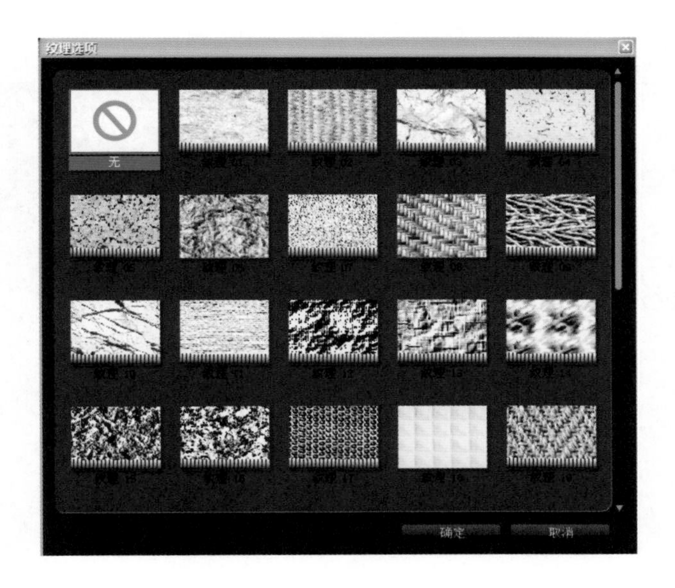

8 我们也可以分别使用每一种笔刷，在下方的预览窗口上试画，看哪一种适合我们的需要。测试完笔刷后，只要单击【清除预览窗口】按钮即可将所有笔触清除。

9 做好笔刷的所有设定后，我们就可以开始动手绘画了！在这里我们以圣诞老人为例，笔者选择【喷枪】笔刷，想让背景呈现黑夜与白雪的感觉。但为了不让色彩太过浓郁而盖掉圣诞老公公与雪花，所以要先调整笔刷的透明度。选择喷枪笔刷右下角的“齿轮”图示，将【柔化边缘】与【透明度】选项依喜好做调整，再单击【确定】按钮。

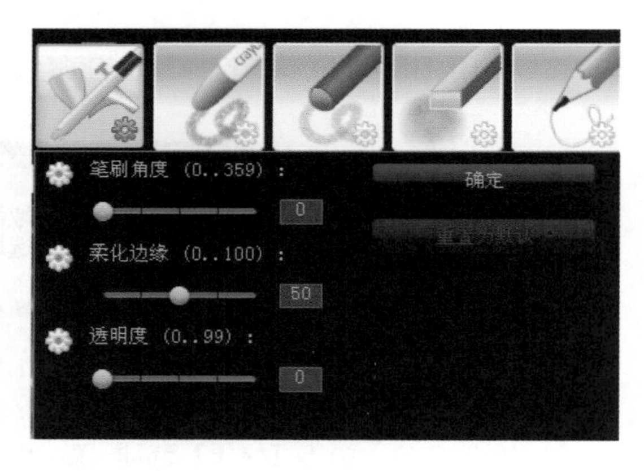

10 现在可以开始动手画黑夜与白雪了，在此，笔者觉得雪花上的黑夜颜色太多了，已盖掉雪花的光芒，所以使用【橡皮擦模式】点一下雪花，让雪花上的黑夜颜色少一点。

注意

在画图的过程中，可以随时使用【滴管工具】来挑选预览窗口上想要的颜色；或是使用【橡皮擦模式】来清除笔触；也可以单击【复原】按钮来还原上一步。若要恢复到笔刷模式，只要再取消勾选【滴管工具】或【橡皮擦模式】就可以了！

11 再检查一次画完的成果，没问题的话，就单击【快照】按钮吧！

12 刚才画的图已经加入到右边的素材清单中了，单击【确定】按钮回到会声会影编辑程序。

13 我们可以在相片素材库的最后看到刚刚完成的静态影像，由于没有勾选步骤4的【设置参考图像为背景图像】选项，所以成果只有我们的笔触，而未包含背景照片。

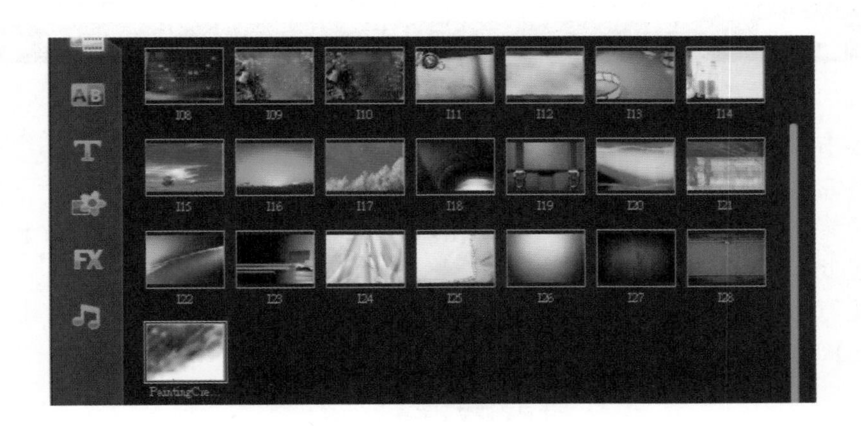

14 将刚才完成的静态影像拖曳至覆叠轨，并将其时间拉长至与背景素材相同的时间。

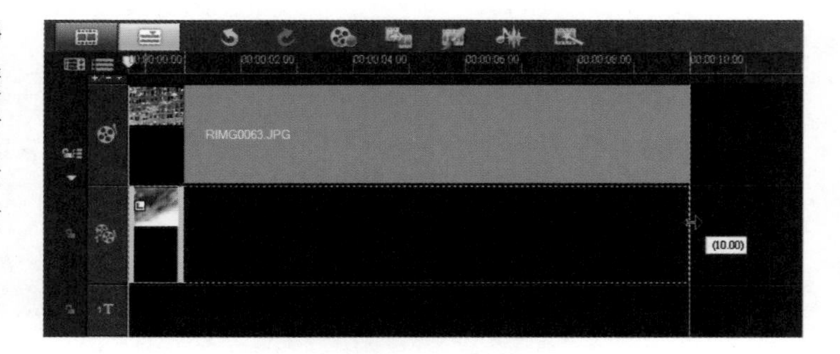

15 接着，单击视频轨上的素材，再次进入【绘图创建器】。

16 进入绘图创建器后，到左下角的摄影机或相机图标，将模式变更为【动画模式】。

17 单击左下角的角齿轮图示，进入【参数设置】。在此，笔者将【默认录制区间】更改为和素材时间长度相同的10秒。

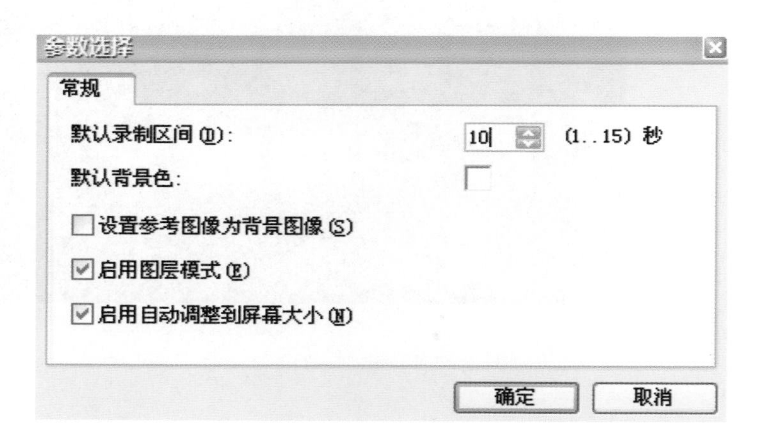

18 接下来，笔者要将圣诞老人、鹿与雪花，做简单地上色。把上色的过程全部录下来，当做动画素材。调整好笔刷等设置，就可以单击【开始录制】了。

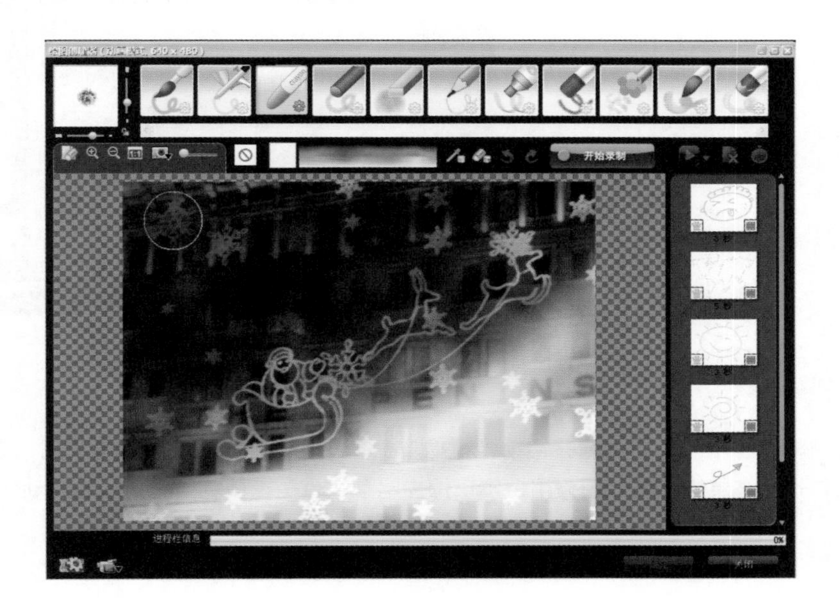

19 因为要描绘细节部分，如果觉得画面太小，可以单击左上角的【放大镜】，将画面拉近。

注意

绘图创建器只会录制画在预览窗口上的笔触，挑选画笔、颜色、改变画笔大小等设置，是不会被录制进去的。所以如果画到一半想去喝杯咖啡也没有关系，静止动作的时间不会被录制进去!

20 做一次最后检查，确定画完后，单击【停止录制】按钮。

注意

在绘制的过程中，如果画错并切换到【橡皮擦模式】清除画面上某一区域时，该清除动作是会被录进去的，因为用擦皮擦擦去笔触，也是在预览窗口内所做的动作!

21 刚才绘制的动画影像，会加到右边的素材清单中。选取刚才绘制的动画素材，并单击【确定】按钮。

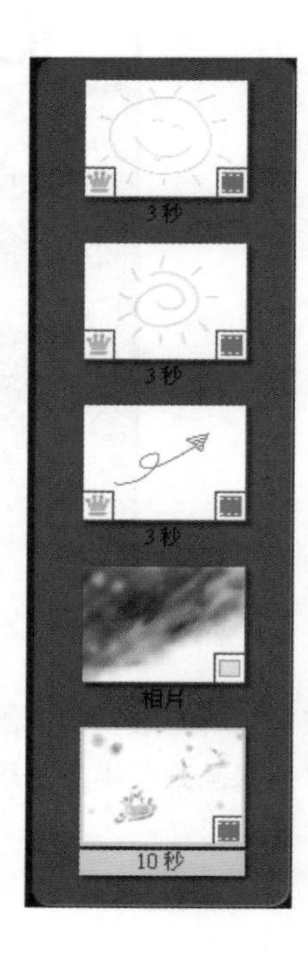

22 绘图创建器会分析刚才录制下来的所有笔触，并做转换。转换完成后，会自动回到会声会影编辑程序，而此录制的动画素材则会导入【视频素材库】中。

23 为了放置动画素材，我们要再新增一个覆叠轨。单击【轨道管理器】，勾选【覆叠轨 #2】，再单击【确定】按钮，将第二覆叠轨打开。

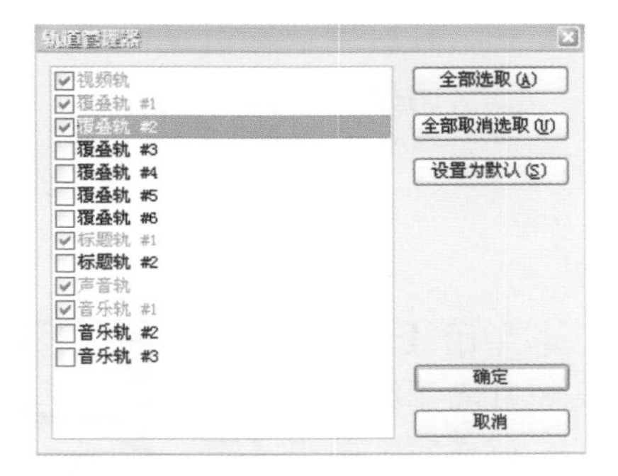

24 将动画素材拖曳至【覆叠轨 #2】上，并以项目模式播放我们制作的成果!

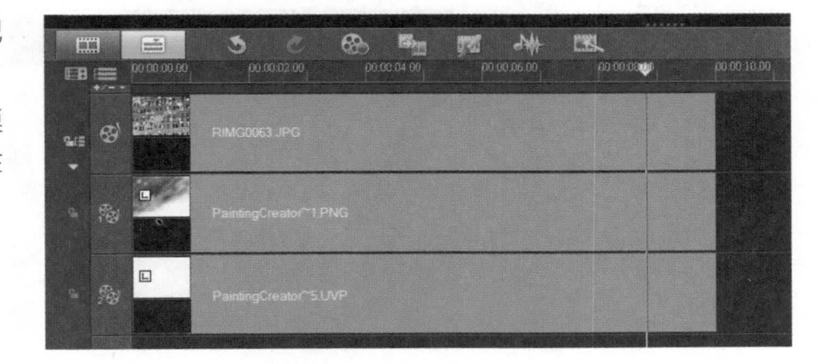

25 如果要在影片上画图，方法是一样的。但由于影片是动态的，所以我们要先将影片停在要绘制的地方，再进行绘制。影片中的狗狗在听主人从1数到3的命令，

笔者要在影片上加上主人所数的数字。选好要绘制的画面后，单击【绘图创建器】。

26 主人每数一个数字大约花费2~3秒，所以在参数设置里，将【默认录制区间】调整为3秒，单击【确定】按钮，并且确认勾选动画模式（请参考步骤16~17）。

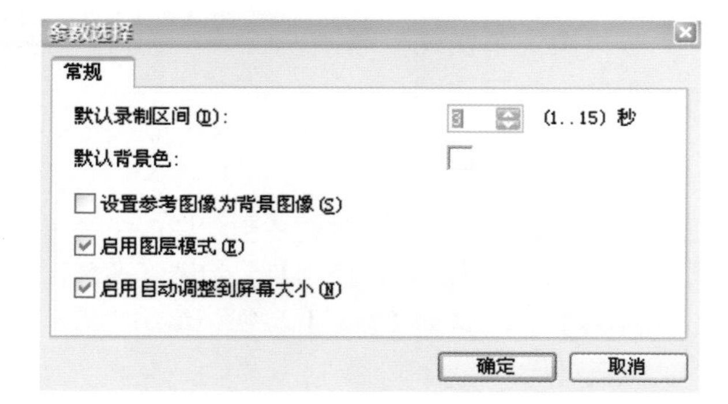

27 单击【开始录制】并着手绘制，绘制完成后，单击【停止录制】。动画素材会加到右边的素材清单中。选择绘制好的素材并按下【确定】按钮（请参考步骤19~21），以回到会声会影编辑程序。

28 将动画素材拖曳至覆叠轨上，对齐绘制的帧。

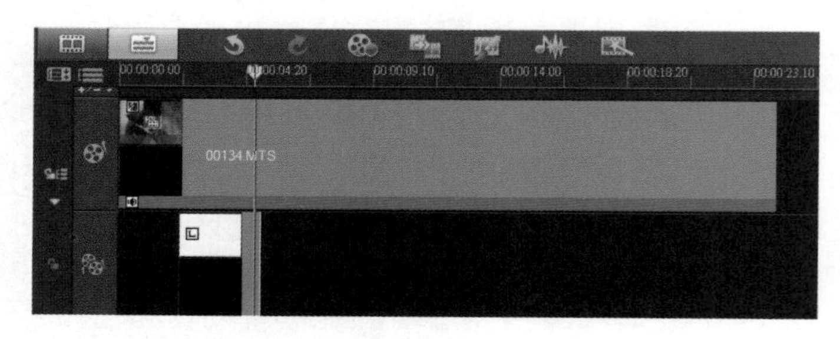

29 重复步骤24~27，将剩下要绘制的部分画完，并逐一拖曳至覆叠轨上，排好动画素材的出场时间，就做好啰!

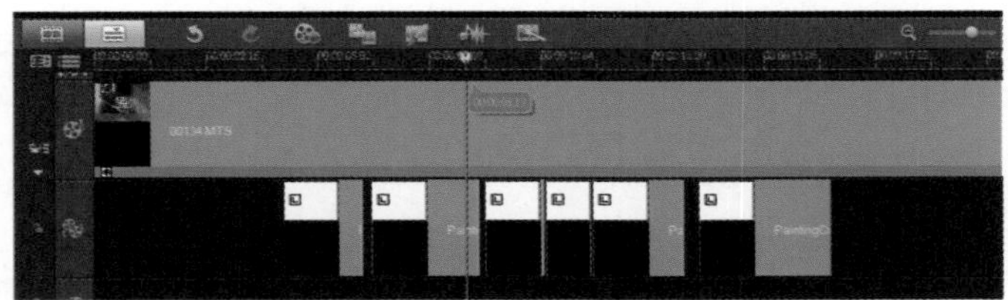

以下是影片画面：

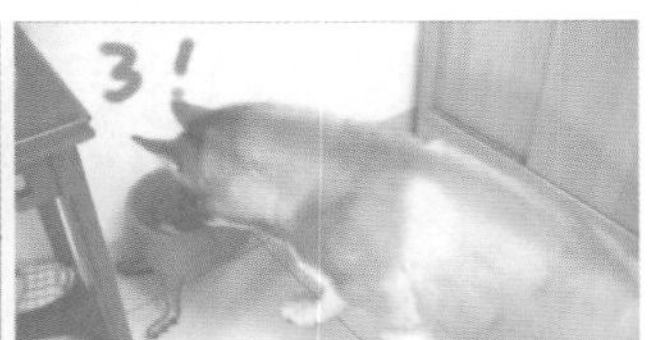

6-3 经典镜头制作技巧（1）——快慢操作表演

快动作和慢动作应该是最普遍应用在各种题材电影当中的特效。在会声会影中，可以随心所欲地来控制影片的回放速度，让你轻而易举地就能完成这两个效果。慢动作效果可以运用在精彩镜头的分析、回放；快动作则可以缩短一些过于漫长、不重要场景的播放时间，或是让人物动作产生一些夸张的趣味。要记住的是，电影在改变了回放速度之后，影片的播放长度也会随着改变。

慢动作

下面的示例，是想将整个影片的其中一小段，以慢动作来播放。

1 视频素材插入时间轴后，将想要以慢动作播放的一段影片切割出来。预览视频素材，移动【实时预览滑杆】到想要开始慢动作播放处。

2 单击【剪刀】工具，将视频分割。同样地，找到要让慢动作结束的播放点，再做一次视频分割。

3 经过二次分割后，时间轴上出现了三段视频素材，中间的一段，就是我们想要用慢动作来播放的一段。将鼠标点在时间轴的这段素材上，然后在右边的【视频面板】，选择【回放速度】。

4 在【回放速度】的控制面板上，有3种方式都可以来改变回放速度。直接移动【拖曳滑杆】，或在【速度】选项输入百分比来改变。数字越小，播放的速度也越慢。另外就是在【时间延长】选项上输入时间码数值。时间码的4组数字分别表示了「时:分:秒:帧」。增加速度变化时间长度，也能使影片回放速度放慢。设置后可以随时单击【预览】按钮来观看，完成后单击【确定】按钮。

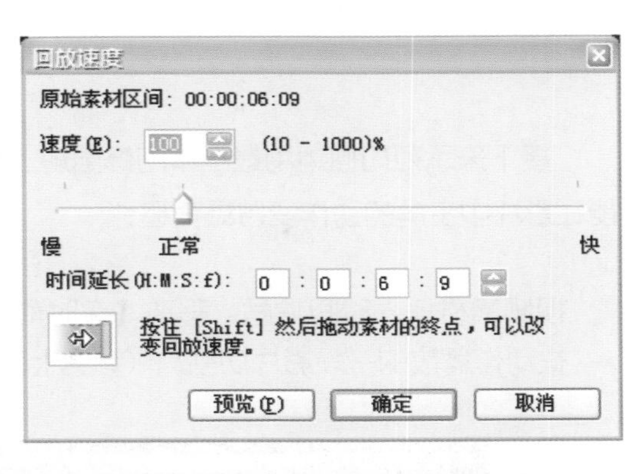

5 另外，在时间轴上也可以直接做慢动作播放设置。将鼠标移到素材右端的黄色线上，出现黑箭头后同时按下“Shift”键，黑箭头立刻变成白箭头，就可以用拖曳的方式将素材拉长，拉得越长，回放速度就越慢。

注意

在慢动作的片段中，可以再添加一些需要的效果进去，例如视频滤镜等，可以让慢动作效果更明显。

快动作表演

接下来示范如何运用最基本的修剪加上快动作的设置，几个超简单的步骤，就能让影片中主角的动作变得更有趣。

1 视频素材插入时间轴后，移动【实时预览滑杆】，用【剪刀】工具，将希望以快动作播放的一段影片切割。（参考上面示例）

2 如同前面范例一样，将鼠标点在时间轴的这段素材上，然后在右边的【视频面板】，选择【回放速度】弹出设置面板。移动【拖曳滑杆】，或在【速度】选项输入百分比来改变。数字越大，播放的速度也越快。

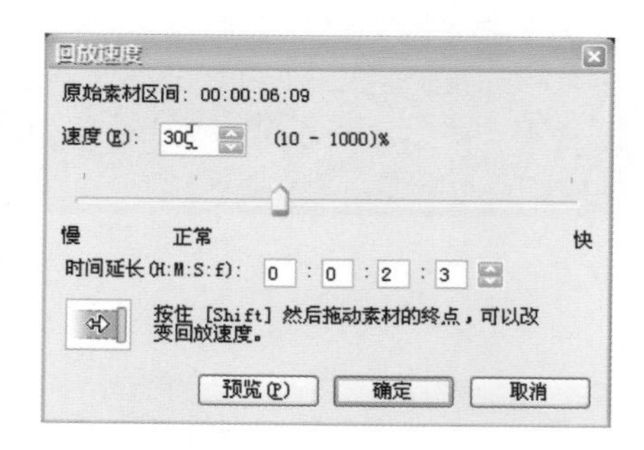

注意

为了画面动作流畅，在场景人物较复杂的画面中，建议您快动作的速度不要调太高。

6-4 经典镜头制作技巧（2）——反转视频

反转视频可以看清楚事件是如何发生的，也可以用来制造出反复发生的效果。反转视频也可以让人物、动作产生出一个有趣，或是改变事件的结果。

实况回放

在拍摄到一些特别值得回顾的事件、动作或是事件发生得很突然或太快，就可以利用反转视频的方式来追踪事件发生的经过画面。

1 将视频素材插入时间轴，这段影片中滑雪者突然跌倒翻滚。移动【实时预览滑杆】，回到跌倒的那一瞬间，然后用【剪刀】工具，将意外发生的这一段影片切割出来。

2 切割完成后，时间轴上会出现3段素材，中间这一段的画面就是意外翻滚的过程。用鼠标右键单击这段素材，在弹出的快捷菜单上选择【复制】。

3 再将鼠标移到【素材库】的空白区，单击鼠标右键选择【粘贴】。

4 此时，【素材库】中就会出现被选取的素材。拖曳素材插入到【时间轴】第2段及第3段素材中间，重复做两次。最后【时间轴】上共有5段素材。

5 点一下第3段素材，然后勾选【视频面板】上的【反转视频】。

6 为了强调实况回放的感觉，可以再加上慢动作播放的效果，鼠标移到第4段素材上，单击鼠标右键，选择【回放速度】来调整成慢速度播放。

逆转结局

有一些动作及事件，因为在实际拍摄时有一定的困难度，因此可以巧妙地运用反转视频，来获得一个相反的结果。

【视频素材：\范例\6-4\逆转结局.mpg】

1 将视频素材插入时间轴，这段影片是一个人被一整排推倒的架子压倒在地。利用时间轴上的时间指针，前后拖曳寻找到他被倒下的架子压到的那一刻。

2 利用【剪刀】工具快速地去头去尾，将片子尾端及开头部分一些不需要的部分切割出来之后删除。

3 修整完毕后，选择【视频面板】上的【反转视频】。在预览窗口上播放，看到的是一个人把即将倒下的整排架子推回原位。经过【反转视频】之后，同一段片子获得完全不一样的结局。

6-5 经典镜头制作技巧（3）——摇动与缩放、静止

在照片编辑中，加入几个简单的镜头变化，就能为您所拍摄好的照片和影片制造惊奇。摇动与缩放效果，我们常常会在拍摄影片的时候用到，但在会声会影中，静态的图片、照片也能利用这个效果立刻活动起来。静止效果可以帮您留住精彩镜头，让简单的画面立刻脱颖而出。

摇动与缩放

1 在【时间轴】的【视频轨】上插入照片后，然后选择照片，将鼠标移到照片右端的黄线上，拖曳它来拉长播放时间。

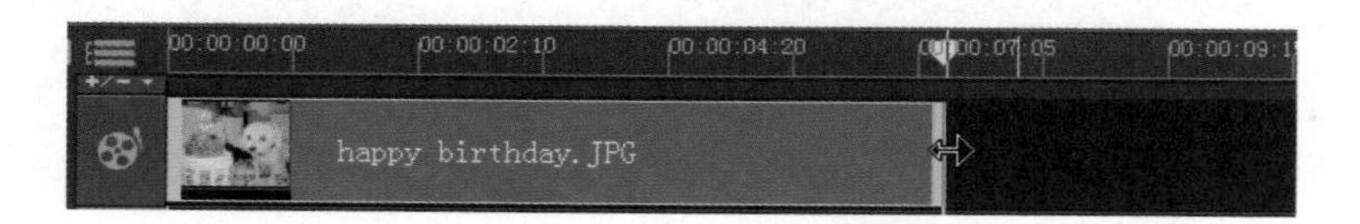

注意

【摇动和缩放】的速度，取决于照片素材本身的长度。也就是说，素材播放的时间越长，摇动和缩放照片的效果就可以相对较缓慢。因此若是想要加入较多或是较复杂的【摇动和缩放】效果，建议增加照片的时间长度，播放时才不会使得效果走得太快。所以照片播放时间的长短，可以视摇动缩放的复杂度和速度来决定。

2 在右边的【相片面板】，选择【摇动和缩放】，然后单击【自定义】按钮。

3 打开【摇动和缩放】的设置面板之后，就可以在左边的原图窗口中进行操作。拖曳虚线框四端的黄色控制点可以缩放照片，也可以直接在下方的【显示比例】选项设置照片缩放大小。移动红色十字则可以改变画面位置，可以将它设想成你的摄像机镜头，移动它来决定镜头想取的画面。而【时间轴】上的红色方块，也就是所谓的【关键帧】，所有的设置必须在【关键帧】启动时，才能进行。

注意

所谓的【关键帧】指的就是【时间轴】上的控制点，它可以让你在素材的每个帧上设置效果进行的方式。会声会影X3，可以添加无限个【关键帧】，不仅仅是第一个和最后一个帧。

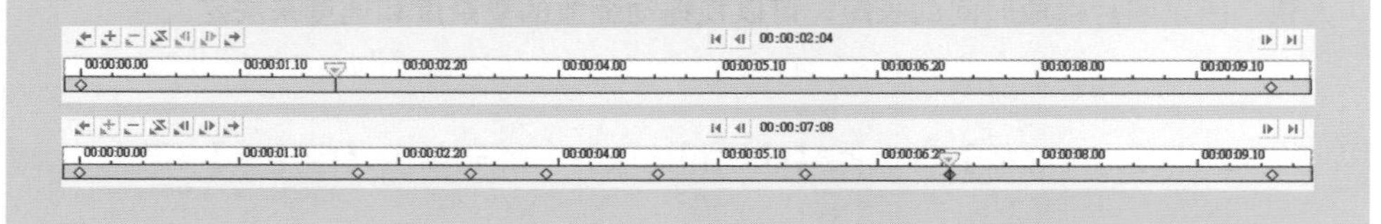

4 现在可以开始进行第一个关键帧，也就是第一个镜头位置的设置。最简单的方式是选择【停靠】工具上的九宫格，镜头直接就摆在标准位置上。或是利用红色十字，移动到一开始想见到的画面位置，然后拖曳黄色控制点调整画面大小。右边的预览窗口可以随时检查观看设置后的效果。

5 在准备设置第二个镜头的画面位置之前，必须先添加第二个关键帧。拖曳【时间轴】上的长方块到希望的时间位置，然后按下“＋”记号，就会出现第二个【关键帧】（红色方块）。

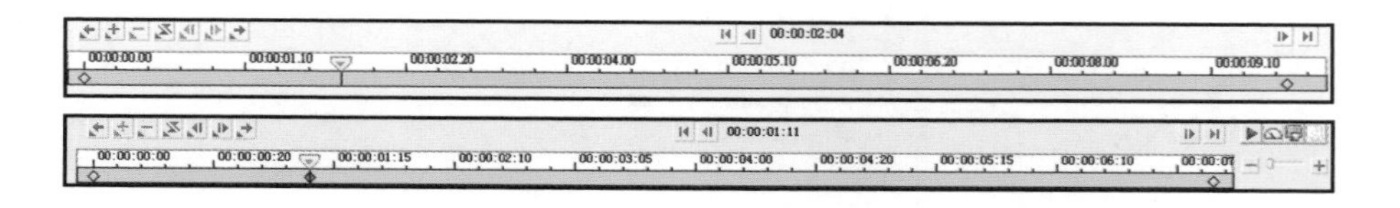

6 如同步骤4，利用红色十字，移动到第二个镜头想见到的画面位置，然后在【显示比例】选项或是用黄色控制点来调整画面大小。

7 重复步骤5和步骤6，来添加第3、第4……及最后一个镜头画面位置的设置，用播放键来预览结果，若有不满意的地方可再单击“红色方块”，回到【关键帧】进行修改。完成后单击【确定】按钮。

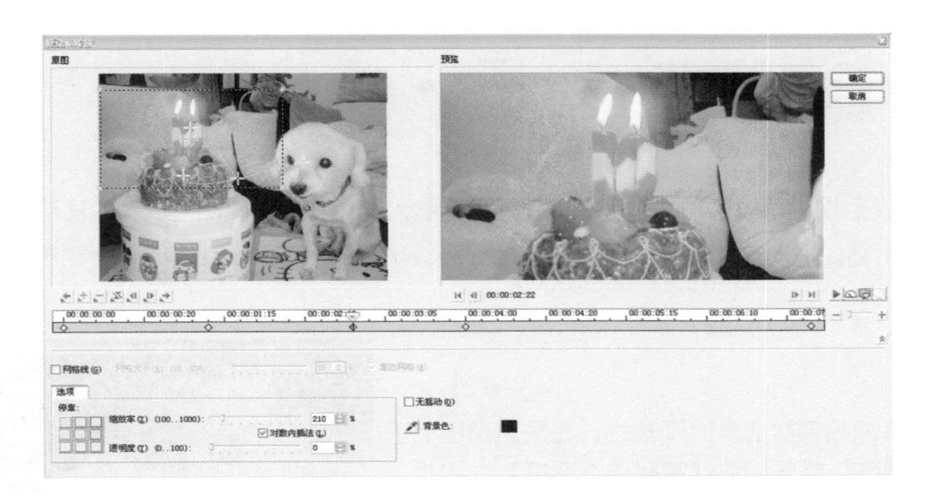

在范例中可以添加一些字幕，让照片上的人物或事物可以配合镜头的移动缩放进行对话。加入自己的巧思妙想，就能让一张平淡无奇的照片，变得活泼生动不已！

静止

1 将视频素材插入时间轴后，在预览窗口上播放，或是移动【实时预览滑杆】找到想要静止的画面后单击暂停。接下来准备将这个画面捕获下来做静止镜头使用。

2 选择【时间轴】上的素材后，在右边的【视频】面板，单击【抓拍快照】。

3 此时素材库中，就会出现一张刚才捕获下来的快照缩略图。这表示程序已将刚才抓拍的照片存放在默认的工作文件夹中了。为了方便查找，可以双击缩略图的标题来自行更改命名（注意：这并不会更改图片的文件名）。

注意

工作文件夹是提供项目保存的文件夹，通常预设存放在C:\Documents and Settings\使用者用户名\My Documents\Corel VideoStudio Pro\Corel VideoStudio Pro\13.0\。若要变更路径，可以在【参数设置（F6）】中来设置。

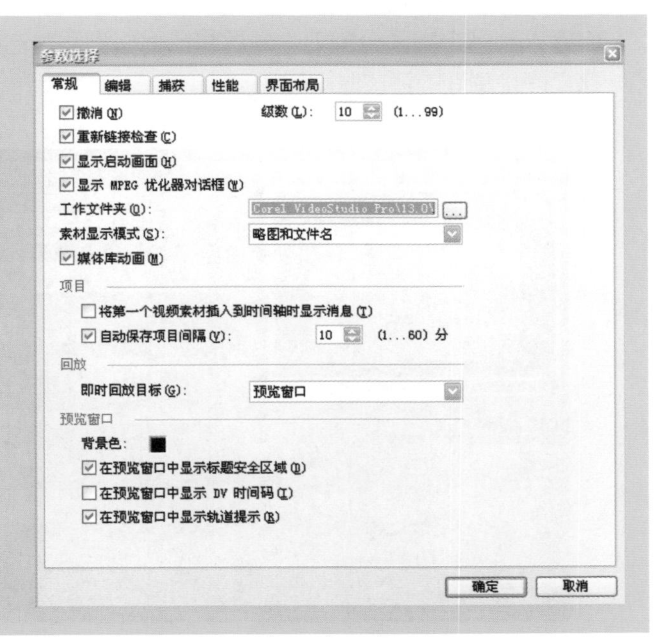

4 重复步骤 1 和步骤 2，抓拍更多想要静止的画面。完成后，准备开始将这些画面一个个插入到影片中。因为要将画面插入影片中，所以必须先将视频素材切割，才能做插入动作。同样，在预览窗口上移动实时预览滑杆，移到想要插入的静止画面处。单击【分割视频】的【剪刀】。

5 视频被一分为二之后，到【素材库】中，将刚才捕获下来的快照（缩略图）拖曳插入到各个视频分割处。然后将鼠标移到照片右端的黄线上，拖曳它来决定这个静止画面的播放时间的长度。

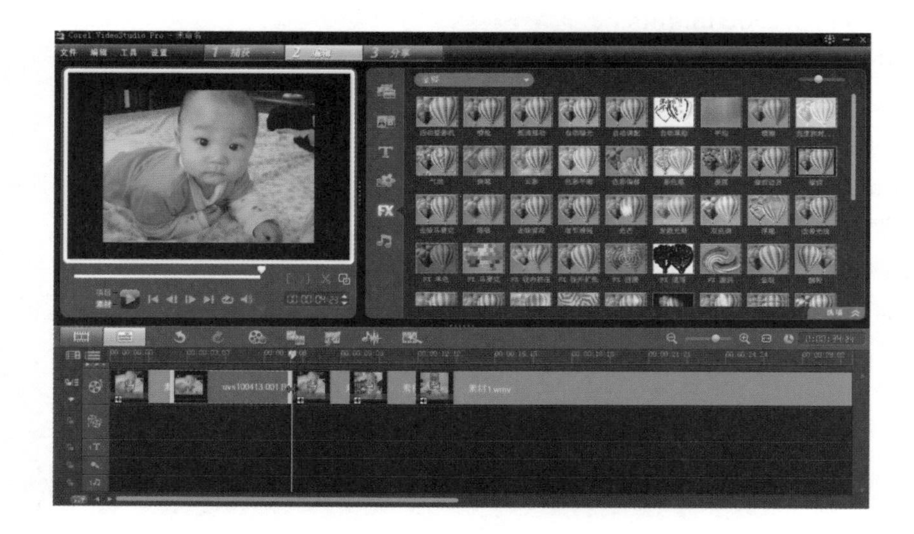

6 所有的静止镜头完成后，建议可以再加上一些视频滤镜，如修剪、光晕效果、旋转等或是其他效果来让静止镜头的效果更明显突出。

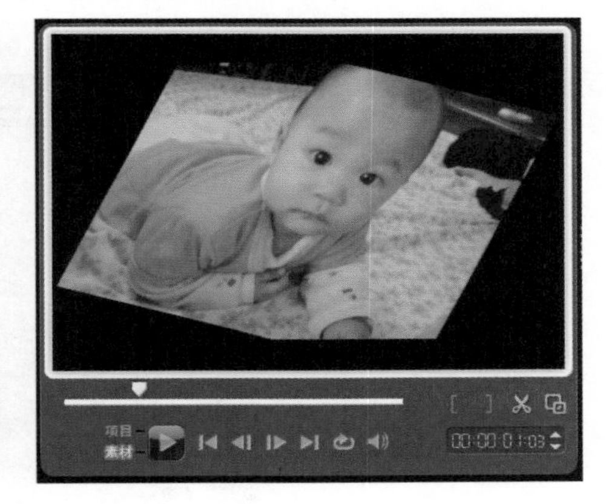

6-6 特效镜头制作技巧

马赛克

我们常看到新闻片段会将商品LOGO或被采访者的脸孔打上马赛克，而在生活影片中，如果我们要增加点趣味，把朋友或自己的脸打上马赛克，在会声会影中也可以办到！依照以下步骤，应用会声会影的【FX马赛克】滤镜，就能将露面的画面覆盖。我们现在就开始吧!

1 将影片导入会声会影并拖曳至视频轨。在视频轨上的影片上单击鼠标右键，单击【复制】，再将鼠标移到覆叠轨#1，单击鼠标左键，表示粘贴。

2 单击覆叠轨上的影片，再到预览窗口上覆叠轨#1的选取框中单击鼠标右键，再单击【显示全图】。

3 现在可以加马赛克滤镜了，但是在加马赛克滤镜前我们还要做一些工作，那就是加入修剪滤镜把不要漏的部位选出来。可以进入自定义里详细设置（根据视频片段的具体要求，第一帧与最后一帧可以设置同样的值或因画面的移动可以添加关键帧，并设置数值。关键帧添加方法请参考6-5节中关键帧的添加方法）。

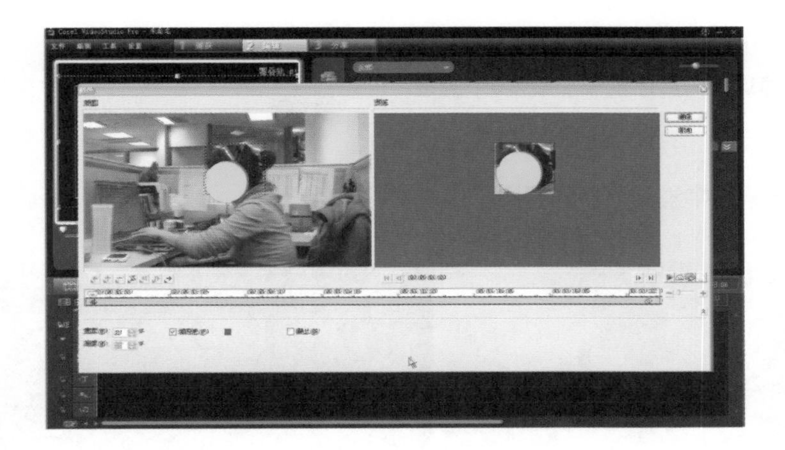

注意

为了后面即将用到的抠像功能最佳化，我们在这里把需要露出的地方选为抠像最佳的蓝色或绿色。

4 修剪工具设置完毕后单击【确定】按钮并回到视频轨，再单击【属性面板】中的【遮罩和色度键】，勾选应用覆叠选项并把【相似度】颜色选为与之前设置一样的“蓝色”。

5 在覆叠素材的【属性面板】中把【替换上一个滤镜】选项前的勾去掉。

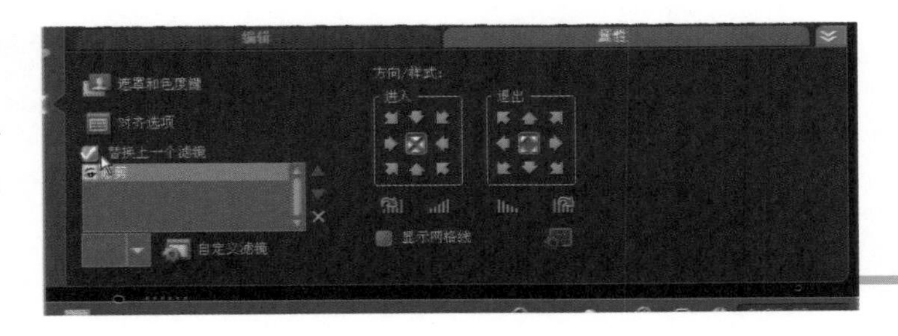

注意

只有去掉这个勾后才能添加最多5个滤镜。

6 在覆叠素材中添加马赛克滤镜。

7 如果觉得马赛克强度不够，我们就可以单击【自定义】进入【自定义面板】，再仔细设置一下马赛克数值。

8 调整完毕后单击【确定】按钮退出自定义窗口，这时我们就会发现预览窗口中的画面已经根据笔者的设置数值变为比较满意的效果。如果读者做完整个步骤后觉得不是很理想可以在步骤 3 和步骤 7 中进行更改。

凭空消失

移动的对象突然消失是个很有趣的特效。大家一定看过哈利波特消失在月台间的墙壁里，然后又出现在另一个空间的惊奇的片段。在其他魔法电影里，也有弹一弹手指、挥一挥魔法棒，就把东西变不见的画面。虽然在现实生活中我们没有这项特殊才能，但在会声会影里，这样的魔法，轻而易举地就能实现。学会这招后，再看看电影的片段，就能大声地说：“我也可以做到！”

准备工作：首先我们要拍一段对象移动的影片，如果要做的是穿墙特效，那还要再拍一段对象从墙后恢复移动的影片。然后，还需要一段相同背景，但是不包含对象的静止影片。在此非常重要的是，摄像机不能移动位置，并且注意光线要相同，以免将影片接起来时，会有背景位置不同、明暗差异等瑕疵。

1 笔者要做的消失特效是行进中的小车穿过黑色阻碍物又继续行驶。所以我们先将行进中的小车影片导入会声会影，并拖曳到视频轨。

2 将没有小车的影片导入会声会影，并拖曳到第一段影片之后。

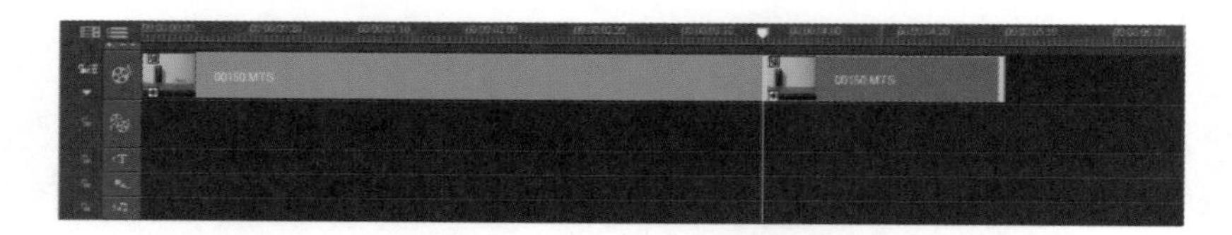

3 我们将移动中的小车与没有小车的影片连接在一起，如果影片速度非常快，在视觉上就已经达到了对象突然消失的效果。但如果速度不够快，两段影片连接的地方就会显得有点假。所以我们在第二段影片上加上【光芒】滤镜，让小车在光芒中消失，增加惊奇的视觉效果。切换到【FX滤镜】，将【光芒】滤镜拖曳到第二段影片上。

4 单击滤镜素材库右下角的【单选】按钮，以开启【选项面板】。

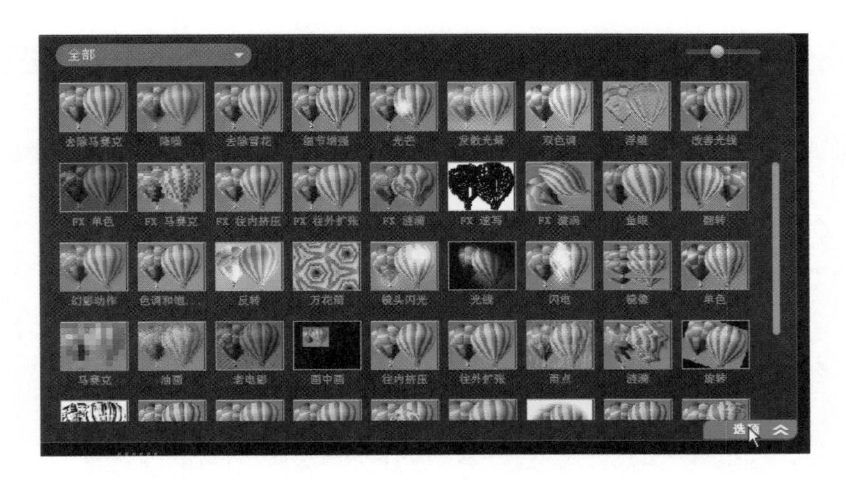

5 进入【选项面板】的【属性】分页后，单击【自定义滤镜】来设置滤镜的属性。

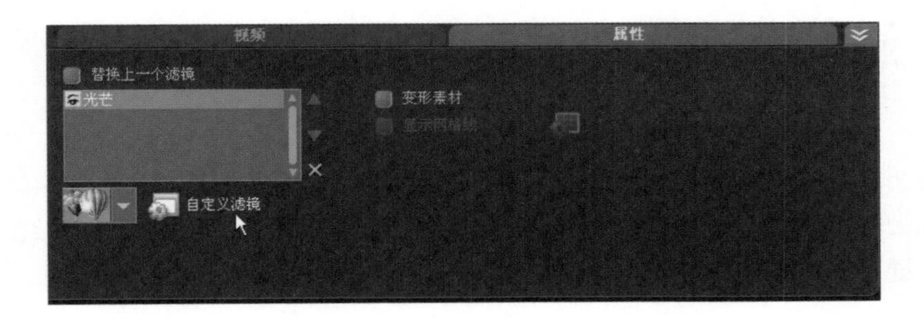

6 进入自定义滤镜窗口后，在左边的原始窗口，以鼠标移动十字标，设置光芒的出现位置。

7 接着点一下最后一帧，然后最后一帧的小四边形呈现红色。

再到左边原始窗口，以鼠标移动十字标，设置光芒的结束位置，然后单击【确定】按钮。

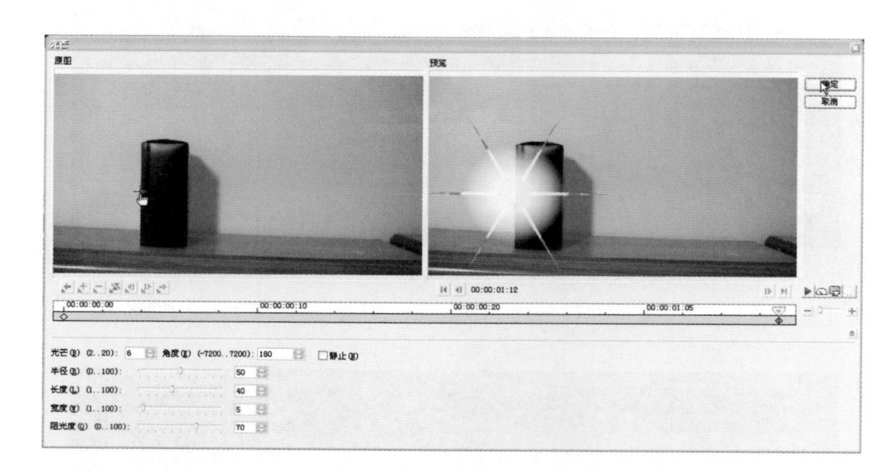

8 接着我们将穿越障碍物后继续行驶的影片导入会声会影，并拖曳到覆叠轨#1，稍微覆盖到第二段影片的尾端。在预览窗口上第三段影片的选取框内单击鼠标右键，选择【调整到屏幕大小】，让它的大小与视频轨上的影片相同。

9 穿越阻碍物的影片在拍摄时并非真的穿越，而是从阻碍物左侧开始移动，所以在最前面也许会有一点停滞的时间。笔者先将第三段影片的最前头以修剪工具分割开来，移动【预览滑杆】至小车开始行驶前，并单击预览窗口下方的【剪刀】工具，将影片一分为二。

10 单击分割后的前方影片，然后单击【选项】，以开启【选项面板】。

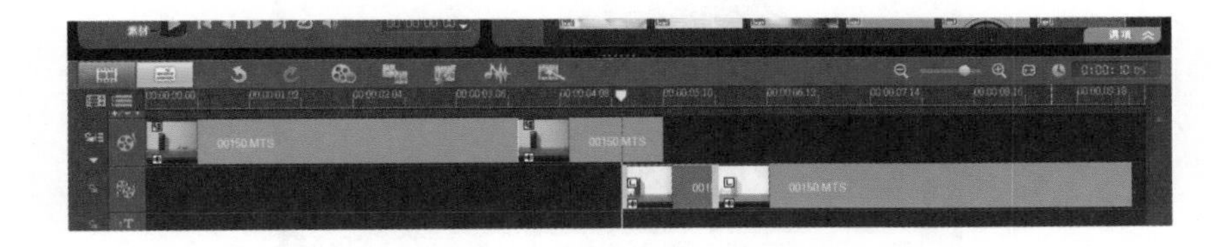

11 进入属性分页，单击【遮罩和色度键】。

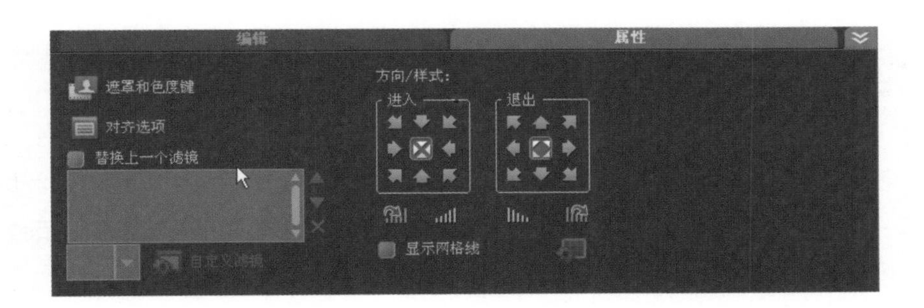

12 将透明度调整为50。影片变成半透明后，车子停滞时就有若隐若现、减少停滞的感觉。

13 做到这里，穿墙效果的影片已经完成了，以项目模式播放看看成果吧！

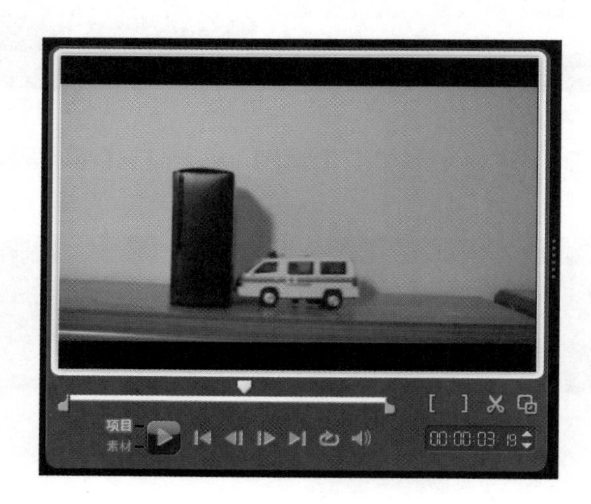

6-7 制作出具有卡通效果及手绘速写风格的影片

在这里要教大家利用会声会影X3最新的滤镜特效，让家庭影片及静态照片也能摇身一变成为卡通或手绘风格的影片！与众不同的酷炫效果为平凡无奇的画面增添了许多的趣味及可看性，让你的影片有专业级水平的演出风貌！

制作卡通效果的影片

1 将影片导入会声会影中，拖到【视频轨】。点击素材库中的【FX滤镜】，选择【旋转草绘】滤镜，将它拖曳到【视频轨】的素材上。可以在预览窗口看到卡通效果的滤镜立刻被应用。

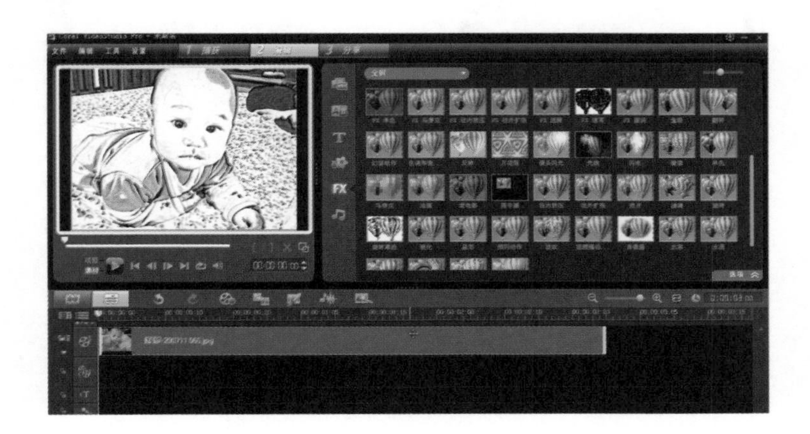

2 然后到【属性】面板上，单击【自定义滤镜】，可以做更多设置。

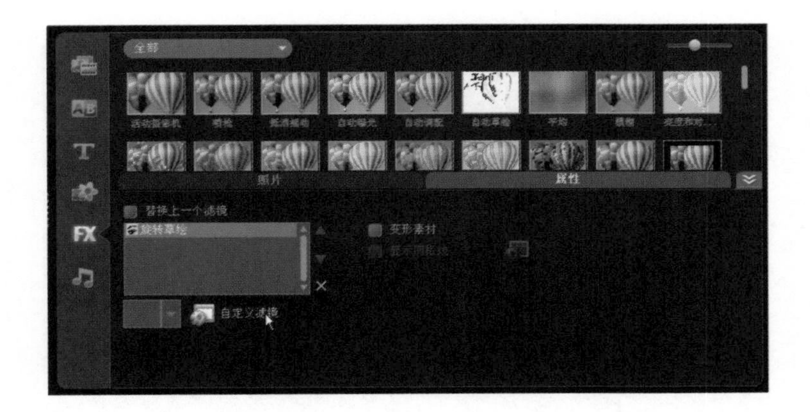

3 【旋转草绘】滤镜的设置窗口打开后，可以加入新的关键帧，来添加更多变化。将时间指针拖曳到想加入关键帧的时间点，单击【添加关键帧】。出现红色方块后，我们可以通过调整精确度、宽度、阴暗度三个选项来做改变；单击【色彩】可以选择画面及线条的颜色。如果要删除关键帧的话，只要单击【删除关键帧】即可。设置完成后单击【确定】按钮。一段具有卡通效果的影片就轻松完成。

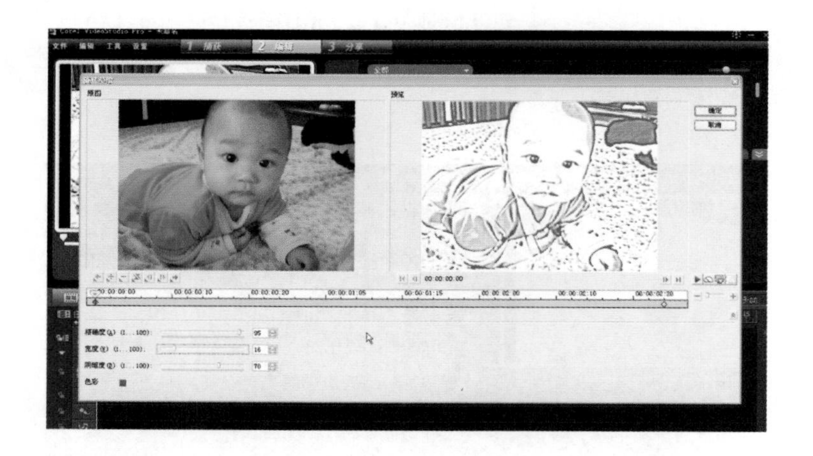

制作手绘风格的影片

1 将一张照片导入会声会影中，拖到【视频轨】。单击素材库中的【FX滤镜】，选择【自动草绘】滤镜，将它拖曳到【视频轨】的素材上。

2 同样的到【属性】面板上，单击【自定义滤镜】，可以做更多设置。【自动草绘】滤镜的设置窗口打开后，可以在原图窗口上，拖曳虚线方块来决定动笔的位置；拖曳4个黄色控点可以调整绘画的大小范围。设置完成后单击【确定】按钮。一张静态的照片，立刻就从空白的画面，一笔一笔动态地被描绘出来变成最后彩色的画面。

制作动画速写风格的影片

1 将视频素材拖曳至视频轨，单击【素材库】中的【FX滤镜】，选择【FX速写】滤镜，将它拖曳到【视频轨】的素材上。你可以看到屏幕上，滤镜效果已经应用在影片上了。

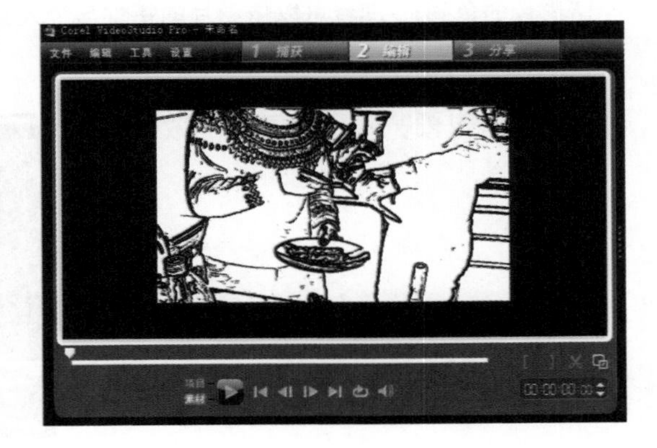

2 在【属性面板】上，单击【自定义滤镜】。在此，记得不要勾选【替换上一个滤镜】选项，因为我们要结合多个滤镜，来将视频做成具有动画效果的影片。

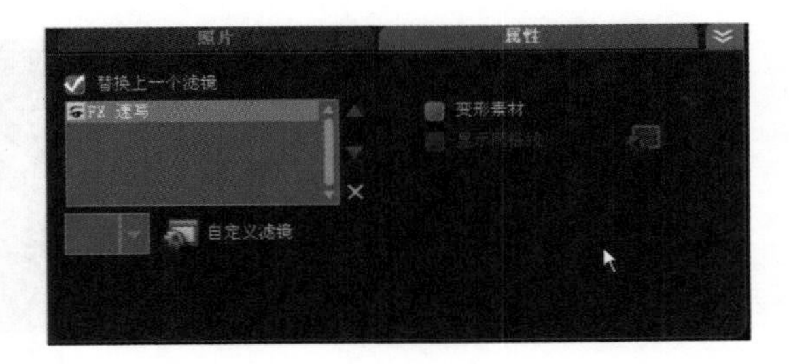

3 打开【FX速写】滤镜设置窗口后，将【像素】调为18，【阀值】调为8，并选择【模式】为【覆叠】，设置完成后，单击【确定】按钮。

注意

【像素】为笔触的大小。【阀值】为笔触的复杂程度。【速写模式】会让影片只留下笔触、去除掉影片的色彩；【覆叠模式】则是将笔触覆盖在原始影片上，故会保留影片的色彩。读者可以依影片的特性与个人喜好来调整以上设置。

4 此时可以预览应用滤镜后的效果是否满意。

5 笔者觉得影片本身太清楚、写实，不符合卡通动画效果的感觉。所以加入了【喷枪】与【水彩笔】滤镜，让影片更有图画的感觉，并增加了一点模糊的效果。

6 我们总共在这段影片上加入了3种滤镜，可以在【属性面板】中，看到目前加入的滤镜名称，也可以单击各滤镜前的“眼睛”图标来比较应用滤镜的前后效果。如果要删除某滤镜，只要点击右下角的“X”按钮即可。

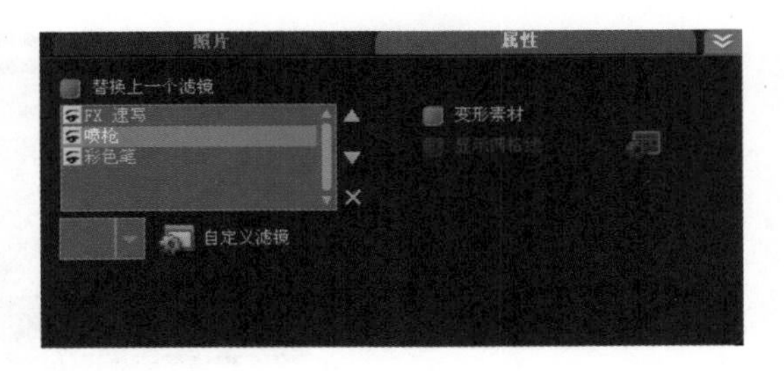

注意

一段素材最多仅能应用5种滤镜，若应用的滤镜已达5种，再增加滤镜时，会声会影会提示可应用至素材的滤镜个数上限为5。

7 以项目模式预览一次成果。动画速写效果的影片已经制作完成！

6-8 复制属性的艺术

会声会影X3增强了【复制属性】功能：视频、照片、标题、转场与滤镜的属性都可以复制到其他素材上，也就是说，我们只要调整一段素材的大小、光线、位置、特效等设置就可以将这些设置应用在其他的素材上，免去逐一设置素材的麻烦。所以只要我们能善用【复制属性】功能，就能让制作事半功倍并节省下大量的时间！

1 笔者导入了一张墙壁上贴着相片的照片，然后打算将相片中的图像替换成其他照片，制造出一个轮流替换许多不同图像的效果。将准备好的照片素材导入会声会影并拖曳至视频轨。（照片中的大相片外观我们就可以视为一项相框）。

2 将要替换至相框的照片导入会声会影，并拖曳至覆叠轨。

3 单击覆叠轨的第一张素材，会看到预览窗口上的覆叠轨素材呈现出框选状态，再单击预览窗口下方的【放大】键，切换至全屏幕。

4 用鼠标将素材移动到相框上，并拖曳选择框上的黄色控制点重设大小，调整绿色控制点将其形状变形，以符合相框大小。调整完成后按下预览窗口右下角的【最小化】按钮回到编辑画面。

5 如果之后的每张照片，我们都要以同样的方式来调整替换掉相框中的照片就太麻烦了。我们可以选择覆叠轨的第一张照片，单击鼠标右键，选择【复制属性】。

6 将第一张照片的属性复制后，我们要将属性贴至剩下的所有照片上。按住键盘上的“Shift ”键不放，用鼠标单击覆叠轨上的第二张与最后一张照片，来将所有素材选择起来。然后在选择的照片上单击鼠标右键，选择【贴上属性】。

7 我们会看到，所有照片都依照第一张素材的调整方式，自动置入相框之中了。

8 接下来，我们来替项目加点背景音乐。笔者为此项目加入了三段音频素材于音乐轨上。

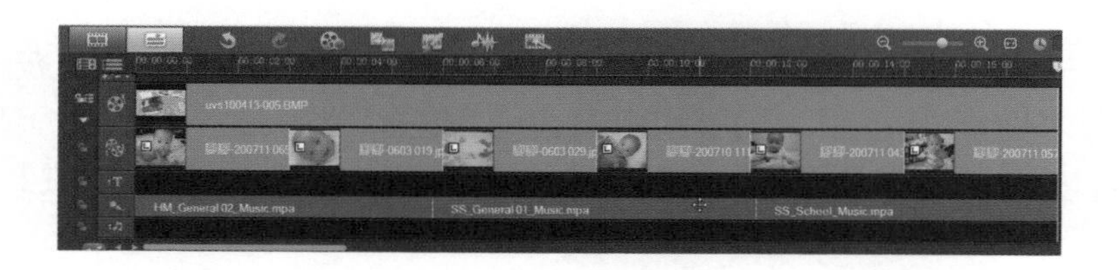

9 单击音乐轨的第一段素材，再单击【音乐和声音】分页的【音频滤镜】设置。

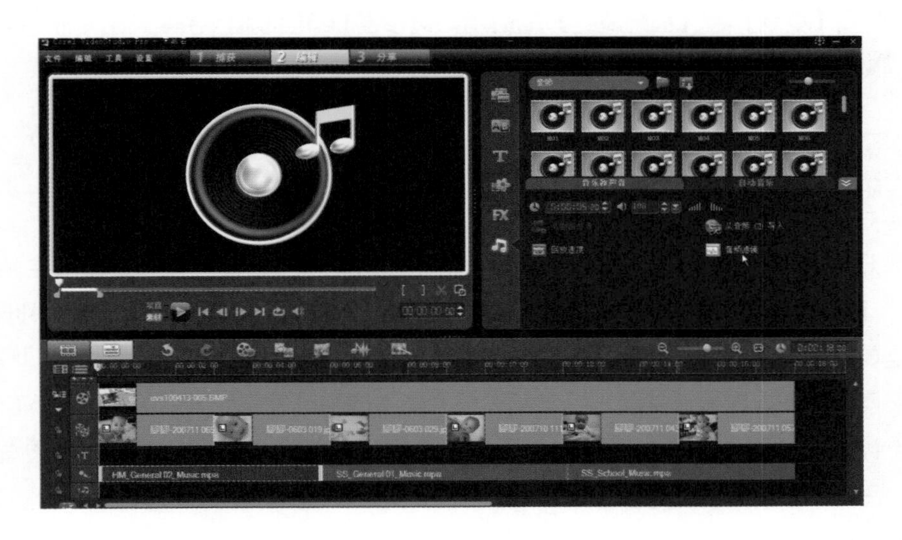

10 在音频滤镜窗口中，选择【NewBlue 减噪器】滤镜，单击【添加】按钮，再单击【确定】按钮。

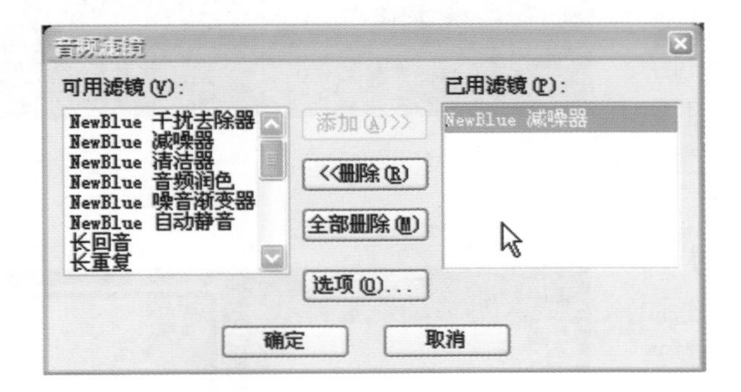

11 设置好所需的音频滤镜后，在第一段音频上单击鼠标右键，选择【复制属性】。再按住Shift 键将剩下的两段音频全数选择，在被选择的音频上单击鼠标右键，选择【粘贴属性】。我们会看到，所有的音频素材左上角都出现了代表已应用滤镜的图示。

HM_General 02_Music.mpa

就是这么简单好用的功能，让我们节省下大量的时间，在本书其他章节中还有更多【复制】与【粘贴属性】的应用，请参考11-3自制KTV字幕关于复制与粘贴属性的应用。

6-9 利用即时项目轻松制作照片、视频项目

想要制作一个精彩的项目，但是一点灵感也没有怎么办？会声会影X3全新功能：【即时项目】提供多个模板让我们直接套用，不论是要以照片制作电子相册，还是要制作高清视频，使用【即时项目】将模板中的素材换成自己的照片或视频，搭配模板中依主题设计的转场与音频，一个精彩的视频就完成了。如果要加入自己的设计，【即时项目】也能让我们任意更改特效、加入两轨字幕、制作子母画面等，任何你想得到的创意点子，都可以随意编辑、弹性改造。会声会影X3专业又人性化的功能，试了一次就会爱上它!

1 单击功能列的【文件：新建项目】来打开一个全新的空白项目。单击工具栏上的【即时项目】，以进入即时项目窗口。

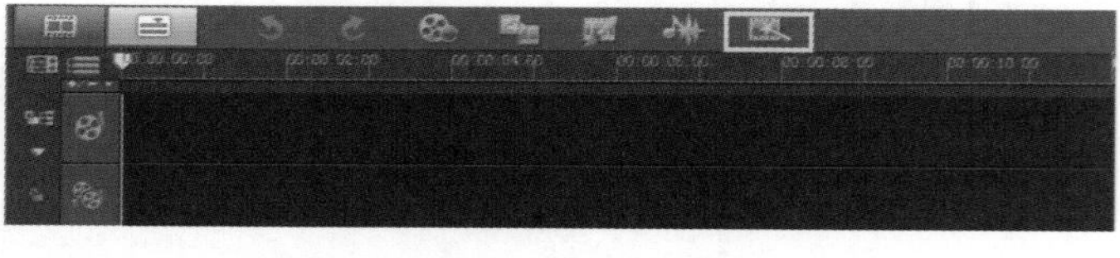

2 在【即时项目】窗口内，依我们的项目内容来挑选喜欢的模板样式；如果我们要制作高清格式的项目，在【选择项目】的下拉式菜单中，就要选择HD-趣味、HD-简单、HD-相册或HD-项目，这些HD菜单内含高清素材，搭

配我们自己的高清视频，才能达到最佳效果。另外，趣味、简单、相册内含不同风格的菜单。每个菜单都有特别设计的片头、片尾、转场与音乐特效。我们可以在右边的预览窗口预览菜单效果。

注意

【相册】菜单不限于制作电子相册项目使用，如果想以视频素材制作项目，也可以使用【相册】菜单。

如想制作的项目非高清格式，也可以选择【HD-项目】，但导出为DVD时，HD画质素材会转为一般DVD画质。

3 单击【插入到时间轴】选项，选择【在开始处添加】。因为现在我们是在新项目中插入模板，所以无论选择加到开始或结尾，模板都会加在项目的开始处。但是如果我们已经制作好部分项目，要想再加上模板里的菜单与特效，就可以选择将模板【在开始处添加】或【在结尾处添加】。选好模板样式与插入位置后，单击【插入】按钮。

4 现在模板已经导入到项目时间轴了，我们可以看到模板中包含了片头、素材、转场特效、字幕与音频。

5 现在我们要将模板里的素材换成自己的素材。在视频轨的照片素材上单击鼠标右键，选择【替换素材】，再选择我们要换上的素材为【视频】或【照片】。接着，在出现的【替换/重新链接素材】窗口单击我们要换上的素材，再单击【打开】按钮。

6 我们可以看到视频轨的第一个素材已经替换成我们选择的文件了。

7 按照步骤5的方法，将其他素材逐一替换成我们要的视频或照片。笔者以一段视频文件来替换第二个照片素材。因为此模板的照片素材默认区间为10秒钟，所以笔者插入的视频文件也被自动裁切为10秒钟，以配合项目时间。如果我们想让视频维持原本的时间长度，只要将鼠标移到视频尾端，当出现黑色双箭头时，用鼠标将视频往右边拉长即可。

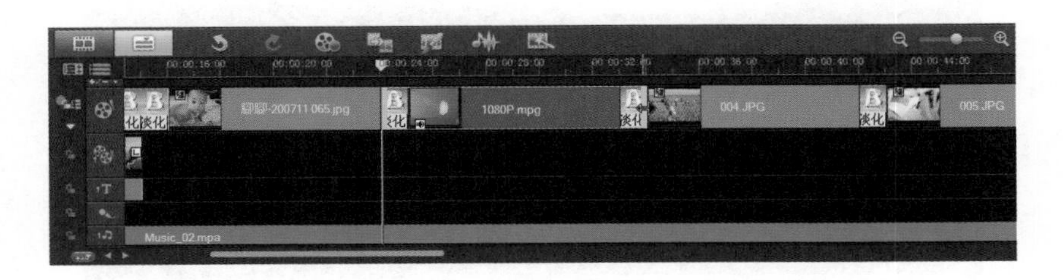

注意

在笔者选择的模板内，默认共有8个素材，如果想要自行加入素材，只要将照片或视频素材加入到片尾视频之前即可。

8 当我们将所有素材都替换好时，再移到覆叠轨。在笔者选择的这个模板中，覆叠轨放置的素材为出现在片头的照片，我们一并依照步骤5 的方法将它替换掉。

9 接下来，我们移到标题轨，将片头与片尾的默认标题替换掉我们想要的文字。在预览窗口的文字上双击，会看到闪烁的文字光标，将默认的VideoStudio删除，再打上文字。也可以在【选项面板】的【编辑】分页上，改更文字的【字体】、【颜色】、【方向】等设置。

10 即时项目里的音乐是已经搭配好的，如果我们想要换掉即时项目的音乐，或是加入的素材多于即时项目的素材，我们可以利用【自动音乐】选择喜欢的音乐。（自动音乐使用方法请详见9-5自动音乐的运用）。素材与标题都完成编辑后，就可以输出成视频或光盘了！

6-10 利用智能代理功能，编辑高清视频好简单

会声会影X3使用智能代理编辑技术，先替高清视频创建一个低分辨率的文件副本，让我们编辑高清视频时，就像编辑一般视频一样顺畅，而最后的输出是以原始高清视频做处理，所以能保留原始高清视频的分辨率。

会声会影X3的智能代理功能为全自动处理，只要依照以下步骤设置一次，之后编辑高清视频时不需要再重复设置，会声会影X3会自动帮你做转换。

1 开启会声会影高级编辑模式，至功能列的【设置】，单击【智能代理管理器】，进入【设置】。

2 勾选【启用智能代理】，在【当视频大小大于此值时创建代理】字段，选择720 × 576。创建出的代理文件会放在代理文件夹的路径中，如果要变更代理文件的保存路径，单击字段后的 ... 图示即可。

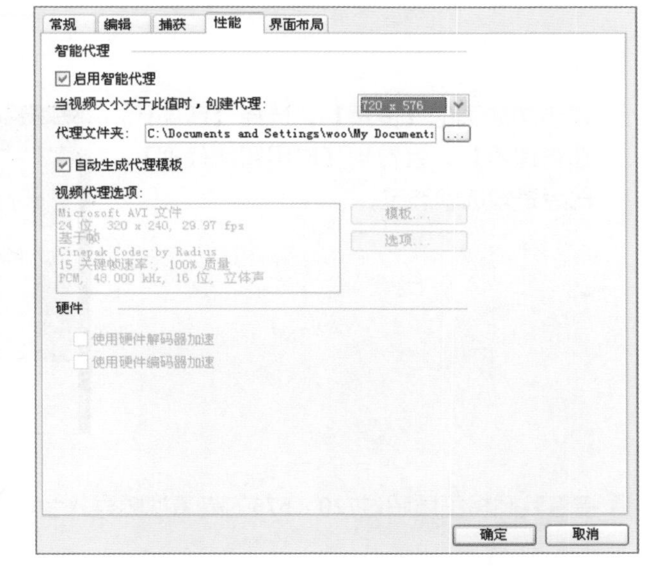

注意

在【当视频大小大于此值时创建代理】字段也可以选择其他大小的设置，视计算机编辑高清视频的效能而定，但基本建议设置为720×576。

3 在这里我们勾选的是【自动生成代理模板】，如果想要自定义代理文件，可以取消勾选【自动生成代理模板】，然后单击【模板】或【选项】来自定义代理文件的格式。设置好之后，单击【确定】按钮。

4 单击功能列的【设置】，选择【智能代理管理器】，会看到【启用智能代理】已经是勾选状态了。

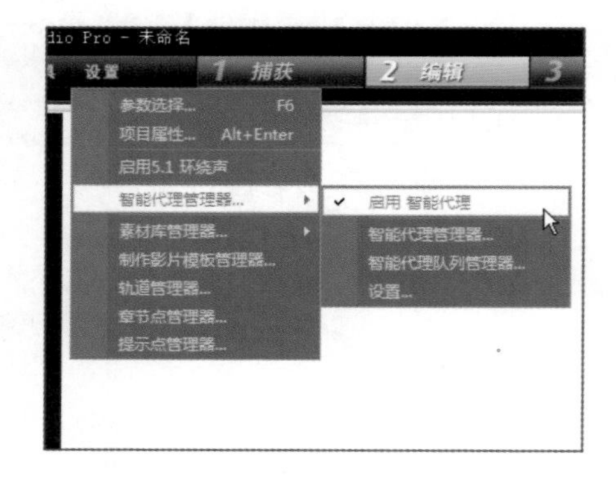

5 接着我们将画质超过720×576的高清视频导入会声会影，并拖曳到视频轨。

6 到功能列的【设置】，单击【智能代理管理器】，进入【智能代理队列管理器】，会看到刚才导入的高清视频正在生成代理副本。绿色状态栏代表目前转换进度，单击【确定】按钮以离开此窗口。

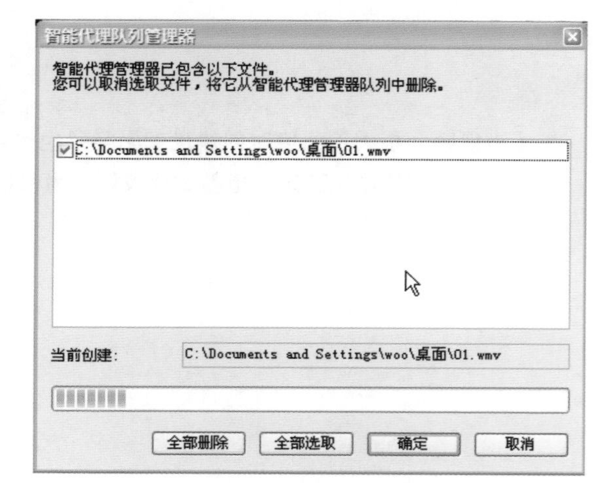

注意

如果特定文件不需要创建代理文件，只要将它“取消勾选”，再单击【确定】按钮，该文件就会从智能代理管理器里移除了。

7 代理文件转换成功后，会看到素材库与时间轴的视频缩略图上，出现一个表示已生成代理文件的示意图标。此时就可以开始编辑我们的视频了。

8 项目编辑完成后，如果短期间用不到此代理文件、又想清理硬盘空间，我们可以把不需要的代理文件删除。到功能列的【设置】，单击【智能代理管理器】。在这里会看到所有会声会影X3所创建的代理文件，单击想删除的代理文件，再单击【删除选择的代理文件】即可。

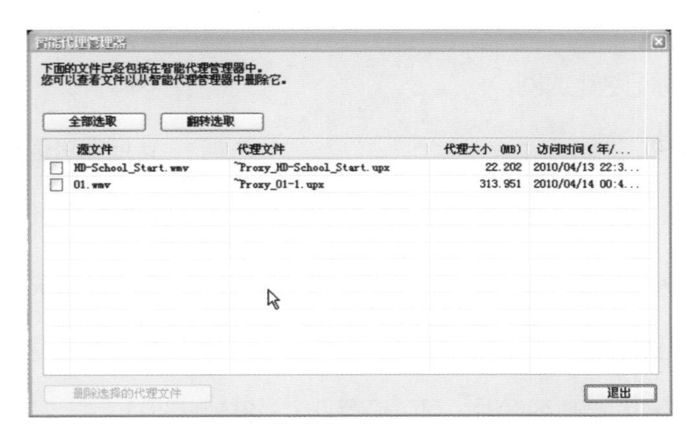

利用会声会影X3智能代理功能，让编辑高清视频不再是件麻烦的事，从创建代理文件到删除代理文件，都能让计算机发挥最高效能，节省更多空间!

6-11 习题

选择题：

1.（　　）哪一种模式下可以编辑视频、覆叠素材、标题、音频？

A.故事版视图　　B.时间轴视图

C.素材视图　　D.项目视图

2.（　　）以下哪一种不是会声会影的视频修剪方式？

A.在预览面板快速修剪　　B.按场景分割

C.多重修整视频　　D.从故事版视图列修剪

3.（　　）视频素材加载故事版视图之后，下列哪一方式/功能无法立刻剪出视频开始的位置？

A.标记开始时间　　B.F3

C.F4　　D.拖曳修剪控点

4.（　　）视频素材加载故事版之后，下列哪一方式/功能无法立刻剪出视频结束的位置？

A.标记结束时间　　B.F3

C.F4　　D.拖曳修剪控点

5.（　　）在摇动和缩放的设置面板上，移动什么控件可以改变画面位置？

A.黄色控制点　　B.红色方块

C.红色十字　　D. 白色十字

6.（　　）在摇动和缩放图像时，可以设置几个关键帧？

A.一个　　B.三个

C.多个　　D.五个

7.（　　）会声会影允许最多将多少个滤镜应用到同一个素材中？

A.一个　　B.三个

C.多个　　D.五个

8.（　　）绘图创建器可以做出什么样的效果?

A. 在图像地图上画出动画路线　　B. 在视频上写字、涂鸦

C. 在照片上绘制动画、上色　　D. 以上皆可

9.（　　）想编辑高清视频，以项目模式回放时，却发现视频停顿、不顺畅，此时应该搭配使用会声会影X3的何种功能?

A.智能包　B.智能代理　C.素材库管理　D.制作视频模板管理器

10.（　　）以高清视频制作项目，制作完成后，想将会声会影X3产生的代理文件删除，要以何功能执行?

A.智能代理管理器　B.智能型代理队列管理器　C.编辑：删除　D.替换素材

11.（　　）以即时项目制作项目，要将模板中的素材替换掉，要使用以下何者功能?

A.删除　B.粘贴属性　C.替换素材　D.重新链接

填空题：

1. 会声会影中的______功能，能将视频、照片、标题、转场与滤镜的设置属性都复制到其他素材上。

2. 绘图创建器提供两种模式来表现绘图，分别是_____模式和_____模式。

3. 在视频面板上按下_____，可以设置快转回放视频，创建有趣的视觉效果。

4. 续上题，在速度选项中输入的百分比数值越小，回放的速度也越_____。

练习题：

1. 将一段视频，分割出一小片段，在其中依序加入下列效果。

（1）倒转回放　（2）快动作　（3）慢动作　（4）定格

2. 在一张照片上做出移动及特写镜头效果。

3. 利用绘图创建器，将一张照片上的人物主题描绘出来，录制成动画。

4. 在一段视频中，做出局部马赛克的效果。

5. 将示例视频文件Park.M2T 导入会声会影，创建Park.M2T的代理文件，并利用即时项目制作一个包含Park.M2T视频的项目。

习题解答：

选择题：

1. B　2. D　3. C

4. B　5. C　6. C

7. D　8. D　9. B

10. A　11. C

填充题：

1. 复制属性　2. 动画，静态

3. 播放速度　4. 慢

第 7 章

影片画面、字幕特效大公开

7-1 影像特效合成技巧大曝光

我们常在电影中可以看到许多现实生活中“不可能”出现的画面，例如：超人翱翔天际、一个人能够出现多个分身等。拜计算机合成特效所赐，我们要上天下海，还是飞天遁地，都不再是难事。会声会影利用几个简单的功能，轻易地就能帮您“合成”画面，让您立刻成为特效大师。

屏幕合成

本范例的合成效果是示范在一个大屏幕上播放一段影片，就是让一段视频嵌入另一段视频中。

1 在【时间轴】的【视频轨】上插入素材库中的视频素材V09（文件名：HM_General 01_Start.wmv）。这是一个3秒倒数的屏幕画面，我们希望的效果是在倒数完之后播出我们要的影片。

2 接着将要嵌入的视频插入到第一条【覆叠轨】上，将它的开始位置拖曳放至在整个项目的第四秒钟。

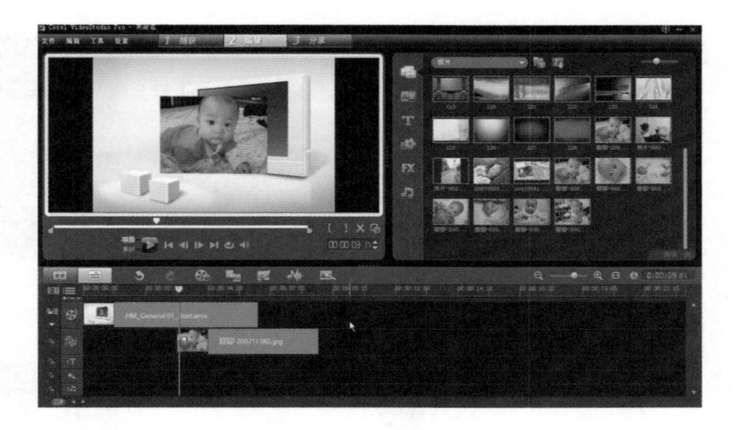

3 我们可以发现【覆叠轨】上的视频素材长度比【视频轨】上的长得多，也就是说【视频轨】上的素材长度过短。这时我们可以将它做成另一个影像素材来延伸它的长度。单击【视频轨】上的素材，然后单击预览窗口上的【播放/停止】键，将画面停留在视频的最后一格。

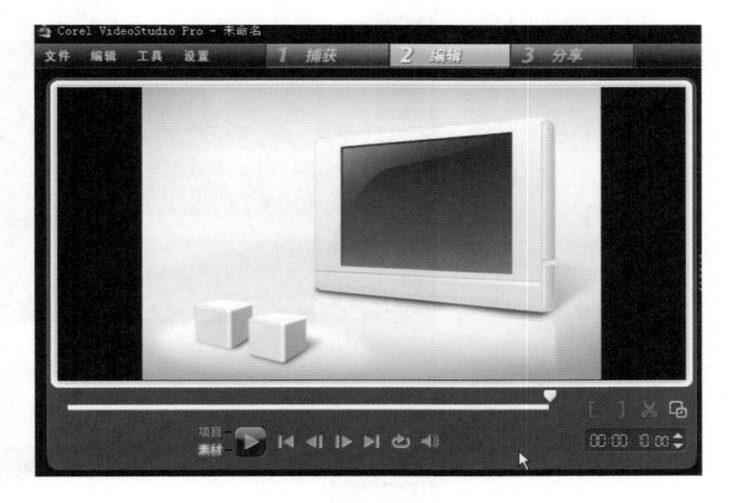

4 接着单击【视频面板】上的【抓拍快照】；【素材库】中立刻多了一张捕获画面的缩略图。

5 将这张捕获下来的图拖曳到【视频轨】上第一段素材的后面，并将它拖曳拉长和【覆叠轨】上的视频素材尾端对齐。

6 接着单击【覆叠轨】上的素材，调整覆叠素材形状大小，配合【视频轨】上素材里的屏幕大小做调整。如果觉得预览窗口过小，可以单击【放大】按钮在全屏幕的窗口中进行操作。

7 利用虚线框周围的黄点来拖曳大小，绿色控点来做变形；随时可以单击【播放】键来查看。

8 完成后切换到【项目】模式，播放整段影片来观看成果。若要继续编辑，单击【最小化】键回到编辑窗口。

蓝幕特效

蓝幕特效或绿幕特效是影像合成特效中最常见及最广泛的手法之一，像电影《阿凡达》和《2012》都使用了大量的蓝幕特效来完成。基本上它是以蓝幕或绿幕背景来拍摄素材，再利用计算机帮素材“去色嵌入”，覆叠到另一个场景的视频或图像中。本范例中就将一段以蓝幕拍摄的视频和一段背景影片进行合成，可参考本书附赠光盘：范例\7-1\ blue screen.mpg。

1 将当做背景使用的一段视频插入【时间轴】上的【视频轨】。将蓝幕拍摄的视频素材插入到【覆叠轨】上。

2 在【属性面板】上单击【遮罩和色度键】。

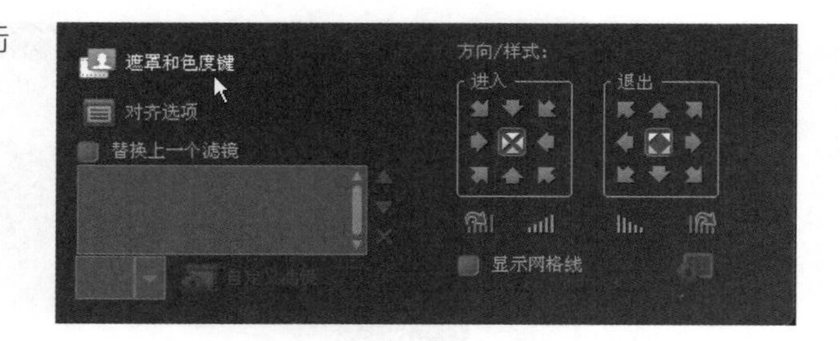

3 勾选【应用覆叠选项】，在【类型】中选择【色度键】。此时覆叠画面中的大块蓝色背景部分已被侦测出，并且被自动去除了背景。若是觉得去除背景结果不甚理想，可以使用【滴管】工具进行重新选色。先将【相似度】的百分比值调到零，然后滴选去除背景画面上的色彩亮度较高的地方，重新应用去除背景颜色，再重新把【相似度】的百分比调高。

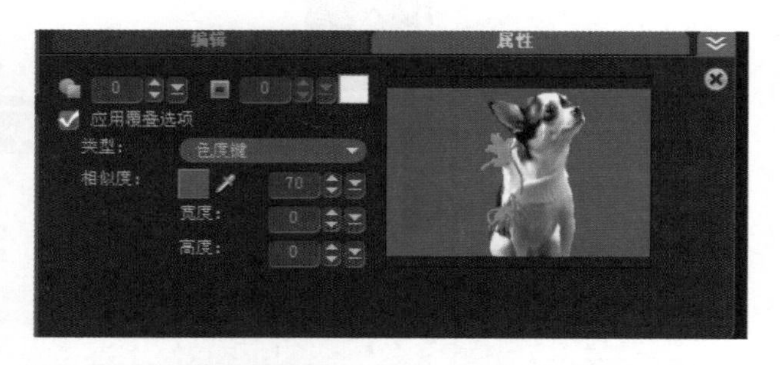

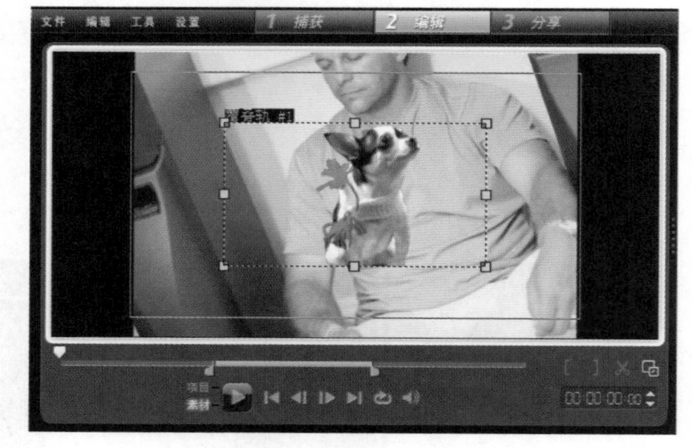

4 最后，将覆叠素材调整到适当的位置及大小，即完成“蓝幕/绿幕合成特效”。

注意

蓝幕拍摄

你也可以自己在家轻松地完成蓝幕拍摄！基本做法就是在一块蓝色的幕布前拍摄想要嵌入背景画面的人物，提供几个简单的步骤和注意事项。

1. 准备材料——蓝幕/绿幕：基本上需要的是一块纯蓝色或绿色的布，材质不反光，最好折叠后不会出现折痕。

2. 固定蓝幕：将蓝幕固定在墙面上，当做“摄影棚”。

3. 架设灯光：灯光要打得平均，尽量不要出现阴影，让制作时去除背景的质量更佳。

4. 架设摄影机：尽量以脚架辅助拍摄，帮助维持画面的稳定。

5. 演员表演：演员的衣服颜色与背景色不要太相近，否则去除背景时也容易被一并去除。

7-2 如何同时播放多个画面

一个屏幕播放一段影片是很常见的播放方式，但一个屏幕同时播放数段影片，就很有创意了!我们在电影或电视上，偶尔会看到一些分割画面的镜头：例如警匪追逐场景，左侧是警察紧追在后的画面，右侧则是歹徒拔腿狂奔；或是新闻上，有时会利用分割画面技巧，一次播放多国的节日庆祝活动影片。此类分割画面技巧，就是利用覆叠轨来达成，而会声会影里共有6个覆叠轨，只要安排恰当，同时播放6段影片也不是问题!

1 单击【轨道管理器】以打开多个覆叠轨。笔者准备了4段不同的影片做电视墙，所以打开覆叠轨#2 ~覆叠轨#4，并单击【确定】按钮。

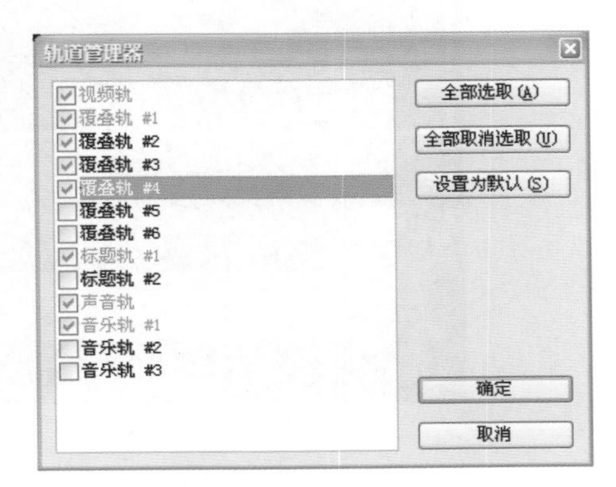

注意

要制作电视墙/切割画面效果，需要更改影片的大小、位置与进入方向等属性，此类属性为覆叠轨所专有，所以必须将影片放置覆叠轨才能执行。

2 将4段影片导入会声会影，并分别拖曳至覆叠轨#1 ~覆叠轨#4。

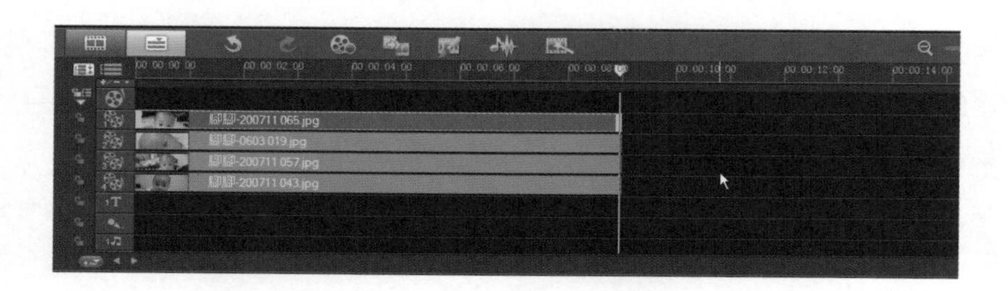

注意

先将四段影片时间长度裁切为一样长，制作的成果会比较好看。

3 单击覆叠轨#1的影片，再单击【选项】以打开【选项面板】。在【属性】分页中，单击【对齐选项】，设置影片的位置。笔者在此选择停靠在顶部居左。

4 重复步骤3，将其余影片设置各自的对齐位置。

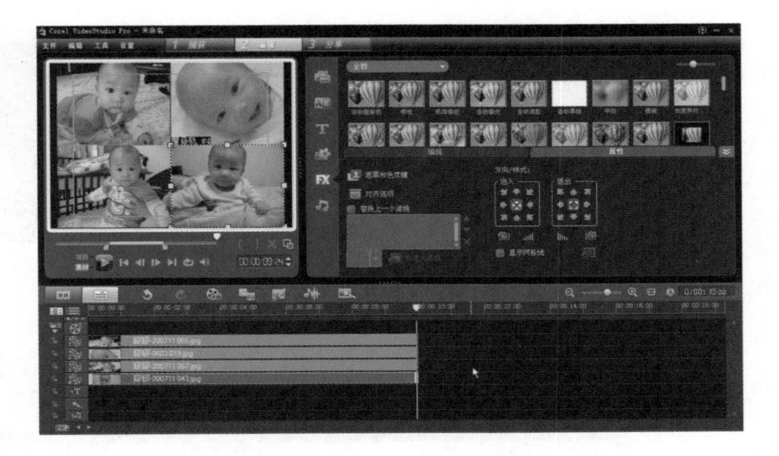

5 点击覆叠轨#1的影片，打开【选项面板】，设置影片的【进入】与【退出】方向。

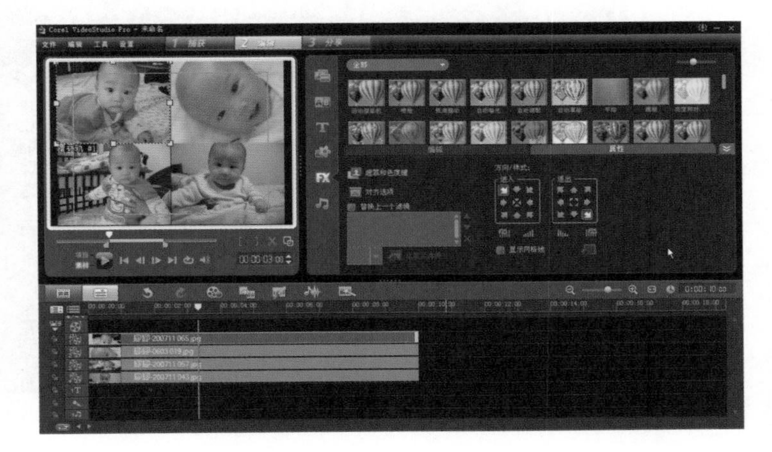

6 依照以上步骤，将其余影片的进入与退出方向分别错开，视想要的影片行进方式来设置其余影片的【进入】与【退出】方向。

7 除了影片的移动方向之外，我们也可以单击【暂停前/后旋转时间长度】，让影片进场与出场时来个翻转效果。或是选择【淡入/淡出动作特效】，让影片进场与出场时呈现半透明效果。

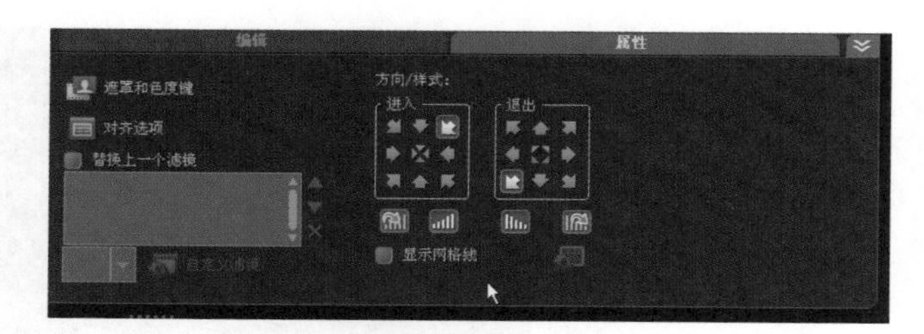

8 以下是应用【暂停前/后旋转时间长度】与【淡入/淡出动作特效】的影片进场效果。

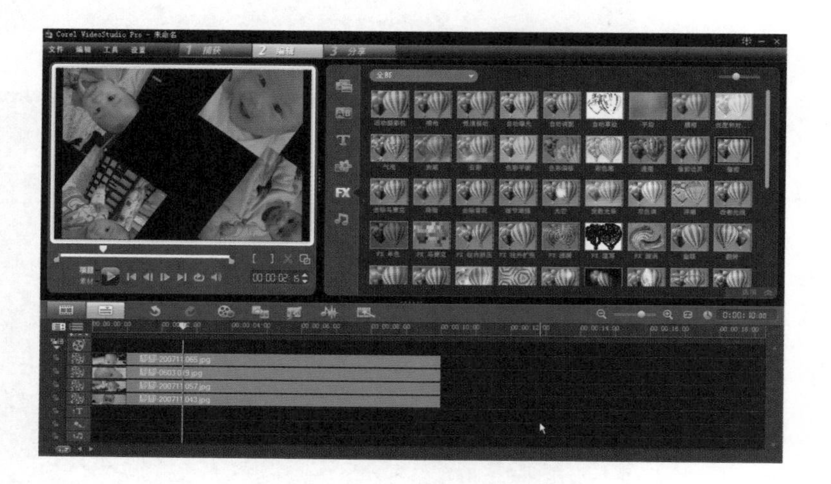

此为影片的出场效果：

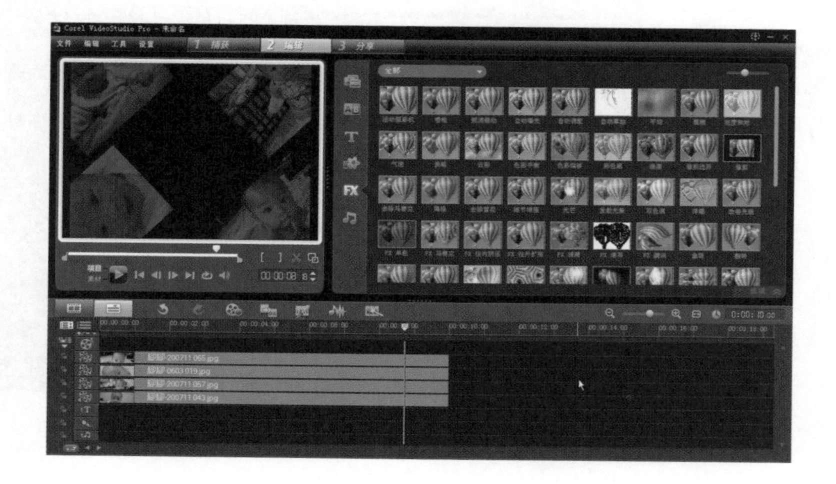

我们只要善用覆叠轨与属性分页的各种特效，就可以让影片随心呈现你想要的样子了!

7-3 如何设置多轨覆叠

多重覆叠轨在会声会影X3里是一项超强的利器！不但有6个视频覆叠轨，另外更增加了一条标题轨，两条音乐轨，让影片编辑更容易。如何设置这些多重覆叠轨呢？非常简单！

1 开启会声会影编辑程序后，单击【时间轴】上的【轨道管理器】。

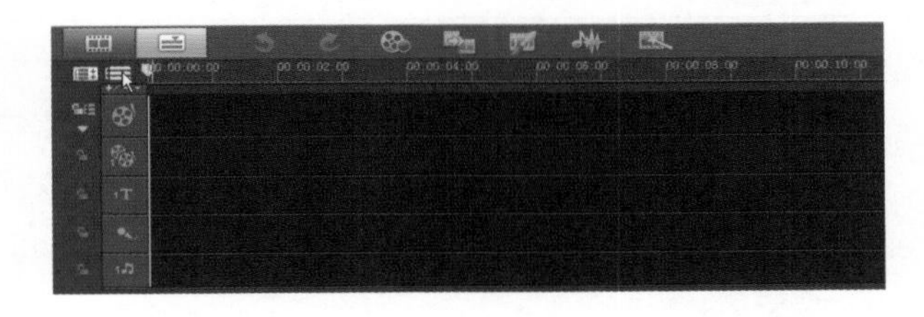

2 看到弹出窗口，就可以勾选想要增加的覆叠轨道。

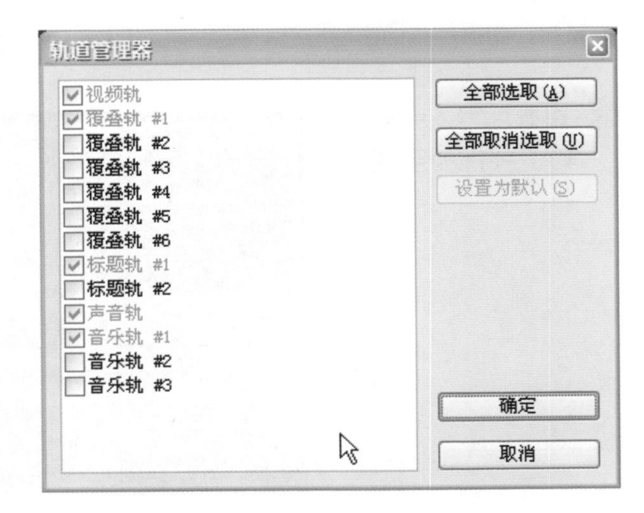

3 现在您可以在时间轴上看见多出来的覆叠轨，只要加入想要的覆叠视频、图像或是更多的标题、音乐，就可以让您的影片更丰富精彩！

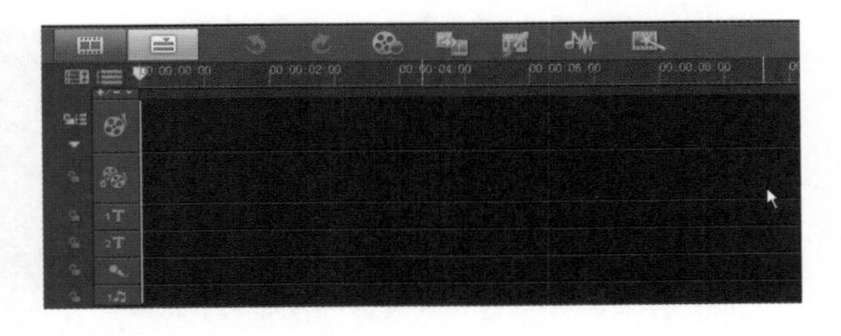

注意

在编辑过程中，为方便查看，单击【时间轴】上的【显示全部可视化轨道】，即可一次秀出所有设置的轨道。

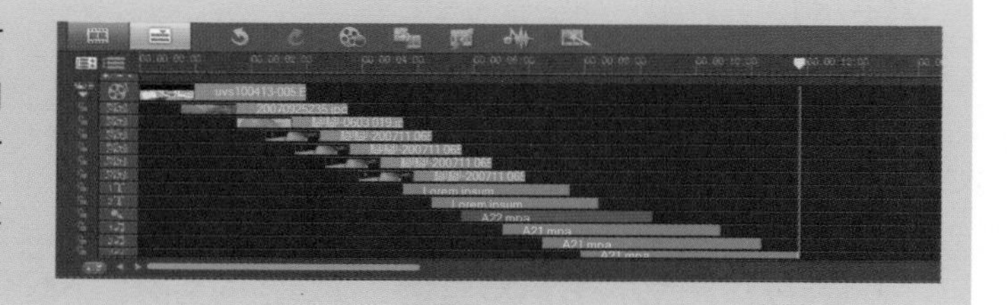

7-4 保存影片的字幕，多国字幕影片的制作

现在市面上出租或贩卖的电影DVD绝大多数皆有选择字幕功能，以适应不同的需要。笔者本身很喜欢以看电影的方式来学习英文，在菜单上选择英文字幕，几部电影看下来，不仅有娱乐效果，更在不知不觉中增强了语言能力。所以多国语字幕对于有如此需求的人更为重要。在会声会影中，我们也可以制作一个具有字幕选择的菜单，想看什么语言自己选，甚至可以替我们的小朋友量身定作语言学习影片喔!

1 将影片导入会声会影，并拖曳至视频轨。

2 切换到【T字幕】，预览窗口出现【双击此处以添加标题】，双击预览窗口，出现闪烁光标时，开始输入字幕。

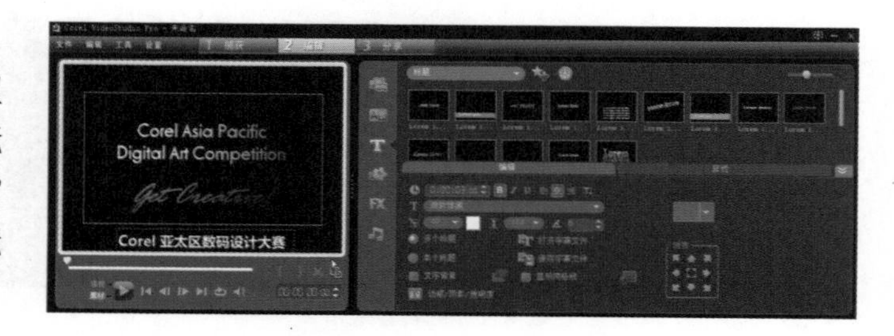

3 输入完第一句话后，调整字号、时间长度等设置，并打开【选项面板】，到【编辑】分页的【对齐】中，单击【靠下方中央对齐】。

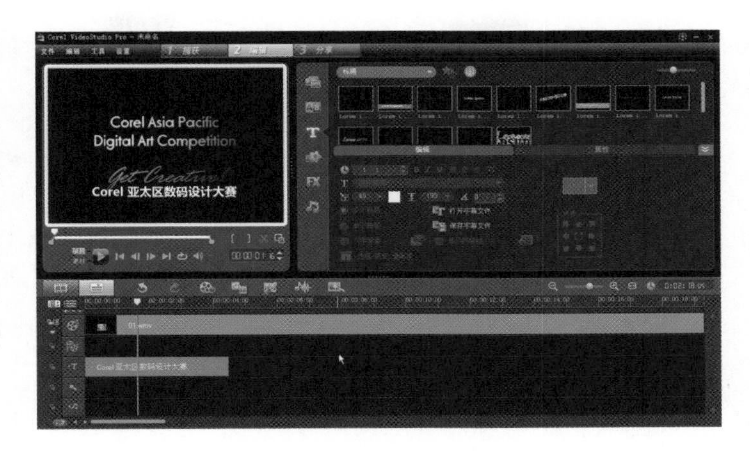

4 将预览滑杆拖曳到第一段字幕结尾，再输入下一段字幕。依影片的长度调整每句字幕的时间长度。

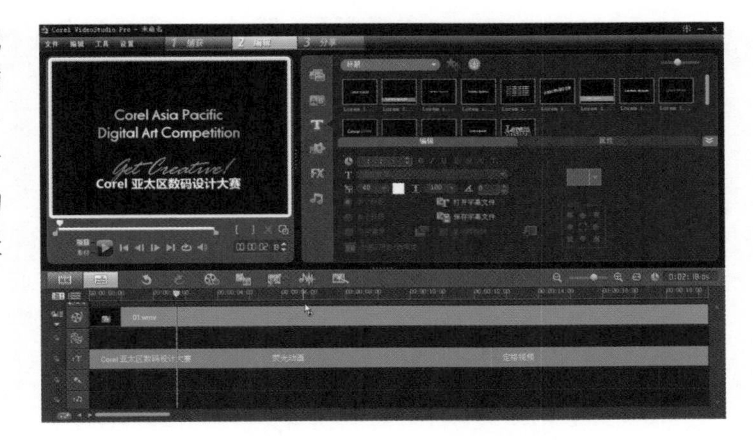

5 全部字幕输入完后，进入【选项面板】的【编辑】分页，单击【保存字幕文件】。

6 替字幕选择保存路径与文件名，会声会影保存的字幕文件为UTF格式，单击【保存】按钮。

7 到刚才的保存位置上查看保存的字幕文件，第一次保存时，文件会显示成未知文件格式，而Windows 附属应用程序中的【记事本】可打开UTF字幕文件，所以我们将记事本设置为读取此文件格式的应用程序。到字幕文件上单击鼠标右键，单击【内容】，再单击打开文件后的【更改】按扭，选择【记事本】为读取字幕文件的程序，单击【确定】按钮。

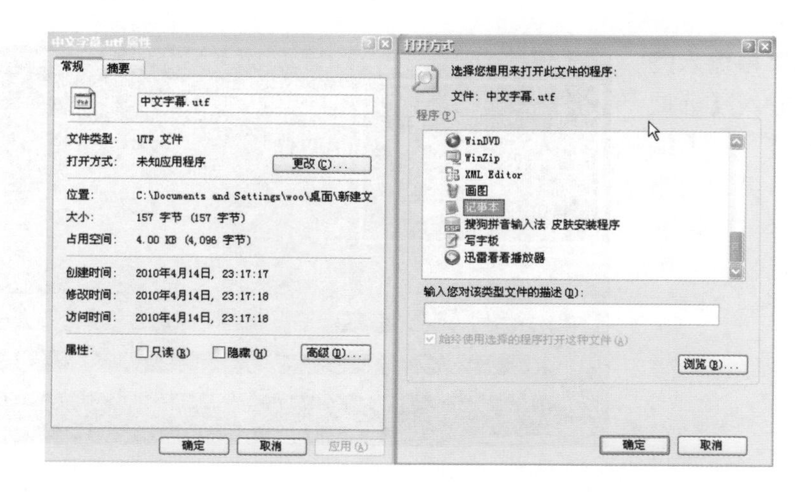

8 打开字幕文件会看到刚才保存的文字字幕，会声会影帮我们加上了文字的初始与结束时间。

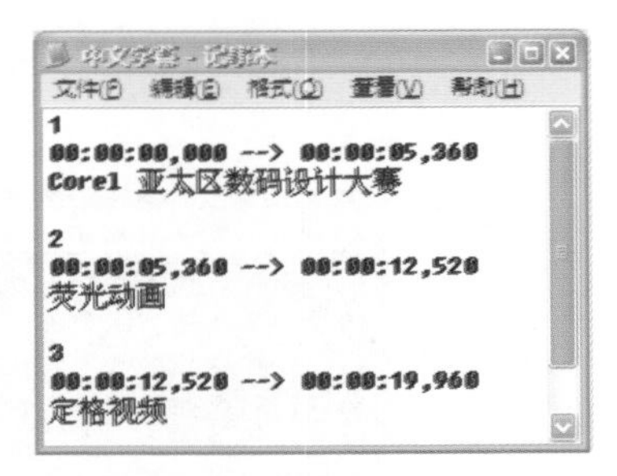

9 回到会声会影，单击【3分享】，选择【创建视频文件】，笔者的影片为16：9，所以我们选择【DVD/ PAL DVD 16：9】，设置保存路径与文件名后，单击【保存】。

注意

做好中文字幕的项目文件后，建议先将项目文件保存。接着换上英文字幕，再另外保存一个新项目。

10 接下来，我们将所有的中文字幕删除。按着键盘上的Shift 键不放，单击第一段字幕，再单击最后一段字幕，就可以一次选择全部字幕，再将它们一次删除。

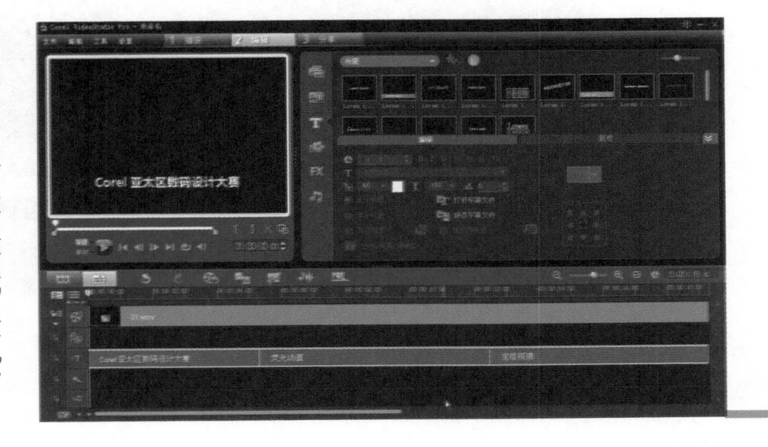

11 依照步骤 2 ~步骤 6 将英文字幕打上并保存英文字幕文件。

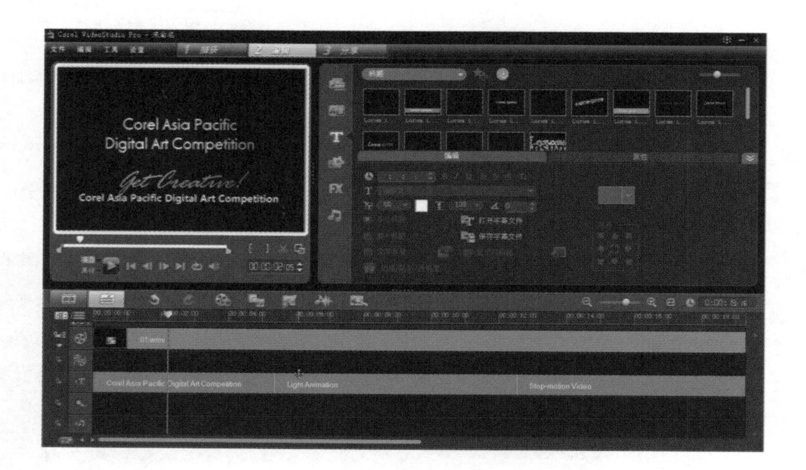

注意

完成英文字幕的制作后，建议到工具栏的【文件】，选择【另存为】，保存英文字幕项目。

12 依照步骤 9 的方法，将此项目也转成视频文件。

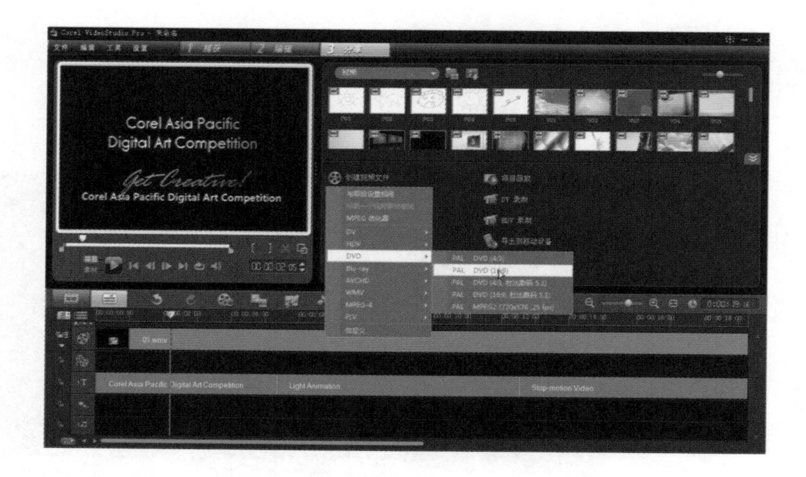

13 至工具栏的【文件】，选择【新建项目】，然后将包含中文与英文字幕的两段影片导入，并拖曳至视频轨。现在我们要进入制作菜单与刻录的阶段了！单击【3 分享】，选择【创建光盘】。

14 进入会声会影X3全新的刻录界面，也就是专业刻录与转文件的【Corel DVD Factory 2010】。在此设置【项目名称】与【分享格式】，单击【转到菜单编辑】。

15 在此我们可以看到【光盘类型】、光盘【可用空间】与刻录项目文件的【所需空间】等信息。因为这个项目中包含中文与英文字幕的影片，现在我们要将中、英文字幕影片分别创建一个章节，方便播放时能选择所要的语言章节。按下【创建章节】选项。（关于下方【标题】、【配乐】、【样式】等功能，请详见3-2快速制作影片的片头片尾的介绍）

16 单击上方【按场景或固定间隔自动添加章节】，接着在右边的自动设置章节窗口勾选【根据场景】，再单击【确定】按钮。

17 根据场景设置章节，会侦测项目中的影片片段，将各段影片自动分开来。我们可以看到，项目中的中、英文字幕影片已经分成两个章节了，然后单击【应用】。

18 我们可以看到菜单上多了一个【场景选择】的按钮，将鼠标移到文字上方并双击，会出现修改文字的工具栏。笔者将它改为【语言选择】。

19 右方的章节标题，预设为【未命名标题】，笔者将它改为【Corel 大赛双语版】。改完章节菜单标题后，单击前方的三角形，会进入章节菜单，章节名称预设为章节001与002，我们将它分别改为中文与英文。

20 在执行刻录之前，我们可以先到【在家庭播放器】中【预览光盘】来预览我们的项目。

21 在预览模式中所看到的画面，就是将项目刻录成光盘，放入播放器播放的画面。所以我们可以仔细检查，看看还有没有要更改的地方。如果没问题的话，单击【刻录】将项目文件制成DVD光盘。

22 刻录过程中，可由绿色进度杆看到目前的转换进度。

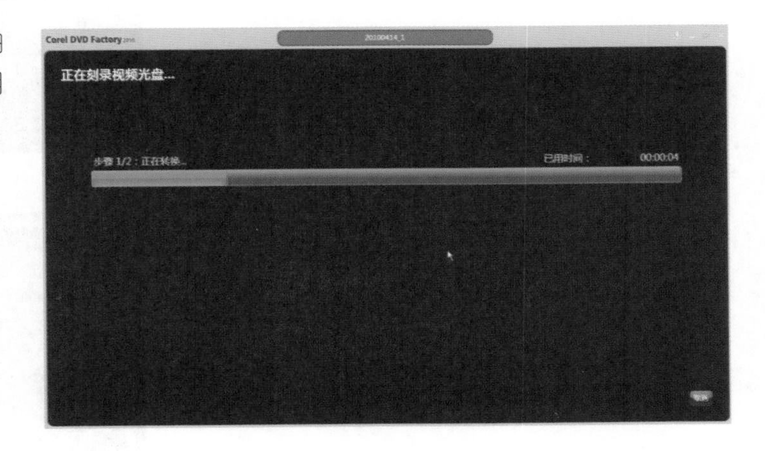

23 看到刻录成功信息后，多字幕电影光盘就完成啰!

7-5 流动字幕特效制作技巧

在影片中，字幕可以为影像内容提供信息、批注，更能在适当时给影片添加趣味性。我们常可以见到像新闻播报时，跑马灯效果的说明文字；或是电影的片尾中，演职员名单等。如果能将让这些效果应用在字幕上，绝对能帮你的影片增加不少专业感和可看性。在会声会影中，已经有许多模板可以直接应用，让你轻松地制作出各种酷炫的标题或字幕！

跑马灯字幕

1 在【时间轴】的【视频轨】上插入视频素材后，单击【标题轨】，即可在【预览窗口】上双击输入文字。

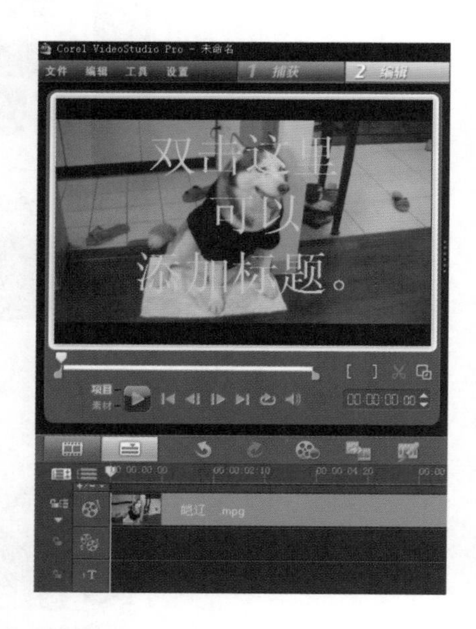

2 因为输入字幕较长，所以开始超出【预览窗口】右边的边框。但是没有关系，此时仍然可以继续输入文字，记得一定不要按Enter键换行。

3 为方便看到窗口上继续输入的文字，可以点选文字虚线框，将整个文字标题方块往左拖曳，然后在文字内容上双击继续输入。

4 在【编辑面板】，勾选【多个标题】，并调整文字的字体、大小、颜色等。然后我们选择【对齐】方式为【靠左下对齐】。（字体选择根据系统本身所安装的为准）

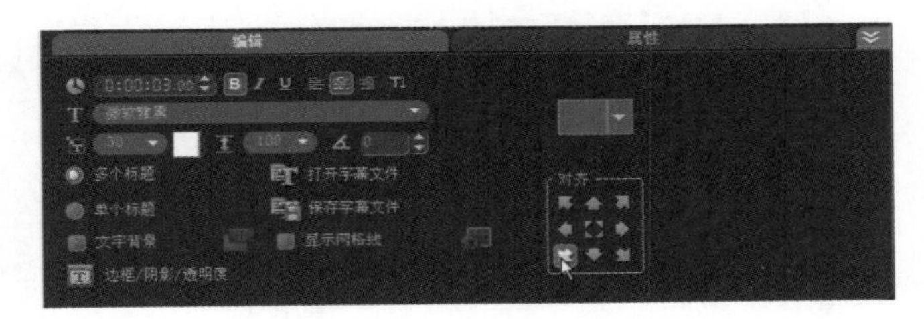

5 输入完毕后，切换到【属性】面板，勾选【动画】及【应用】，然后选择类型为【飞行】里面的第6种，效果即呈现为跑马灯。

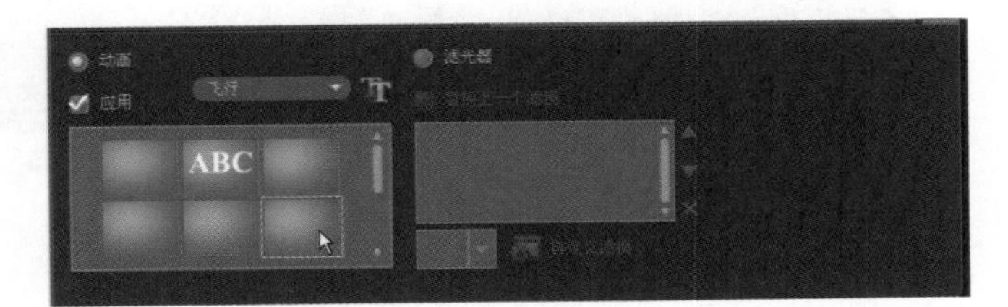

6 继续单击【自定义动画属性】，开启【飞行动画】设置，在【起始单位】及【终止单位】的下拉菜单中选择【文本】。确定【进入】与【离开】方向都设置为左方，然后单击【确定】按钮。

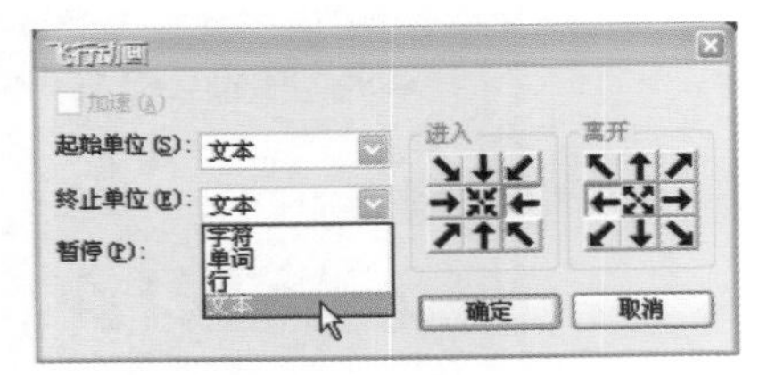

注意

设置动画属性

设置文字变化的【单位】，一共有字符、单词、行和文本4种。

动作单位	中文字表现效果	英文字表现效果
字符	一次以一个完整的单字做变化，效果与“单词”相同	一次以一个字母做变化，可用在数字及符号上
单词	一次以一个完整的单词做变化	一次以一个完整的单词做变化
行	一次以一整行文字做变化，适用在多行的文字上	一次以一整行文字做变化，适用在多行的文字上
文本	所有输入的文本会一起变化	所有输入的文本会一起变化

7 这时可以在【预览窗口】来播放看看整体效果。若是要调整字幕在影片上出现的时间位置，可以在【时间轴】的【标题轨】上，自行拖曳【文字标题】位置来搭配影片。我们发现适当的文字说明，可以让影片生色不少。

片尾流动字幕

1 选择【素材库】中【视频】模板“V10”，将它拖曳至【时间轴】的【视频轨】上。

2 选择【素材库】中的第5个标题素材，将它拖曳到【标题轨】。

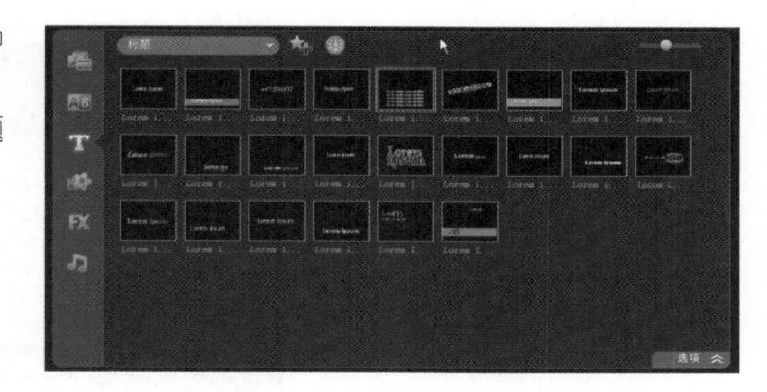

3 接着双击【预览窗口】，准备输入文字。

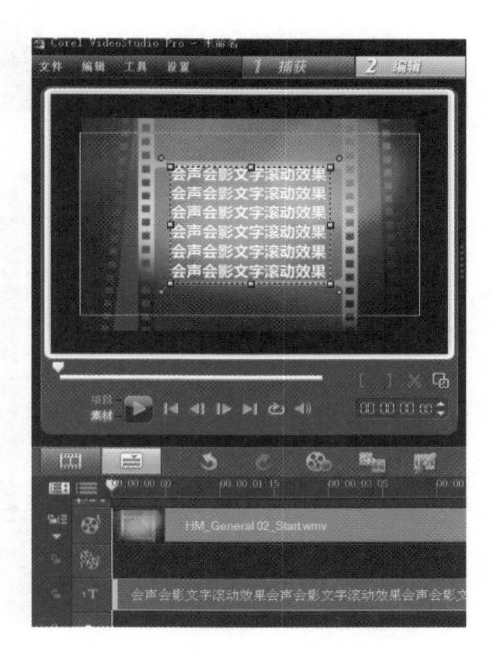

4 在【编辑】面板中，勾选【多个标题】，并设置输入文字的字体、大小、颜色、行距、边框、阴影、透明度等。在【对齐】设置处，单击【靠上方中央对齐】。

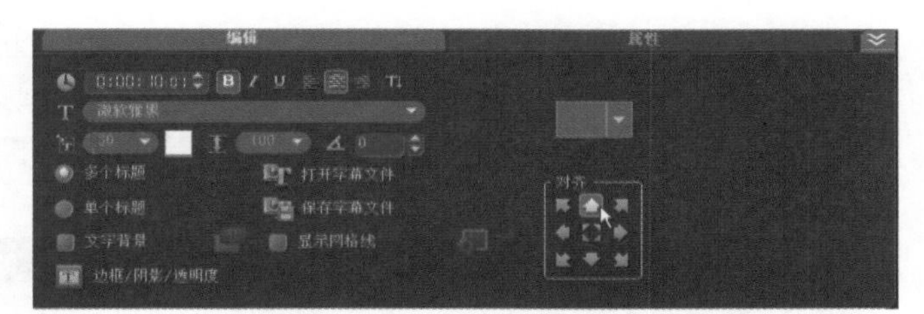

5 读者们在做片尾滚动字母时，可能会遇到文字过多输入到【预览窗口】的最下面，超出边框了还没输入完。

6 但是不用担心，选择文字虚线框，出现“手指”后即可移动整个文字标题方块，我们将它再往上拖曳，以方便继续往下输入文字。

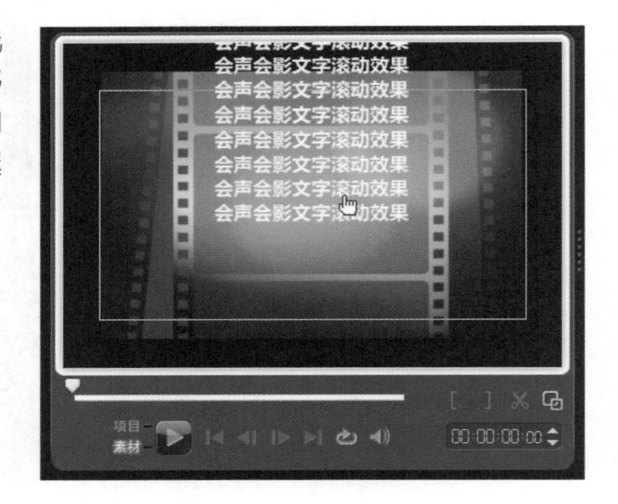

7 若是要在本段片尾影片一开始即播放字幕，记得要调整标题轨上的文字位置，将它拖曳到最前面，和影片一起开始。拖曳素材尾端的黄线可以调整播放长度。在【预览窗口】单击【播放】键播放看看效果如何。

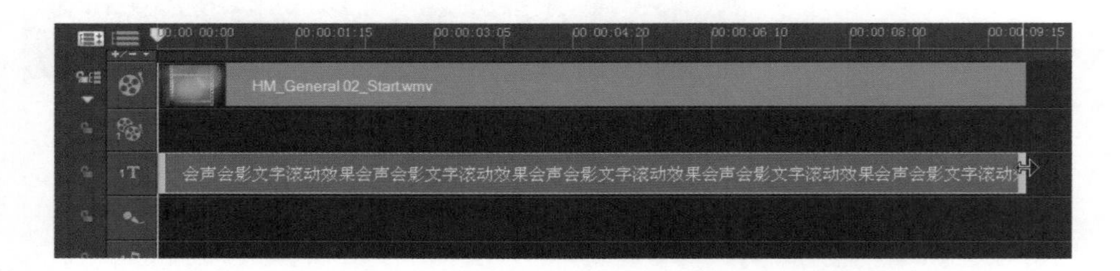

注意

字幕出现时间控制

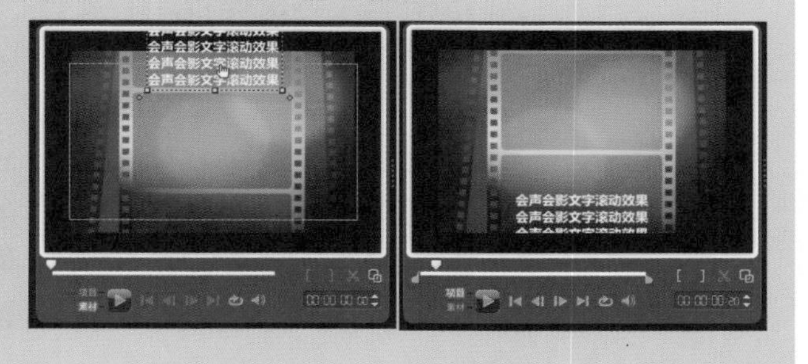

因为字幕应用的是由下往上出现的效果，文字标题方块在【预览窗口】上的摆放位置，可以决定字幕出现时间的快慢。文本框的位置拖放得越上面，播放时字幕就越快出现在影片上。我们可以看到图示左边的文本框拖放在【预览窗口】的上端，在右边影片播放20帧时就出现在屏幕上了。

相反，如果把文本框拖放在靠近【预览窗口】的下端，影片播放超过4秒时字幕才出现在屏幕上。因此读者可以自行调整文本框的位置来决定字幕出现的时间。

8 我们还可以在字幕结束后再加上一个结束语，如“The End”，然后将画面转黑整段影片结束。做法是在【时间轴】上将【时间指针】拖到前一段文字标题的尾端，加入一个结语标题；然后切换到【属性】面板，勾选【动画】及【应用】。在这个文本标题上，应用动画效果【弹出】里面的第一种。我们可以做进一步的设置【自定义动画属性】，在【暂停】选项设置“短”。

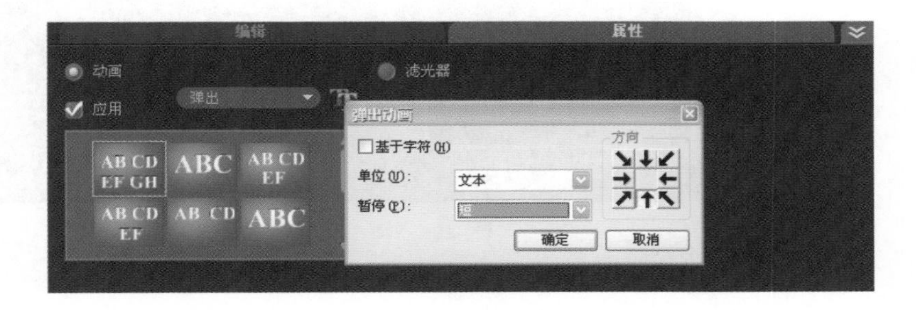

9 将此文字标题“The End”，在时间轴上拉长播放时间超出视频轨的影片尾端，播出时就会出现黑画面的效果了。

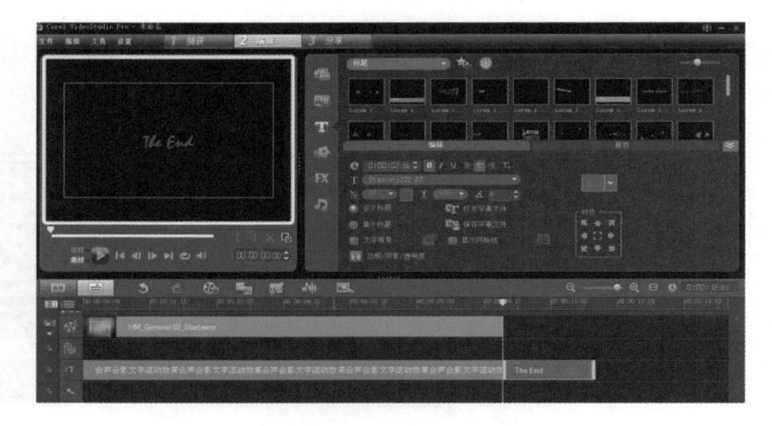

7-6 制作星际大战片头字幕特效

还记得经典电影《星际大战》吗?片头的字幕特效加上音乐，让人印象深刻，马上进入神奇虚幻的科幻世界，现在我们要利用会声会影制作出同样的字幕效果，你会发现活用会声会影的各种功能，可以让我们制作出与众不同的影片特效!

1 单击【T标题】按钮，以进入【标题】功能。

2 在预览窗口上双击鼠标左键，开始输入文字。

3 将输入好的文字框稍微往下移动，文字标题放置的位置即是文字开始出现的位置。接着在【选项面板】的【编辑】分页中，选择【中央对齐】，让文字对齐中央。

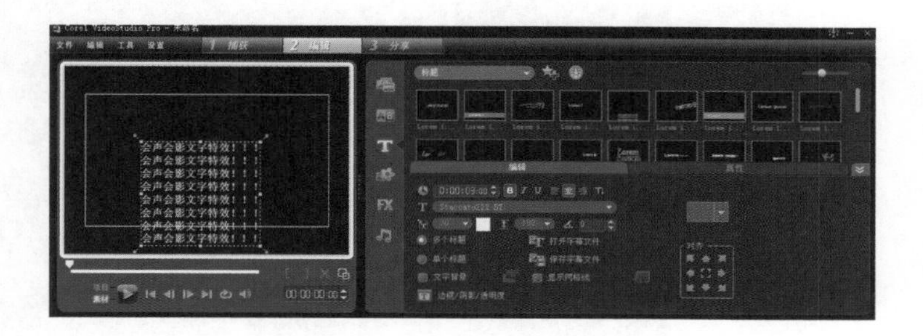

4 进入【属性】分页，勾选【动画】与【应用】，在右边的【动画特效下拉式菜单】选择【飞行】特效，再单击左边第一个飞行效果。

5 动画特效设置好后，我们要延长文字的出现时间，会声会影默认的标题时间为3秒，为了让文字以适当的速度跑完，我们要将文字出现时间延长。进入【编辑】分页，在时间长度字段，将时间改为40秒。

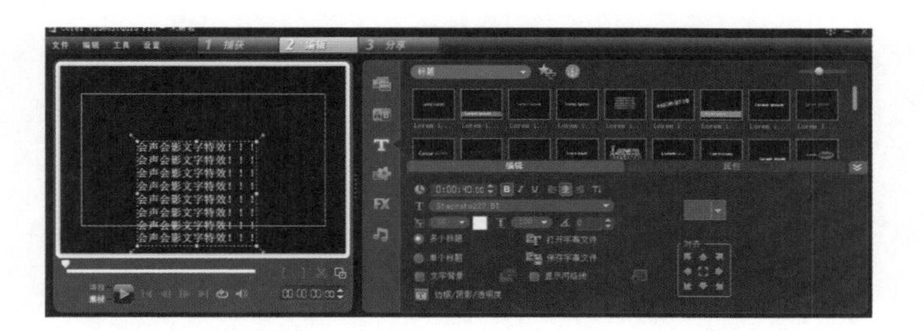

6 我们在【编辑】分页中改变一下文字的【字体】、【色彩】、【边框/阴影/透明度】，让文字更有科幻的感觉。

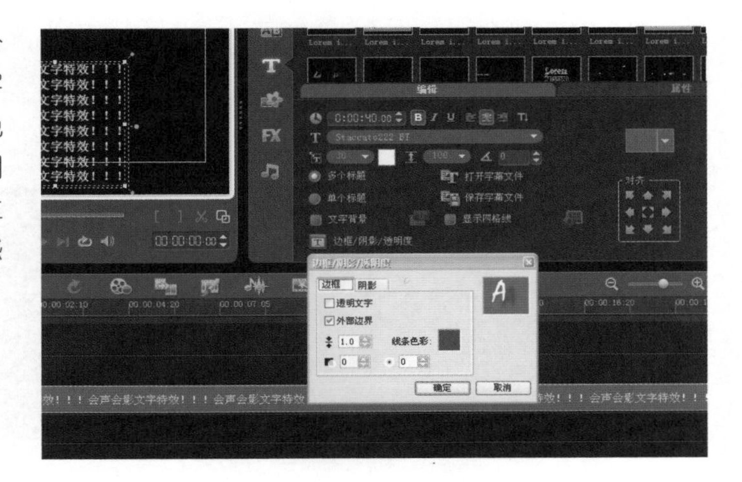

7 文字特效已经全部设置好了，现在我们将文字标题分享为视频影片。单击【3分享】，选择【创建视频文件】中的【与项目设置相同】。

8 设置储存路径与文件名后，单击【保存】按钮。

9 字幕转成视频文件后，将标题轨上的字幕删除，并将字幕特效视频文件拖曳至【覆叠轨#1】。再到预览窗口上的视频选择框中单击鼠标右键，选择【调整为项目大小】。

10 开启选项面板，进入【属性】分页，勾选【显示网格线】，方便我们调整对齐字幕的角度。

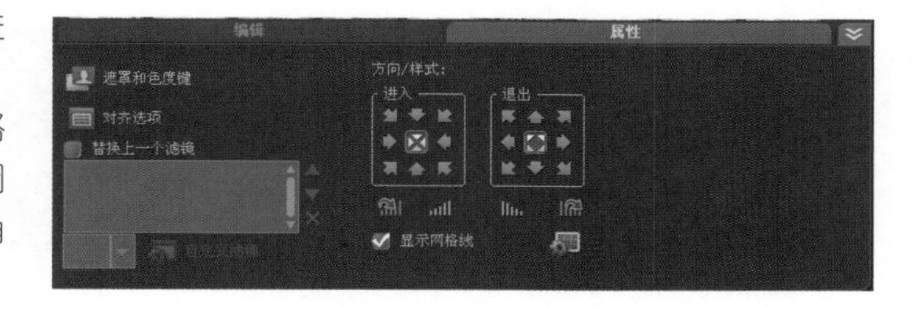

11 拖曳预览窗口上视频选取框四周的绿色控制点，让正方形往远处缩小。

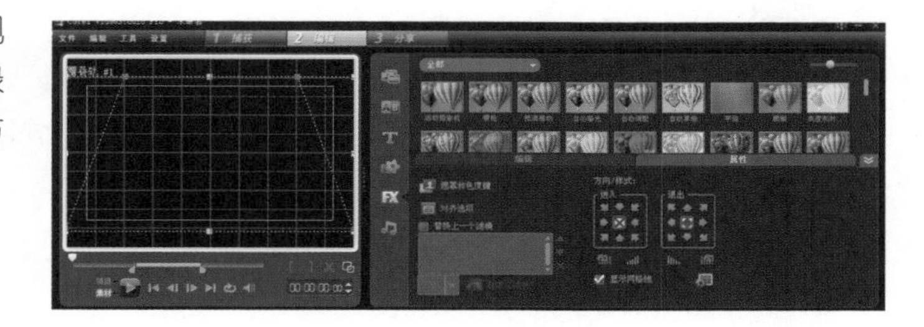

12 以项目模式播放字幕特效影片看制作成果，此项目再加上气势磅礴的音乐，就有科幻电影的气氛了!

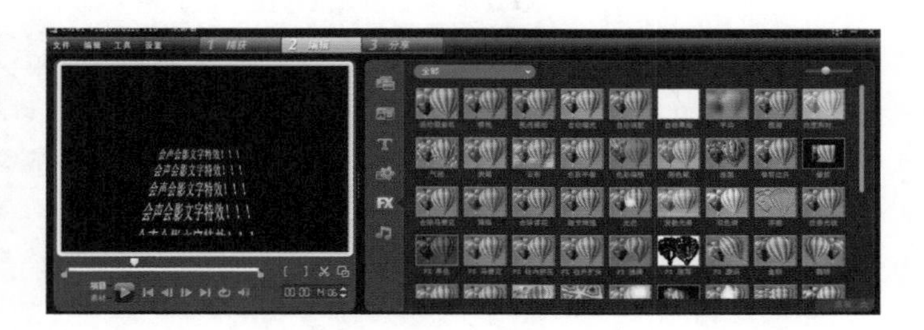

7-7 将照片变成酷炫影片——静态动画

很多人曾经在课本或笔记本的角落画上涂鸦，一页接着一页细微改变涂鸦主角的表情或动作，然后再快速地翻动笔记本，瞬间那些涂鸦就动了起来，彷佛成为活生生的真实人物。如果没有玩过这个小游戏，那一定有看过卡通影片；卡通影片也是以同样的原理让主角动起来。现在就来为大家介绍如何利用会声会影来玩这小游戏!

1 笔者找来的是一只小熊。首先要摆出小熊一连串的指定动作，再逐一拍摄。

注意

拍摄的连续动作越细微、越多张，做成的影片就会越流畅。不一定要在单一颜色的背景前拍摄，因笔者想将背景去除，让小熊可以置身在任何想去的地方。若你有适合拍摄的背景，也可以直接让背景入镜。但记得，拍摄时，相机、光线、主角位置都要定位，不要移动，做出来的影片才会漂亮喔!

2 笔者拍摄的是小熊穿毛衣的动作，总共拍了23张。利用【添加】将相片导入素材库，再拖曳至覆叠轨中。

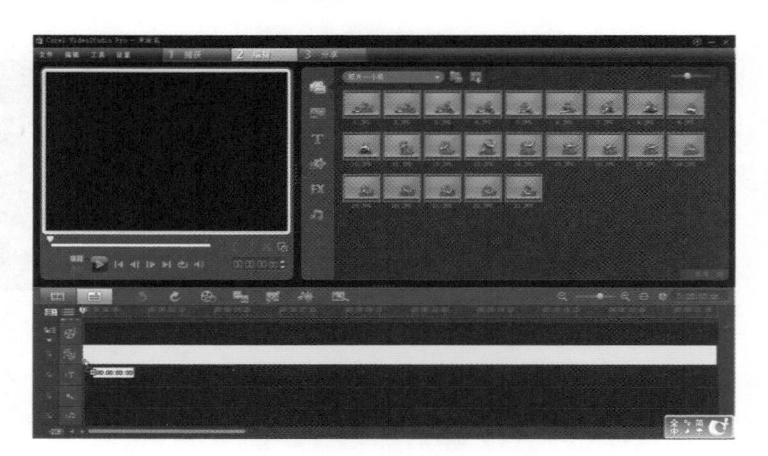

注意

因为笔者要将小熊的蓝幕背景去除，所以一定要放在覆叠轨，以对小熊做色彩遮罩处理。也只有覆叠轨的素材能改变大小、位置等，所以需要做弹性变化的素材比较适合放覆叠轨，永久不变的背景素材则适合放在视频轨。

3 选择预览窗口上的小熊照片，小熊会以虚线框出，表示已选择。在预览窗口的小熊上单击鼠标右键，调整到屏幕大小，让小熊回复原始的大小，或直接拖曳黄色控制点来缩放素材。

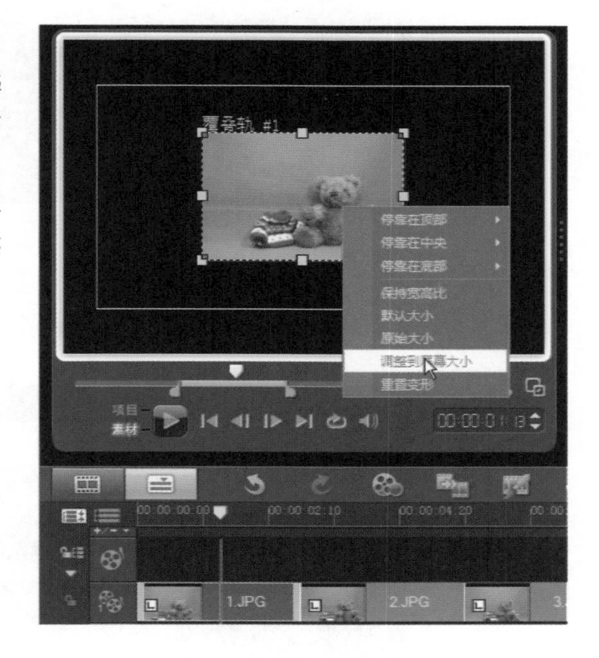

4 单击【选项】以进入选项面版，我们现在要将小熊的蓝幕背景去除。

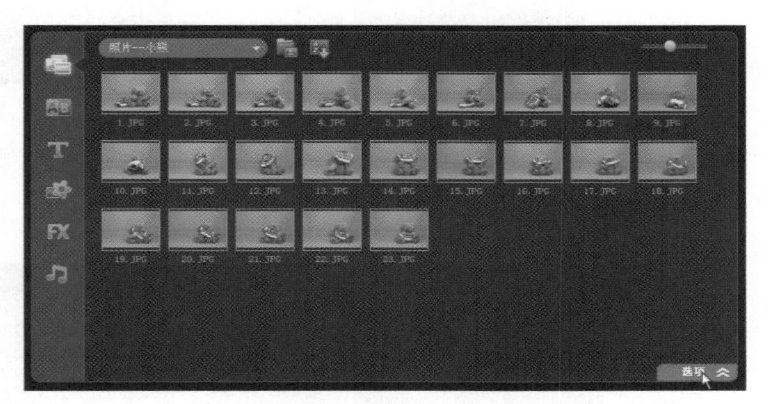

5 在选项面版的【属性】分页中，选择【遮罩和色度键】。

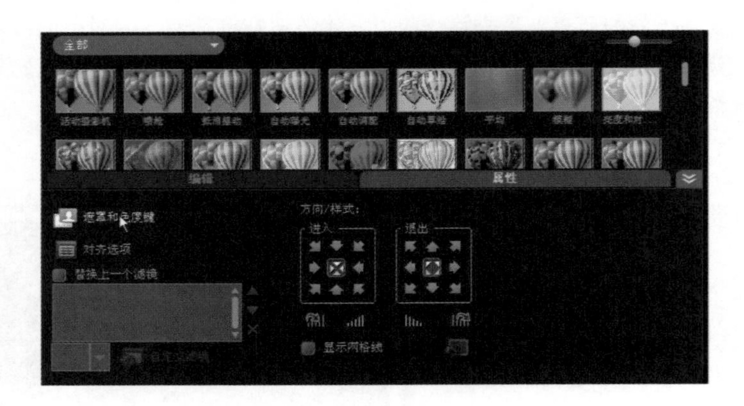

6 先将【应用覆叠选项】勾起来，再单击【滴管】来选择遮罩色彩。选了【滴管】工具后，在右边预览窗口单击小熊背后的蓝幕，将之当做遮罩色彩。

7 马上会看到预览窗口上的蓝幕背景已经去除了，再单击【滴管】工具退出选择遮罩状态。

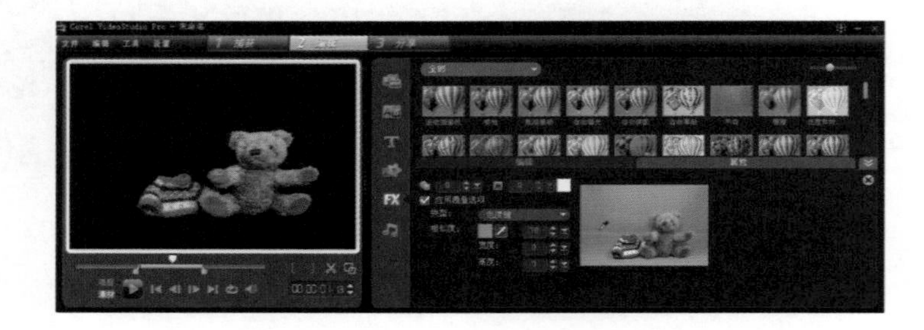

8 第一张小熊的背景已经去除了，我们要用相同方法将后面的22张小熊做去除背景的动作。我们不必一张一张设置，只要在已设置好的素材上单击鼠标右键，选择【复制属性】。

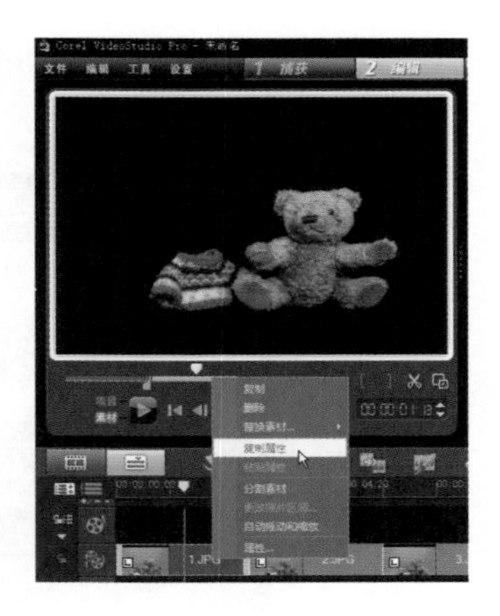

再以Shift 键将剩下的22张相片一次选择，在素材上单击鼠标右键，选择【粘贴属性】。这个聪明的功能可以帮我们节省相当多的时间，只要是在【属性】分页的设置，都能利用【复制】和【粘贴属性】功能，替我们省下很多手续。

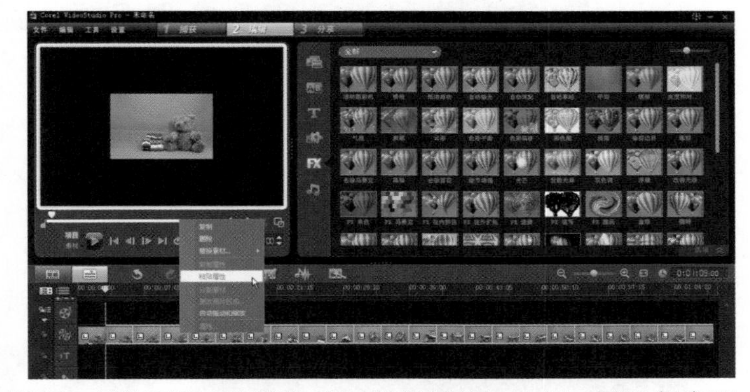

9 接下来，我们要决定小熊的背景，笔者设置的场景为小熊在房间内将毛衣穿上，准备出去走走。笔者利用【绘图创建器】功能，事先帮小熊画了一个房间，现在将准备好的素材拖曳到视频轨，当做背景。（关于绘图创建器的介绍，请详见6-2绘图创建器——在影片上手绘涂鸦）。

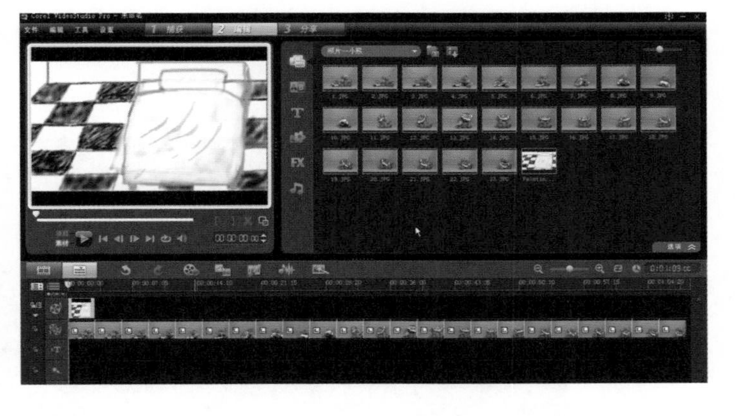

10 背景决定后，调整小熊的大小和位置，让小熊与背景自然搭配。再利用步骤8的复制和粘贴属性功能，将小熊的大小和位置套用在剩余的22张小熊照片上。

11 如果每张相片的出现时间太长，就不像影片了，而相片主角的每个动作也会不流畅。所以我们要将相片出现的时间缩短，笔者将每张相片的出现时间调整为8。我们可以直接用鼠标拖曳素材的尾端，当出现黑色双箭头时，即可以将素材往左拖曳以缩短素材时间，而右下角的黄色方块，则是目前的素材时间。

预设3秒钟：

缩短为8画格：

后面的素材都是以此方式调整时间，或者也可以到【编辑】页面，直接手动输入素材出现的时间。

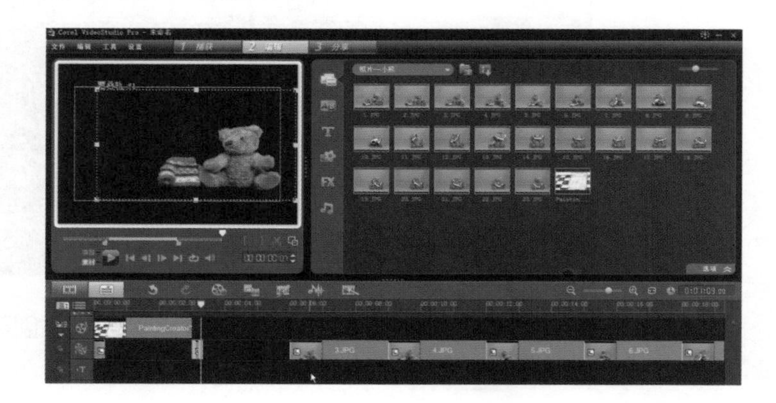

12 调整好所有相片的时间长度，并一个一个地排列好之后，再调整视频轨的背景素材，将背景素材时间调整至素材总长度。

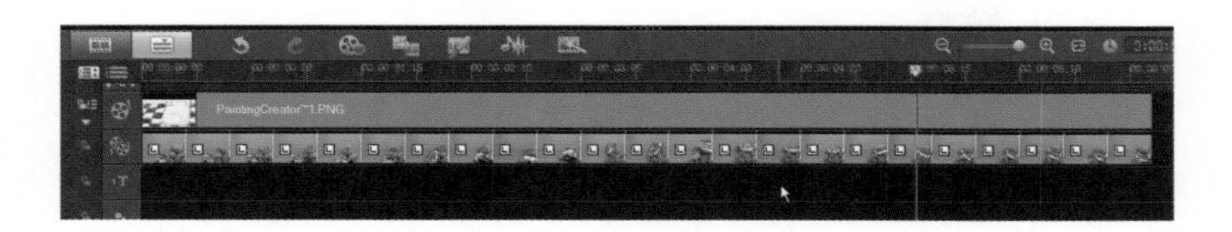

注意

素材时间缩短后，显示区域也变小了，不方便编辑。此时我们可以利用【拉远】和【拉近】功能放大素材的显示单位。

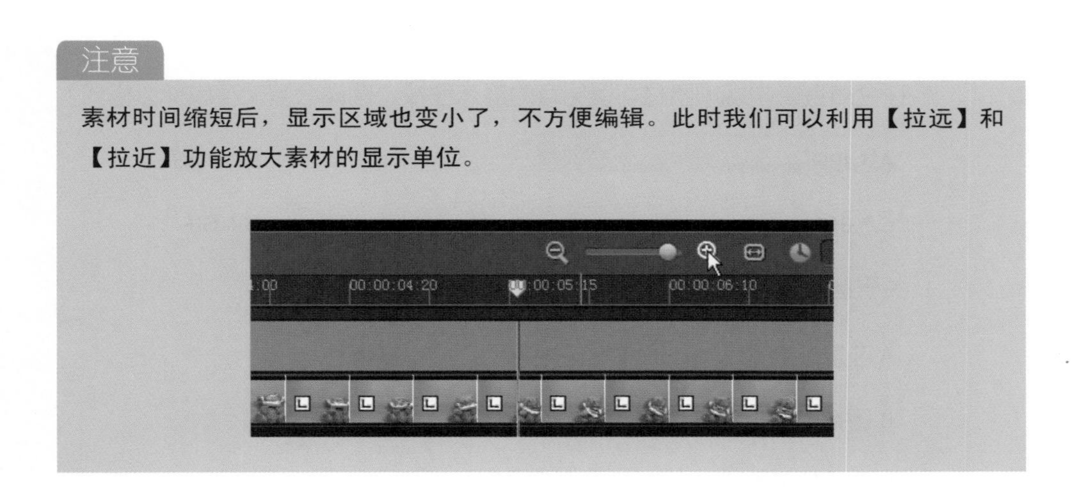

13 以项目模式播放一次成果，可以看到小熊坐在床上穿毛衣，影片已经大功告成啰!

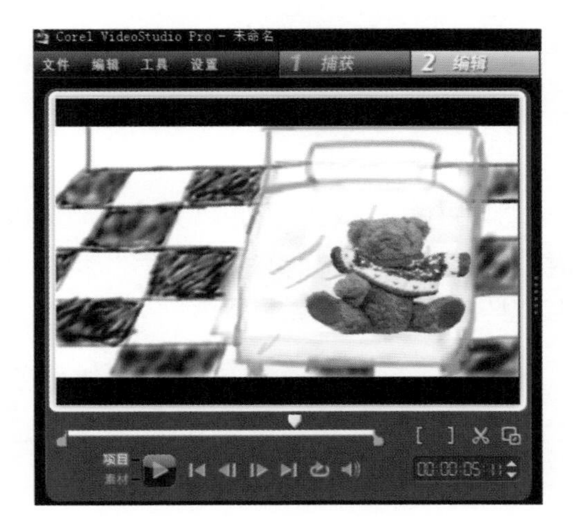

7-8 习题

选择题：

1.（　　）在会声会影X3中，一共有多少条覆叠轨？

A.13条　　B.9条

C.7条　　D.6条

2.（　　）在会声会影中视频素材可以另存为静态图像，图像会被保存成什么格式？

A.*.JPG　　B.*.PNG

C.*.BMP　　D.*.GIF

3.（　　）关于覆叠轨的说明，哪一个是错误的？

A.在默认状态下，时间轴上只会显示一条覆叠轨

B.覆叠轨上可以插入视频、照片及字幕

C.利用轨道管理器可以打开所有覆叠轨

D.单击显示所有轨道，即可一次显示出所有设置的覆叠轨

4.（　　）按下面哪个按钮可将项目调整到时间轴窗口大小？

A.　　B.

C.　　D.

5.（　　）会声会影允许用户任意倾斜或者扭曲视频素材，以配合覆叠画面，使视频应用变得更加自由。在覆叠轨上添加覆叠素材以后，素材的每个角落都有什么颜色的控制点，拖曳这些控制点使覆叠素材变形？

A.绿色　　B.红色

C.黄色　　D.白色

6.（　　）延续上题，拖曳什么颜色的控制点来放大或缩小覆叠素材？

A.绿色　　B.红色

C.黄色　　D.白色

7.（　　）蓝幕特效所要达成图像合成的效果，通常是用什么颜色的布幕来拍摄制作？

A.绿色或蓝色　　B.白色或蓝色

C.绿色或白色　　D黄色或蓝色

8.（　　）哪一个功能可以帮覆叠素材去除背景，将它融合到视频轨的画面中？

A.色彩修正　　B.自动色调调整

C.饱和度　　D.遮罩和色度键

9.（　　）下列哪一个不是在会声会影中可以选择覆叠轨上的素材进入画面的方式？

A.从左方进入　　B.从左上进入

C.从中间淡入　　D.以上皆可

10.（　　）在会声会影中可以保有其透明背景的图像格式是？

A.*.JPG　　B.*.PNG

C.*.BMP　　D.*.TIF

11.（　　）会声会影保存的字幕文件格式为？

A.*.UTF　　B.*.PNG

C.*.SRT　　D.*.TXT

12.（　　）电视新闻中常使用的跑马灯字幕，在会声会影中可以应用动画中的哪种类型来做出这样的效果？

A.飞行　　B.弹出

C.移动路径　　D.下降

13.（　　）文字标题安全范围指的是什么？

A.文字的大小范围　　B.文字的字数

C.预览窗口中的矩形方块　　D.文字的颜色范围

14.（　　）在标题的编辑面板中，下列哪一个项目无法设置？

A.行距　　B.区间

C.边框　　D. 段落

填空题：

1. 蓝幕特效是利用计算机帮素材_______，然后将它覆叠到另一个场景的视频或图像中。

2. 使用______工具可以帮覆叠素材进行选色，然后将背景颜色去除。

3. 要帮影片打上字幕，可以先单击标题轨，接着在_______上双击鼠标左键，然后开始输入文字。

练习题：

1. 将书中附的蓝幕效果素材去除背景，应用到一段影片或照片上。

2. 制作一段有分割画面的影片，让画面中能同时出现4段视频，并且分别从上下左右方向进入影片画面。

3. 利用书中附的照片素材，将一连串的照片制作成静态动画。

习题解答

选择题：

1. D 2. C 3. B

4. C 5. A 6. C

7. A 8. D 9. D

10. B 11. A 12. A

13. C 14. D

填充题：

1. 抠像 2. 滴管 3. 预览窗口

Note

第 8 章

别出心裁的影片应用

8-1 制作独一无二个性化的屏幕保护程序

本单元要告诉大家如何把喜爱的影片或照片变成个性化的屏幕保护程序，当你在计算机前工作时，就能随时欣赏，也让别人观赏自己的作品！不需要另外安装其他软件，只要在会声会影中将影片剪辑完成后，加上一些酷炫的特效，你就可以立刻将它制作成属于自己的独一无二的屏幕保护程序。

1 在会声会影中完成影片剪辑，包含字幕、转场等，因为是屏幕保护程序，并不需要声音的部分，所以记得将声音改为静音，让整段影片无声。切换到【分享】步骤。单击【创建视频文件】，在下拉菜单中选择【WMV HD 720 25P】格式。

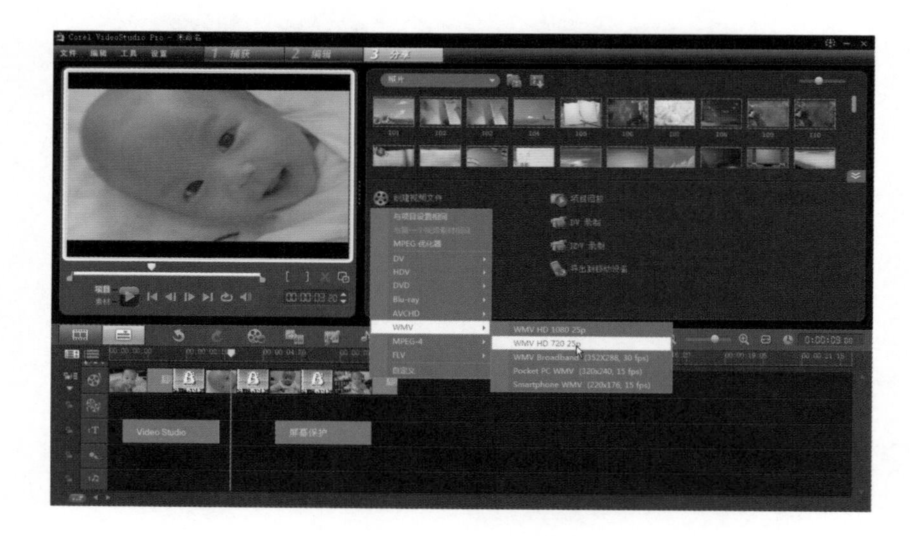

注意

会声会影的影片屏幕保护程序制作只支持wmv格式，因此我们必须先将影片转换。因为是屏幕保护程序，所以建议不要选择太长的影片。

2 出现【创建视频文件】对话框后，选择保存位置及输入文件名后即可存盘，开始创建视频文件。

3 创建完成的视频文件会出现在素材库中，这时我们到菜单上的【文件】，单击【新建项目】，来开启一个新项目，再将素材拖曳到至【视频轨】上。

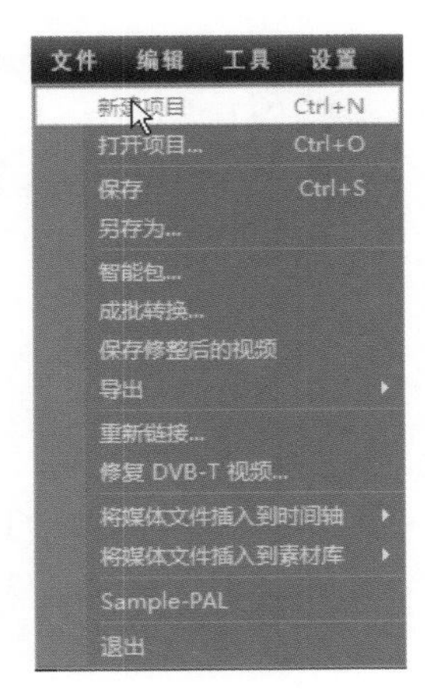

4 接着单击素材库中的【FX滤镜】。选择其中的画中画，将它拖曳到【视频轨】的素材上。

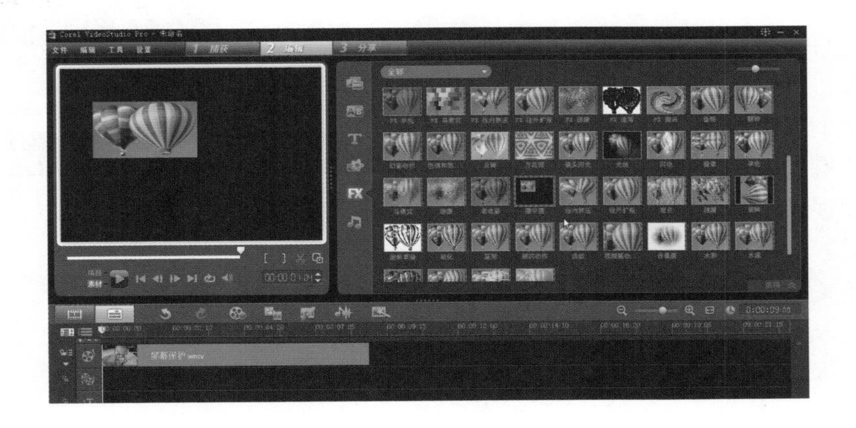

5 然后在【属性面板】上单击【自定义滤镜】。

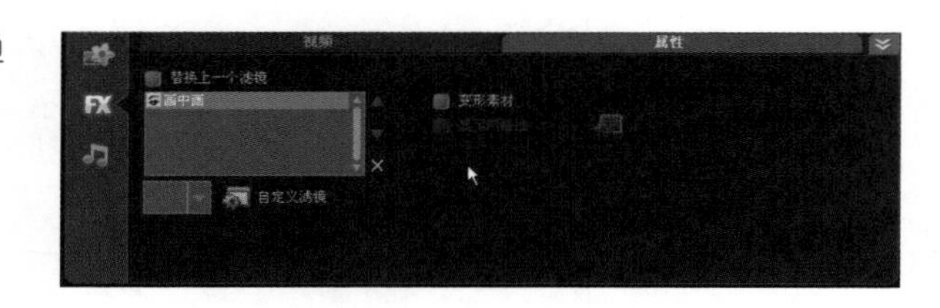

6 开启【NewBlue画中画】设置窗口之后，在左上方的【画片】处，可以移动上面的小方块来决定视频在画面上的位置。下方有20几种的特效模板，选择任意一种喜爱的表现方式，可以直接应用，一次可以加入多个。单击【播放键】可以预览效果。

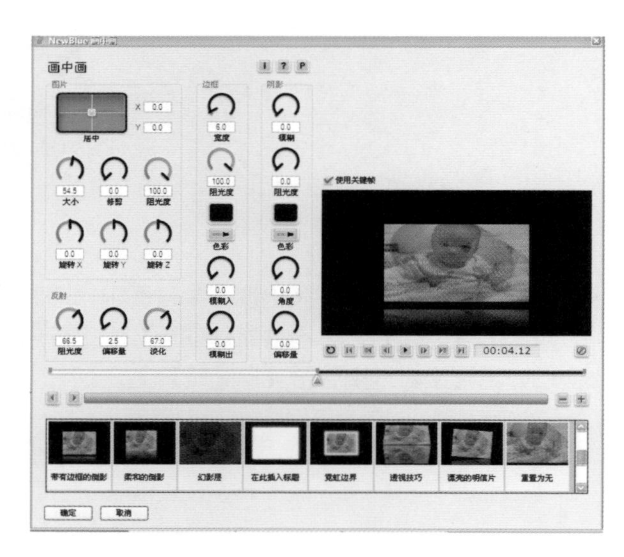

7 当【使用关键帧】被勾选时，可以任意地新增关键帧，来加入更多动作效果。若要在特定时间加入关键帧，请将光标拖曳到该时间点，然后加入想要的模板效果或是调整各个控件目，例如大小、外框、色彩、反射等来设置新的关键帧值。若要移除关键帧，单击【移至上一个标记】或【移至下一个标记】，使光标移到上/下一个关键帧，然后单击【删除关键帧】。设置完成后单击【确定】按钮。

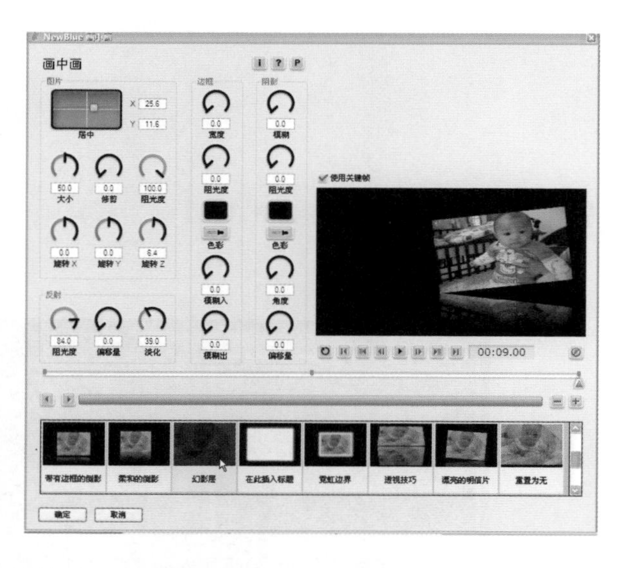

8 回到会声会影编辑窗口后，切换到【分享】步骤，再创建一次【WMV HD 720 25P】的【视频文件】。创建完成后一样将它拉到【视频轨】上，然后单击菜单上的【文件】，选择【导出】，再单击【影片屏幕保护程序】。

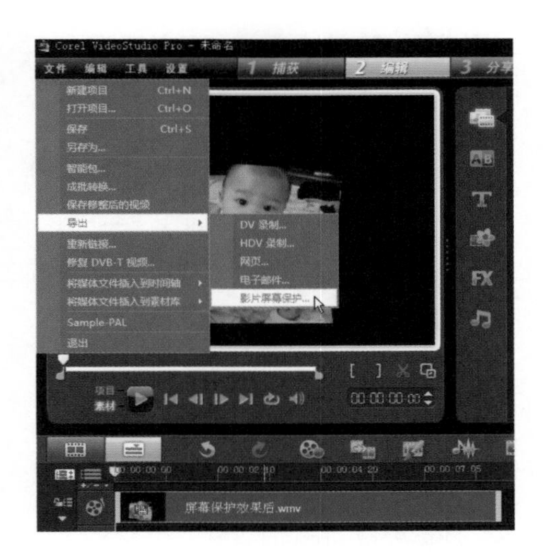

9 会声会影会自动将这段影片命名为“uvScreenSaver”，并将它汇入到Windows的【屏幕保护程序】中。在【屏幕保护设置】窗口出现后，可以设置等候时间及预览效果，出现“完成”后单击【确定】按钮。

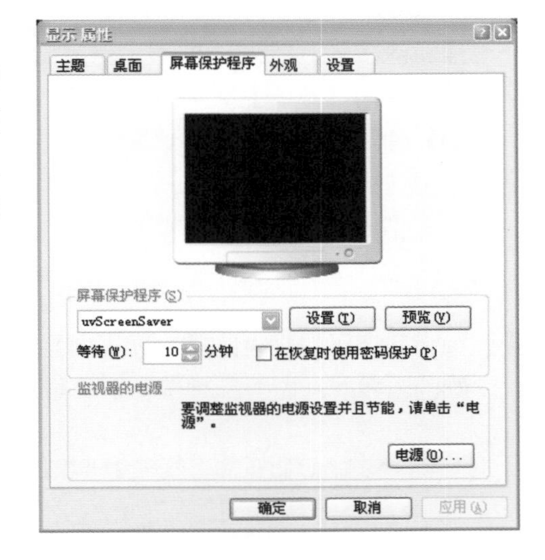

10 现在我们就可以在计算机中随时观赏酷炫的个人专属屏幕保护程序。

8-2 打造公司及个人专属LOGO视频

辛苦半天制作完成的影片或是公司的产品投影秀，总要在影片中声明著作者，来保护您的知识产权。利用会声会影，只要几个简单的步骤，就可以帮您把您的LOGO变成半透明的水印安置在视频影片上。

请参考本书附赠光盘中的素材：\范例\8-2\logo.png。

利用PhotoImpact制作LOGO

1 利用PhotoImpact来做一个背景透明的LOGO。先开启一个新图像，在【新建图像】的对话框中，将【底色】定为【透明】，再在【图像大小】处选定图的大小，设置好之后单击【确定】按钮。

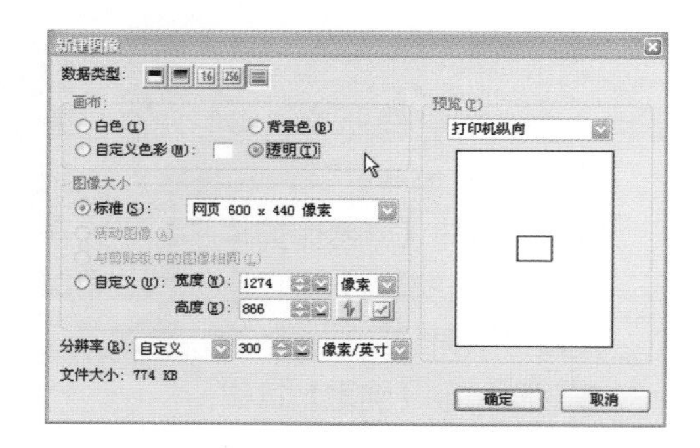

2 单击左边工具箱上的【文字工具】，然后在上方的【属性任务栏】，设置字的颜色、字型、大小、2D或3D对象等。

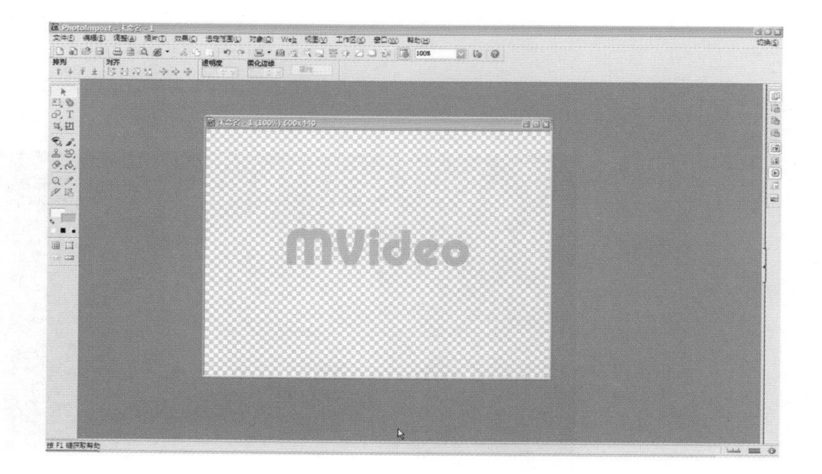

3 打开右边的【百宝箱】面板中的【图库】，在【文字/路径特效】下，有各种效果，可以替文字做无限的组合变化，只要选择该特效缩略图，拖曳到文字上即可。

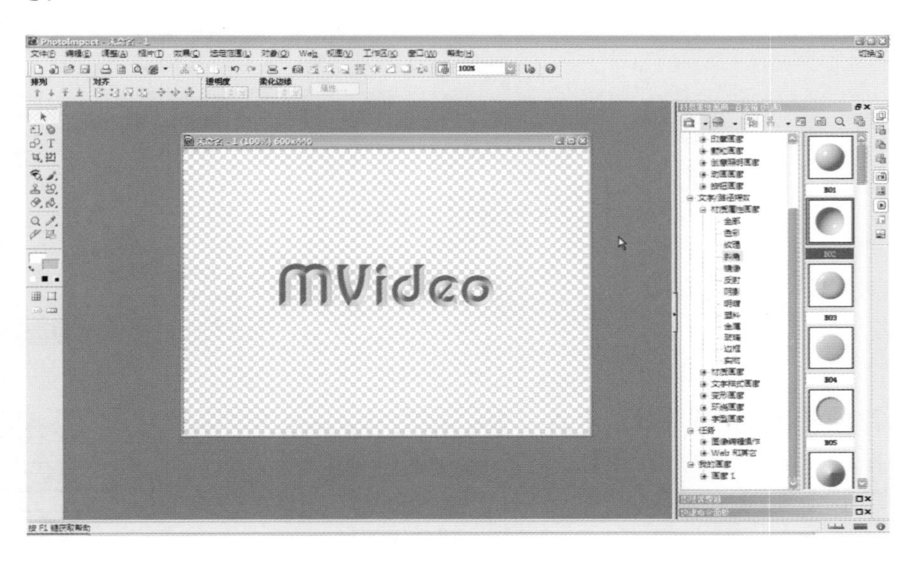

注意

为了让使用者更易选择，单击【将图像、选定区域或对象当做略图】，就可以在图库上看到所有缩略图，都转换成套用在文字上之后的效果。

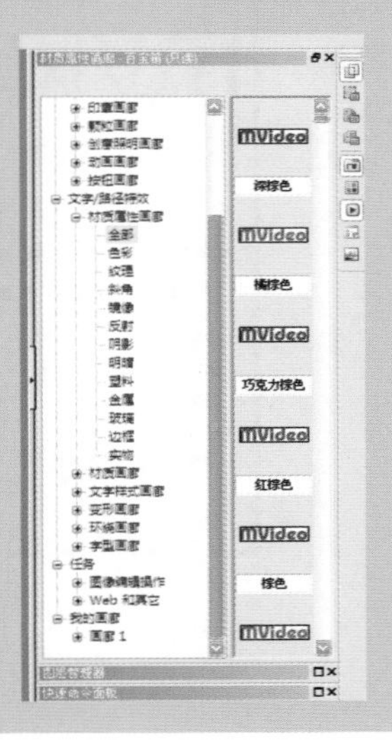

4 设置完成后，到菜单的Web选项，选择【图像优化器】。

5 跳出【要优化的图像】对话框后，勾选【所选对象】，单击【确定】按钮。

6 接着切换到【PNG图像优化程序】面板中，点选PNG选项，确认预览画面的背景为透明镂空，然后另存为。到此已简单地完成一个去背景的LOGO。

在视频影片中加入LOGO

1 现在回到会声会影中，将视频素材插入时间轴，移动鼠标到到【覆叠轨】上右键单击，选择【插入照片】，让【覆叠轨】上有两个LOGO图像素材，方便以后能做不同的效果设置。

2 调整第一个LOGO图像素材在画面中的大小及位置。

3 然后在右边的【属性面板】上单击【遮罩和色度键】。

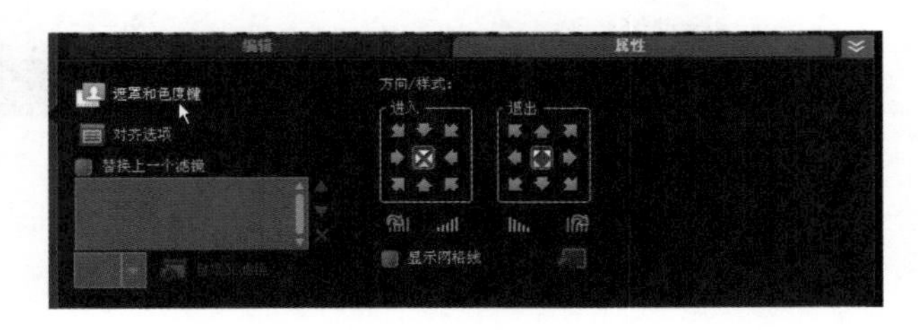

4 接着调整它的【透明度】。让LOGO图案在影片上呈现一种半透明、若隐若现的感觉。

5 我们也可以让LOGO有一些动作，不要过于死板地从头到尾一直都躺在画面上。单击时间轴上的LOGO素材，在【属性】面板上的【方向/样式】，选择【进入】的方式为【从左方进入】，再加上【淡入动作特效】。

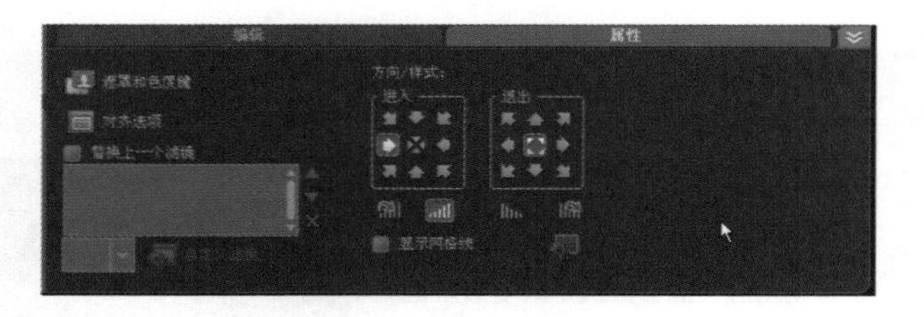

6 记得我们还留了第2个LOGO素材在时间轴上吗？现在就让它在影片结尾时，慢慢出现在画面中间。先利用【属性】面板上的【显示网格线】功能，来帮忙调整位置，【进入】选择【淡入动作特效】，【退出】时【静态效果】，让它停留在画面上。

8-3 创建动感十足的投影秀

在婚礼上，我们常看到大屏幕上播放着新娘新郎的照片投影秀，搭配文字与音乐，彷佛在看一部由他们主演的电影。将照片做成投影秀，是一种很好的说故事方法。由画面与标题，将你的故事告诉大家。在会声会影X3中制作投影秀是易如反掌的事，会声会影可以自动帮我们加上转场、摇动缩放的特效，让我们毫不费力地就交出一个精彩的投影秀!

1 由于我们要插入大量照片素材来做投影秀，而投影秀除非有特别需要，每张的照片显示时间会是相同的，所以在将照片插入视频轨前，我们可以先到工具栏的【设置】，选择【参数选择】，进入【编辑】分页，在【默认照片/色彩区间】设置项目里每张照片的显示时间，单击【确定】按钮。

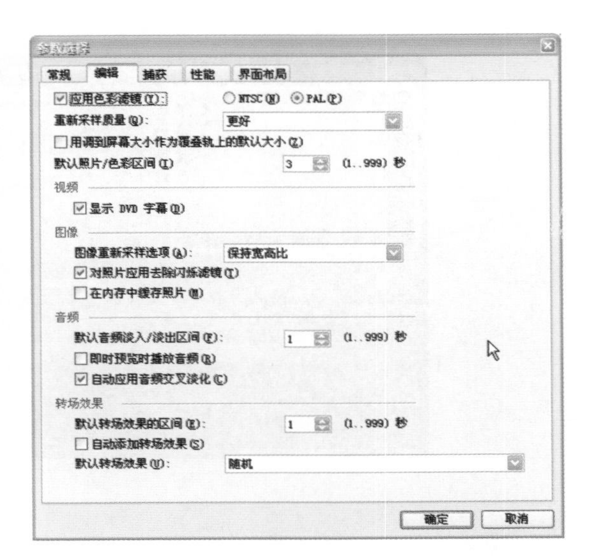

注意

此设置要在照片插入时间轴前先行设置，将照片插入时间轴后，照片会依照会声会影的默认设置，显示时间为3秒。之后若要更改照片区间，则需逐张照片调整。

2 制作投影秀的重点为照片间的转场特效，如果你有数百张照片、又不想花时间逐一挑选转场特效，我们也可以在照片插入时间轴之前，先将转场特效设置好。到工具栏的【设置】，选择【参数选择】，进入【编辑】分页，在【转场效果】字段，勾选【自动添加转场效果】，在下拉式菜单中选择喜欢的转场特效，并且设置【默认转场效果的区间】，单击【确定】按钮。

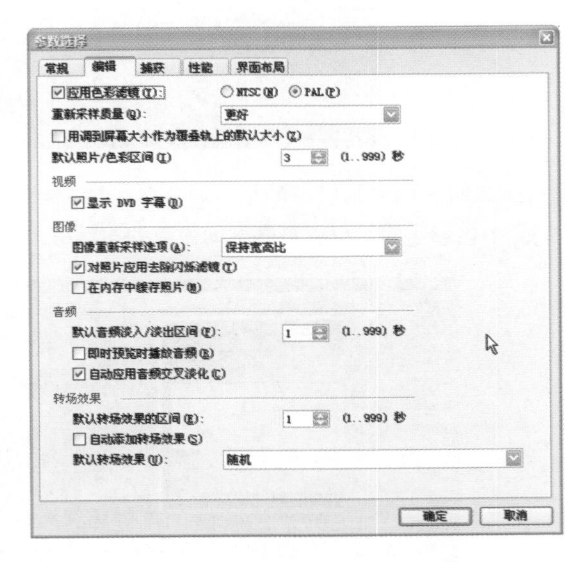

3 照片区间与转场效果都设置好之后，我们就可以将照片导入会声会影，并拖曳至视频轨。

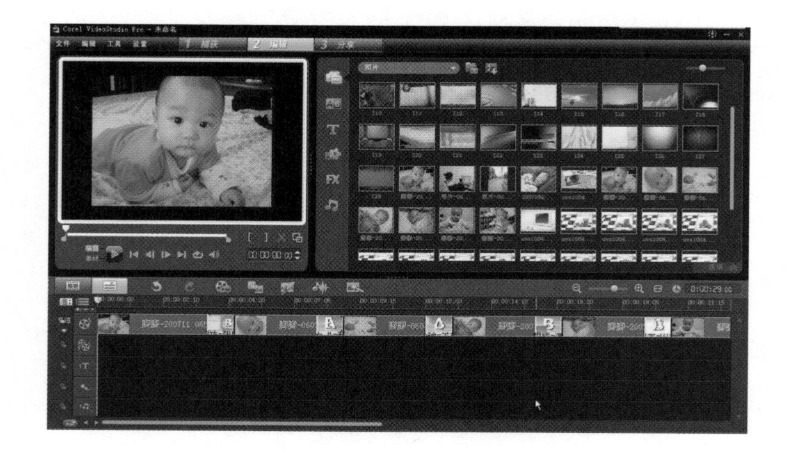

注意

如果想要逐一调整每张图像的区间，除了可以用拖曳素材两端黄线的部分来改变之外，还可以在【照片面板】上的【照片区间】，输入数值来设置图像素材的播放区间。更改后会发现【时间轴】上的图像素材长度也会跟着改变。

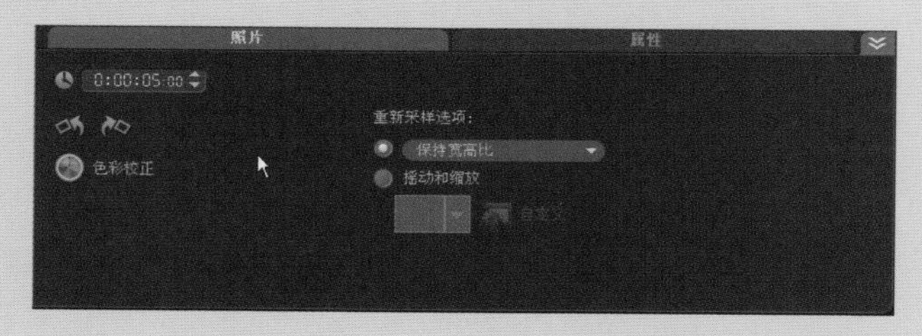

这4组时间码分别代表的是：时、分、秒、帧。在菜单上的编辑菜单中，点击更改照片/色彩区间，可以打开区间设置的对话框，也是能作同样的设置。

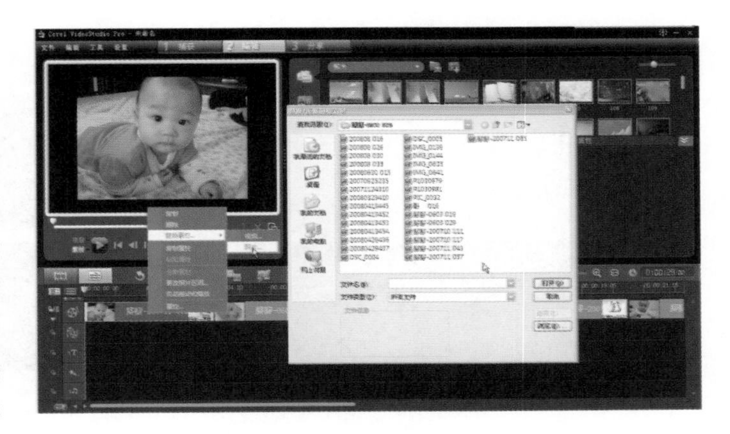

4 如果想要替换掉视频轨上的某张照片，可以使用会声会影X3的新功能：替换素材。在该张照片上按鼠标右键，点击替换素材，选择照片。出现替换/重新链接素材窗口，选择要替换的照片，按下打开文件夹，就能马上替换原本的照片。

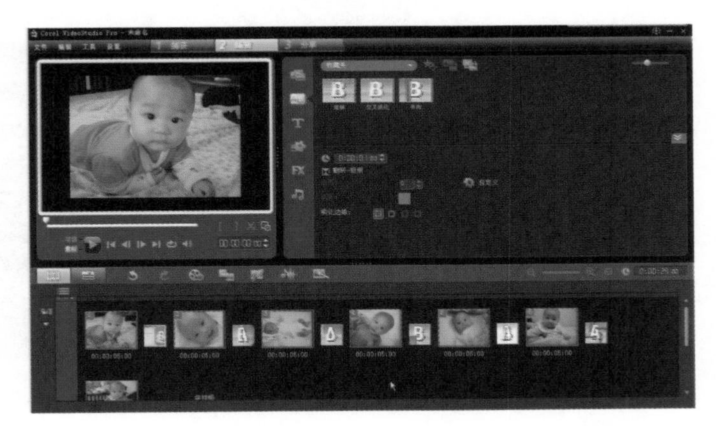

5 切换到【故事版视图】，方便我们单击转场效果。选择转场效果后，在【选项面板】中可看到目前使用的转场名称与区间。

6 单击选项面板中的【自定义】按钮，可以自定义转场的各种设置，或是直接选择下方喜欢的效果。

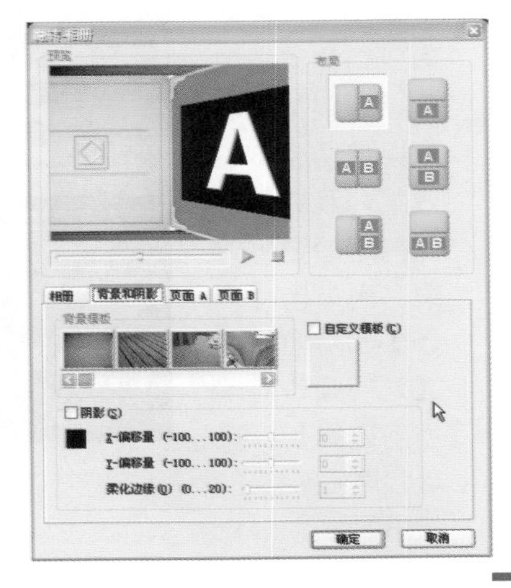

注意

每种转场依其特性可设置的项目略为不同，我们可以多玩玩不同的转场设置所带给我们的惊奇效果。

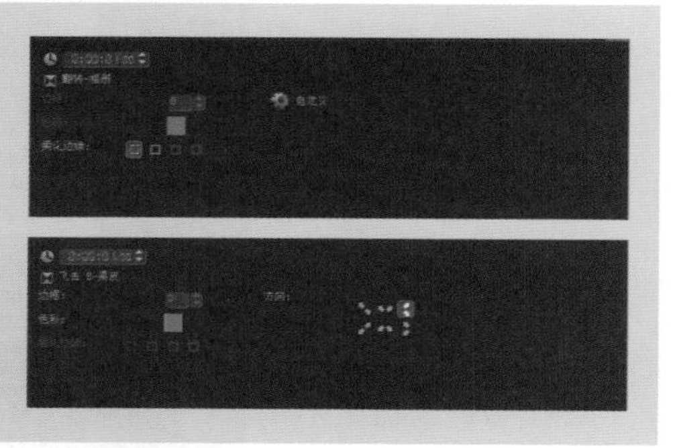

7 若要更换转场效果，先单击【转场】功能，在转场下拉式菜单中选择想要的种类，或是选择全部，一次观看所有转场效果。接着，直接将选定的转场拖曳到时间轴上，覆盖原本的转场即可。

8 如果要一次替换掉所有的转场效果，而以某单一效果替换原本的效果，我们可以先指定想要的效果、再单击【转场】功能中的【对视频轨应用当前效果】。接着会声会影会出现提示窗口，询问是否真的要覆盖过原本的转场，单击【是】按钮即可。

如果没有先至步骤2的参数设置中设置转场，可以到转场菜单中，单击【应用随机效果至视频轨】，则会随机应用转场之所有的照片之间。

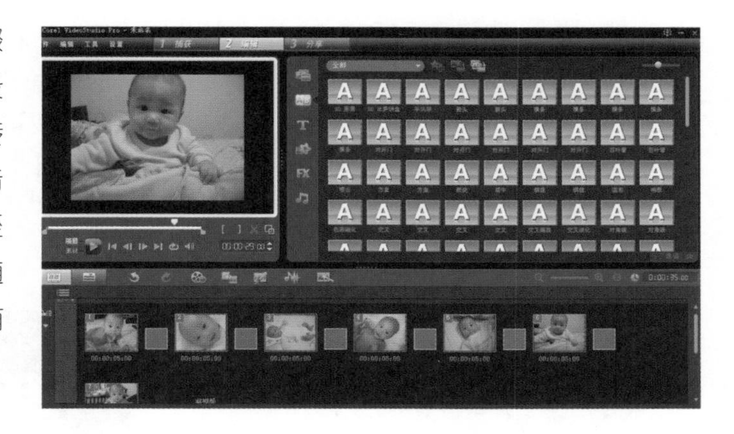

9 现在我们利用【自动摇动与缩放】功能让照片动起来。自动摇动缩放会侦测照片中的明暗与主角脸部，让动作路径符合照片重点。我们先把所有照片选择起来，单击第一张照片并按住Shift键不放，再单击最后一张照片，在所有照片上单击鼠标右键，选择【自动摇动与缩放】。（如果想要更改或自定义摇动缩放特效，请详见6-5经典镜头制作技巧。）

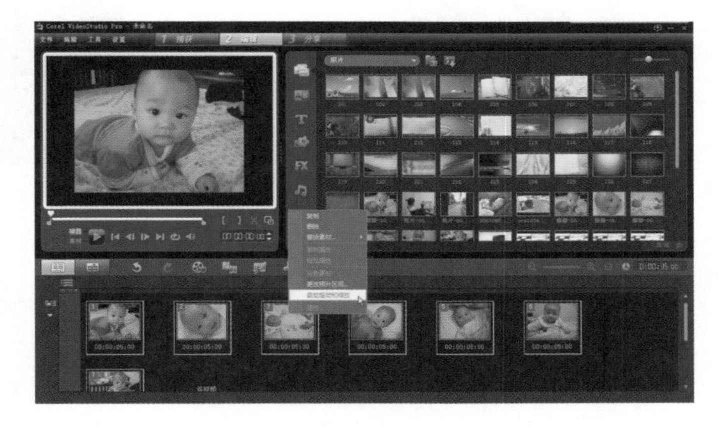

10 最后再加上一段自己喜欢的配乐与标题文字，照片投影秀就已经完成啰!

11 项目制作完毕后，如果以后还有机会再次编辑，可以利用智能包功能来将项目文件与所有素材全部包在一起，以避免时间一久，再次打开项目时素材已经不见的情况。到上方工具栏的【文件】，选择【智能包】，接着会出现询问是否要将目前项目存储为包装文件夹的提示信息，单击【是】按钮。在【浏览文件夹】窗口，选择文件的储存路径，或是单击【创建新文件夹】，添加一个新的文件夹。

注意

会声会影为节省我们的计算机硬盘空间，不会将项目中的影片或照片存储在项目中，只会存储影片与照片的储存路径。例如，项目文件会记录第一张照片是存储在桌面的照片文件夹中，第二段影片是存储在随身硬盘里等。所以如果把项目文件拿到别台计算机制作、或是更改了素材文件名，再打开该项目文件时，会声会影就会提示，找不到原始素材，请我们重新链接。为了避免重新链接或找不到文件的路径，我们可以更多地使用会声会影的【智能包】功能。

12 在智能包窗口中，确认保存的【文件夹路径】、【项目文件夹】与【项目文件名】，单击【确定】按钮。

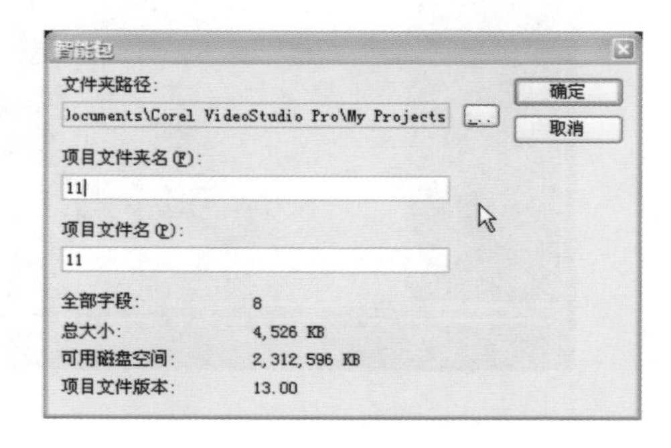

13 保存完毕的包装文件夹内含项目中的所有照片与音频，大小总计为**4 526KB**。而单纯的项目文件仅有**13KB**。如果我们制作的是影片项目文件，大的有几百**MB**或几百**GB**，我们就会了解为什么项目文件不保存我们使用的素材了，如果每个项目都保存几**GB**的影片，那我们的计算机空间很快就会不够用了！

注意

8 Bits=1 Byte, 1024 Byte=1 KB, 1024 KB=1 MB, 1024 MB=1 GB, 1024 GB=1 TB, 1024 TB=1 PB。

8-4 习题

选择题：

1.（　　）在会声会影中，可以将修剪完成的影片，制作成Windows屏幕保护程序。但必须先将影片输出为什么格式的视频?

A.*.WAV　　B.*.WMV

C.*.AVI　　D.*.WMA

2.（　　）想要制作能够在会声会影中的视频上呈现半透明的图案，可以在Photoimpact中绘制，然后将它保存为什么格式的图像文件?

A.*.JPG　　B.*.PNG

C.*.BMP　　D.*.TIF

3.（　　）想要让一个LOGO图像出现在影片画面上的角落时，将图像放置在时间轴的哪一条轨道上来进行编辑?

A.覆叠轨　　B.视频轨

C.标题轨　　D.声音轨

4.（　　）要让一个图像放在视频上能呈现一种半透明的感觉，使用哪一个功能来做调整?

A.色彩校正　　B.自动调整色调

C.饱和度　　D.遮罩和色度键

5.（　　）下列哪一个不是在会声会影中可以选择覆叠轨上的素材进入画面的方式?

A.从左方进入　　B.从左上进入

C.从中间淡入　　D.以上皆可

6.（　　）在NewBlue画中画的滤镜设置窗口中，可以任意调整下列哪个控件项目？

A.边框　　B.反射

C.旋转　　D.以上皆可

7.（　　）在NewBlue画中画的滤镜设置中，一次可以加入几个特效模板？

A.一个　　B.三个

C.四个　　D.无限制

8.（　　）会声会影中默认的照片播放区间为多久？

A.5秒　　B.1秒

C.3秒　　D.2秒

9.（　　）在会声会影中，何处可以更改每张照片默认的区间？

A.项目属性　　B.参数设置

C.素材库管理　　D.轨道管理器

10.（　　）在照片面板上的照片区间，可以输入数值来设置图像素材的播放区间。例如，希望照片在影片中持续播放6秒，则可以将时间码设为：

A.00:00:00:06　　B.00:06:00:00

C.00:00:06:00　　D.00:00:00:60

11.（　　）转场效果为场景的切换提供了创意的方式，要将转场应用到素材上，必须把转场效果拖曳到？

A.素材的前面　　B.素材的后面

C.素材之间　　D.素材上面

12.（　　）下列哪一种方式无法将转场加入至影片中？

A.将两个视频素材彼此部分重叠

B.双击素材库中的转场效果

C.将转场效果拖曳至标题轨

D.将素材库中的转场效果拖曳至两个图像素材间

13.（　　）在会声会影中，何处可以默认自动添加转场效果及转场区间？

A.项目属性　　B.参数设置

C.素材库管理　　D.轨道管理器

14.（　　）转场区间的默认为多少？

A.5秒　　B.1秒

C.3秒　　D.2秒

填空题：

1. 利用属性面板上的_______功能，可方便查看，以调整覆叠轨上的素材在画面中的位置。

2. 在NewBlue画中画设置窗口中，必须勾选______，才能够添加______，来加入更多动作效果。

3. 使用会声会影X3的新功能：_______，可以立即替换原本的视频或照片素材，并保持其原来的长度设置。

练习题：

1. 将图像或色彩素材的默认播放区间更改为10秒钟。

2. 利用10张照片制作投影秀，每张照片的默认播放时间为6秒钟，并自动加入2秒钟的转场效果。

3. 将一段视频加上NewBlue画中画滤镜，并将它制作成Windows屏幕保护程序。

习题解答

选择题：

1. B　2. B　3. A

4. D　5. D　6. D

7. D　8. C　9. B

10. 6　11. C　12. C

13. B　14. B

填充题：

1. 现实网格　2. 使用关键帧、关键帧　3. 替换素材

Note

第 9 章

身临其境的音效制作

9-1 替影片加上画外音及配乐

一部完整的影片，包含了图像（视频）与声音（音频）两大部分。影片的音频来源，一般在拍摄时，只有单纯从拍摄现场收进来的声音，后期制作时才会再加入其他更多的声音效果。恰到好处的画外音和音乐，不但可以帮影片营造出气氛，更有画龙点睛的效果。

配乐制作

1 将一个视频文件加入时间轴后，根据影片“剧情所需”，选择要加入的背景音乐。在会声会影X3的素材库中，有多达29首音乐及音效模板，可以在【预览窗口】中先试听，然后挑选适合的拖曳到【音乐轨】上。

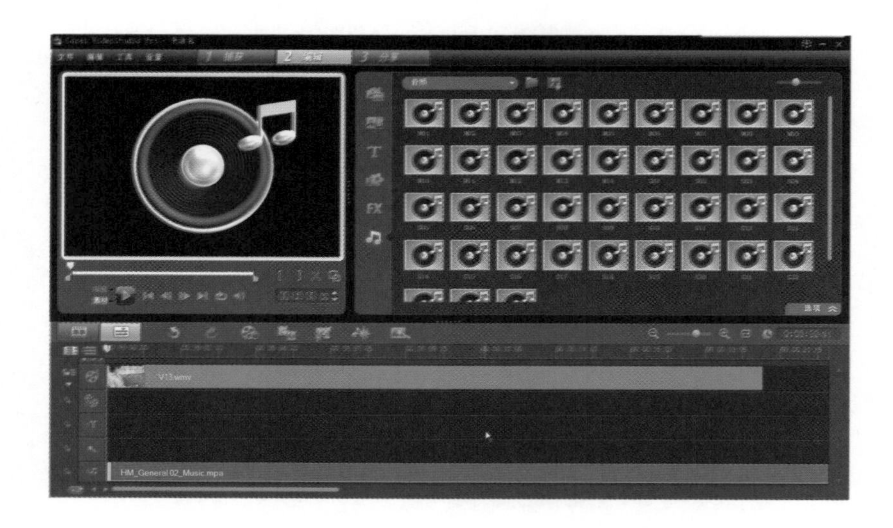

2 拖曳时间轴上的【时间指针】，找到希望影片开始播放音乐的起始点，拖曳【音频素材】到【时间指针】的位置上。

注意

【提示点】功能

有没有在图上发现【时间指针】上怎么有一个蓝色三角形控点？这是会声会影中的【提示点】功能，它是一个非常好用的剪辑辅助工具。当你觉得无法精确地将素材拖曳对准指定的位置时，它除了可以让您标注出时间点的位置之外，还会像磁铁一样“自动吸附”。

1 按下视频轨上方的【章节/提示菜单】按钮，在下拉式菜单中，勾选【提示点】来打开【提示点】功能。将鼠标移到【章节/提示点列】上，在想标记的位置处，单击就会出现一个蓝色的【提示点】，就像是拿笔在书上画记号一般。希望有提示点名称的话，可以单击【章节/提示菜单】按钮，选择【提示点管理器】。

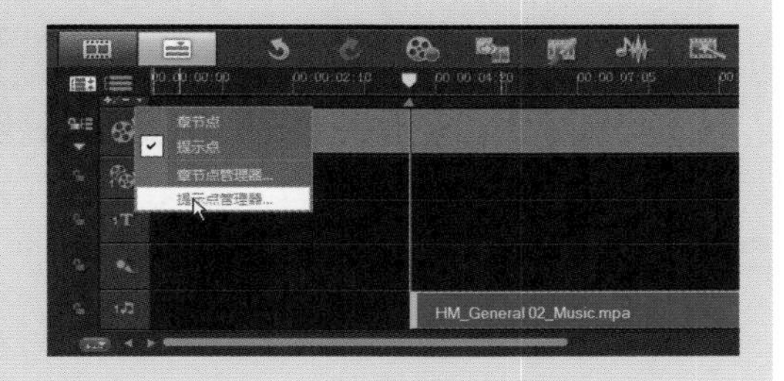

2 出现【提示点管理器】对话框后单击【添加】按钮，在【加入提示点】对话框直接输入名称及时间码，也同样可以添加一个【提示点】。

3 此时只要将素材拖曳靠近【提示点】，就会自动被吸附过去对准指定位置。要删除提示点时，直接将三角控点拖曳到【提示点列】以外的地方就可以了，或是在【提示点列】上单击鼠标右键，选择【删除所有提示点】。

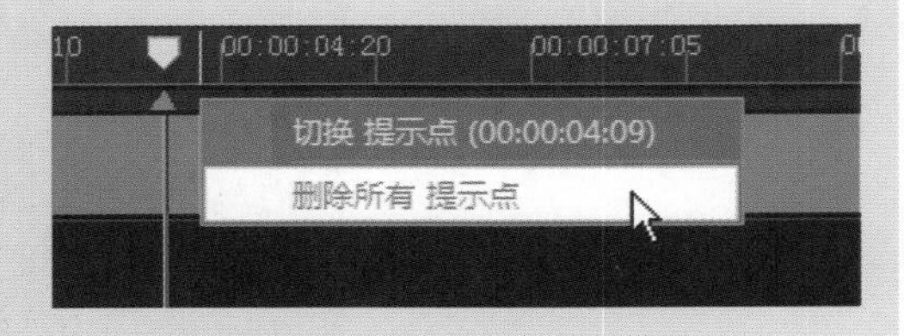

3 接着我们要让音乐跟着影片同步结束，但是音乐过长，所以必须要修剪。先单击【将项目调整到时间窗口大小】按钮，让所有素材都显示在窗口内，操作起来较为方便。接着拖曳音乐素材的黄色尾端与视频结束位置对齐。音乐过长的情况下，还可以将前奏及尾奏去除，只保留主旋律部分。

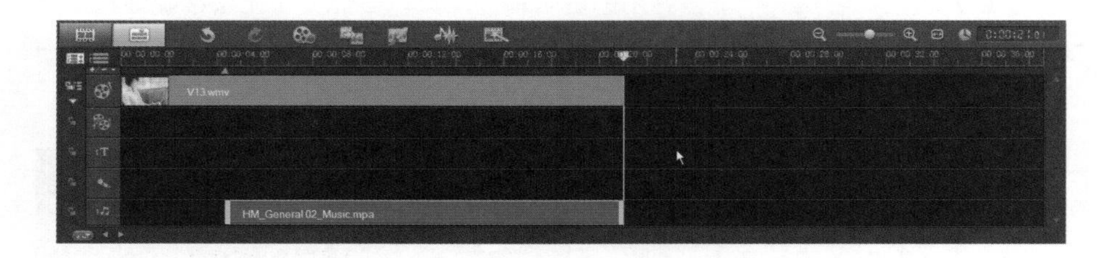

4 为了不让音乐被切断而结束得过于突然，可以在【音乐和声音面板】上单击【淡出】按钮。

注意

会声会影中可使用的音频素材还有一个来源，就是SmartSound。它和音频素材库在使用上的最大的不同是，它能够根据指定播放的长度，自动调整音乐的小节数，保持音乐的流畅度和完整性，就像是为影片量身定做的一样，是一个真的很“Smart”的工具。

5 如果希望将CD中的音乐放入影片中的话，可以直接在【时间轴】上单击鼠标右键，然后选择【插入音频】，一般音乐

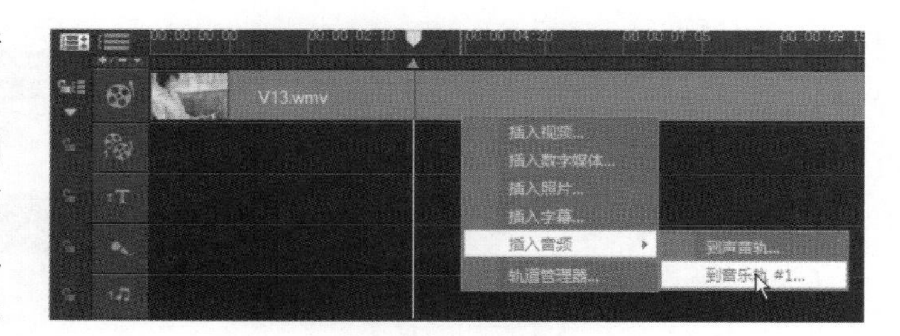

CD的*.cda文件，在导入时会出现转换文件窗口。（CD音乐的使用，请注意其相关的著作权法。）

6 完成之后，在音频素材上单击鼠标右键，选择【属性】。

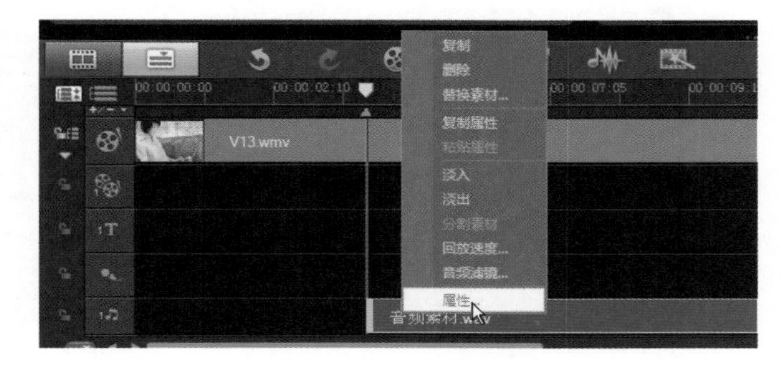

7 打开后会看到音乐被转成WAV格式，保存在会声会影的工作文件夹中，并自动被命名，无法显示出真正的曲名。

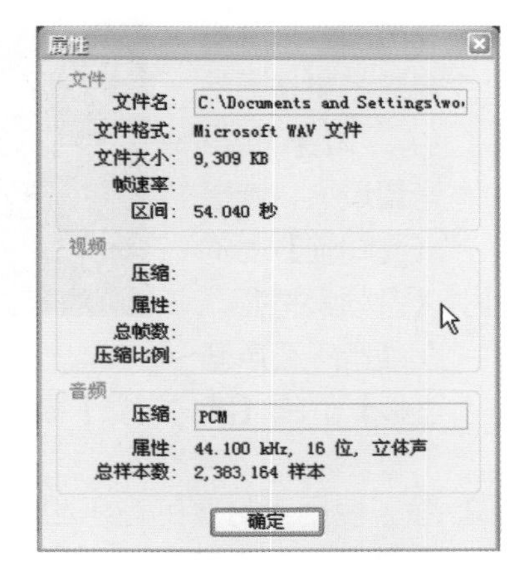

8 利用会声会影的【从音频CD导入】功能，就能取得CD音乐的相关信息，并且给音乐正确命名。由于此功能是利用网络联机到一个在线的“光盘资料数据库”取得数据，所以必须是在网络有联机的状况下才能正确显示音乐信息。单击【音乐和声音】面板上的【从音频CD导入】，程序就开始联机到数据库。

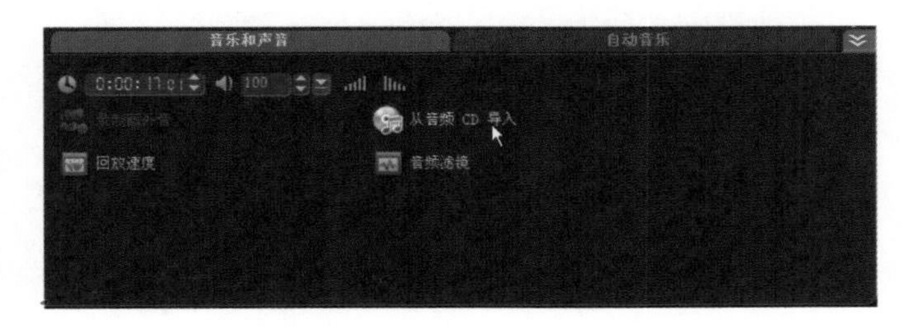

9 出现【转存CD音频】窗口后，在上面可以看到完整的CD信息，勾选想要的音乐，指定【输出文件夹】位置，创建【文件命名规则】，然后单击【转存】按钮，完成后音乐就会加到素材库中。若勾选【转存后加到项目】，完成后音乐会同时加到音乐轨上。

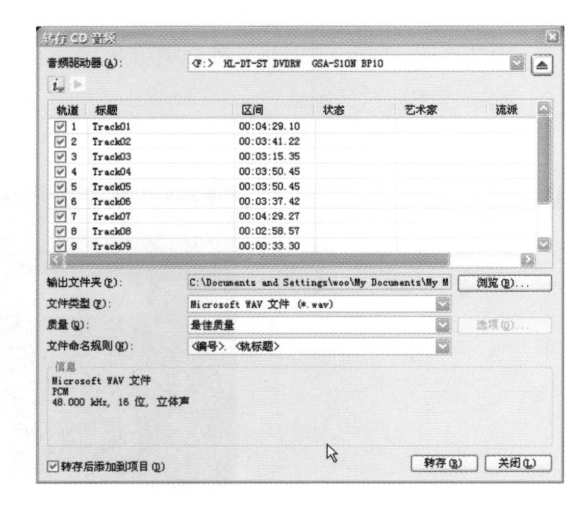

10 播放项目来查看音乐音量是否恰当，如果觉得音量过大，选择【时间轴】上的【音频素材】，在【音乐和声音面板】上的【素材音量】做调整。

11 除了使用素材库的音乐和CD音乐之外，会声会影还支持其他多种音频文件格式（如图标）的加载。同样可以在【时间轴】上单击鼠标右键，然后选择【插入音频】的方式导入音乐。

录制画外音

1 在进行录音之前，必须先确定计算机中的录音及麦克风设置是否已正确打开。双击计算机右下角的【喇叭】。

2 确认【麦克风】为打开状态，如果在静音处打着勾就请把它取消掉。

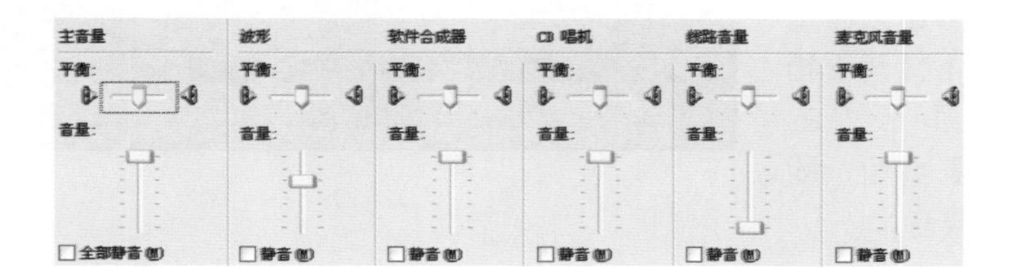

3 接着进入会声会影，将【时间指针】移到想加入画外音的位置，单击【时间轴】上的【声音轨】，然后单击【音乐和声音面板】上的【录制画外音】。

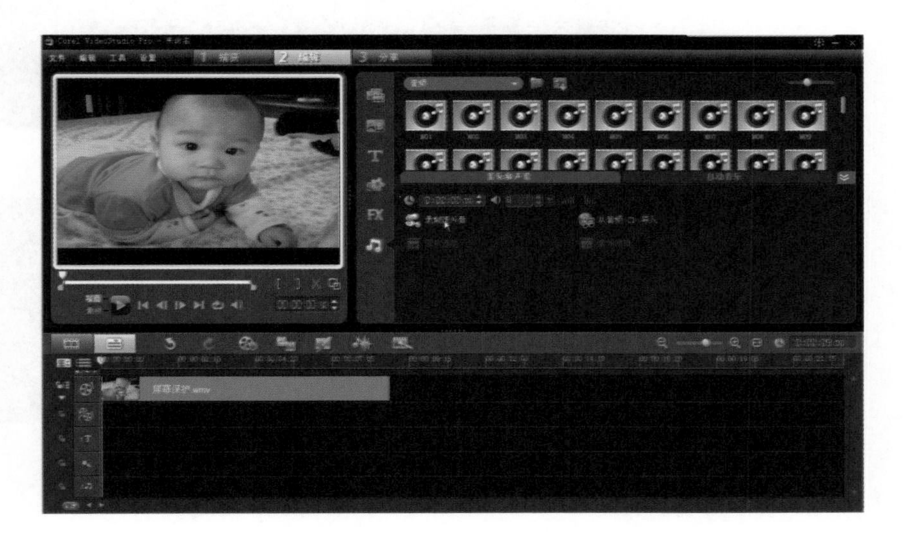

4 录音前会先做音量测试，确认后单击【开始】按钮进行录音。

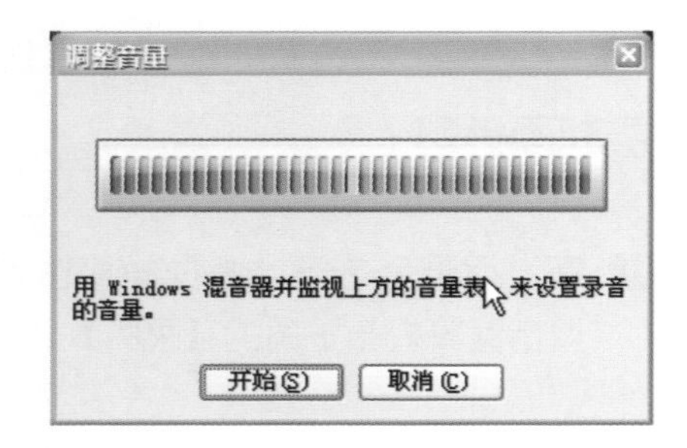

5 录音时预览窗口会同时播放影片画面，帮助您更容易进行画外音录音工作。按下【音乐和声音】面板上的【停止】按钮，即可结束录音。

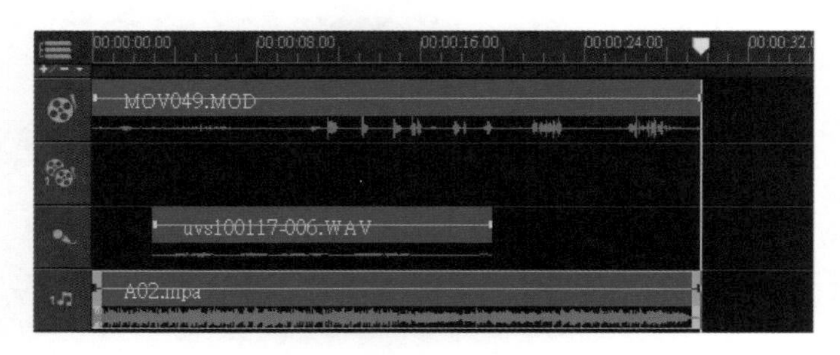

6 这时会在声音轨上看到你所录制的一段*.WAV格式的【音频文件】。这个文件会存放在预设的工作文件夹中。

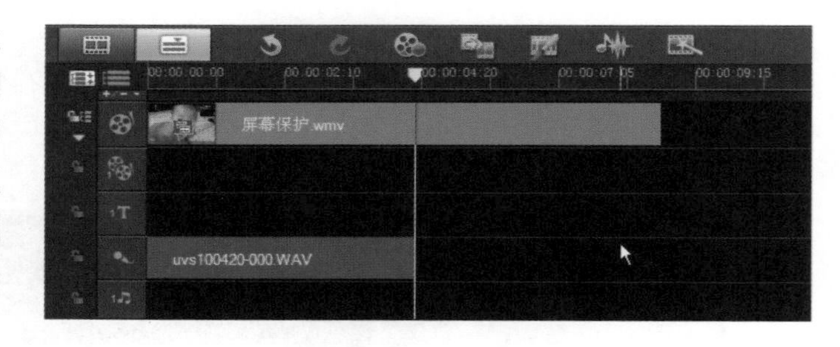

7 点一下【声音轨】上的【音频文件】，就可以在【音乐和声音】面板上看到它的时间长度，并且可以调整【音量】及设置【淡入】、【淡出】效果，或是加入【音频滤镜】，让声音产生更多变化。

9-2 在影片中呈现完美的音效

影片中的旁白、配乐、音效等各种声音来源，需要经过适当的配置，才能让其互相完美地搭配。在会声会影中的音频视图模式下，能进一步做到更精确、轻松的调整和处理，使影片的声音表现晋升到专业水平。

1 单击时间轴上方的【音频视图】，【时间轴】上有声音的素材，在轨道上都会显示出一条黄色的“音量基线”，以及灰色的“声音波形”。

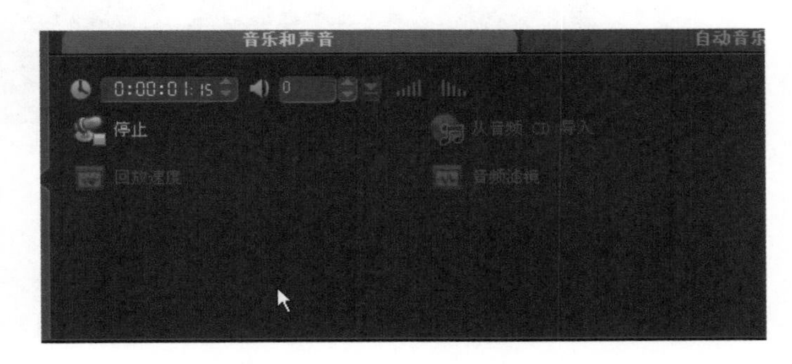

2 单击任一轨的素材，在【属性】面板上的【素材音量】处，可以针对单一素材做整体音量的调整。调整过后，会在素材上出现另一条绿色的线。

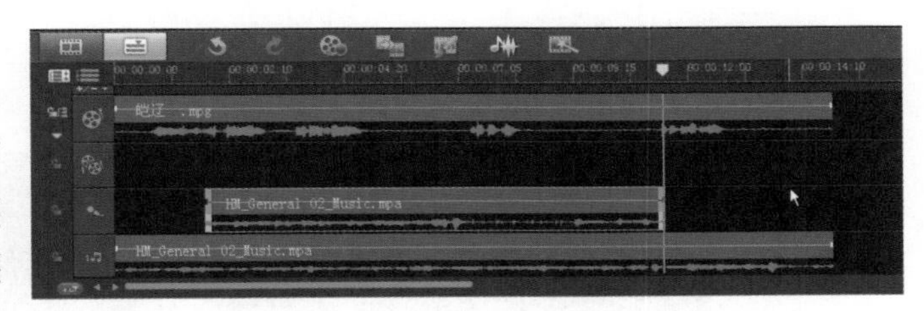

3 影片中的这3个音频来源，除了影片原本的声音，还包括所录制的旁白及背景音乐。现在我们要进行这3种声音的配置。在【环绕混音】面板上，一共显示了4种可以调整音量的轨道，就是【视频】、【覆叠】（6条）、【声音】和【音乐】（3条）。单击旁边的【播放/停止预览】时，可以播放或停止该轨的声音。在右边的音响配置图标上，因为是【立体声】的表现，可以移动中间的【控制点】，选择声音落在左声道或是右声道。通常都是让它在中间的位置。

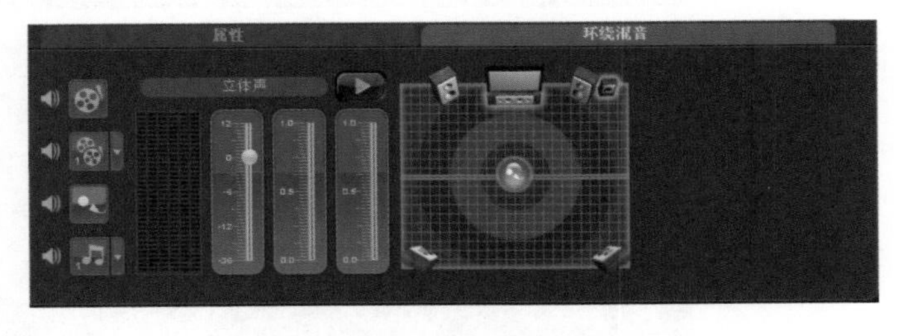

注意

或许你会觉得奇怪，为何只出现一根【音量滑杆】？其实另外两个必须是在5.1环绕声道开启的模式下才能使用。

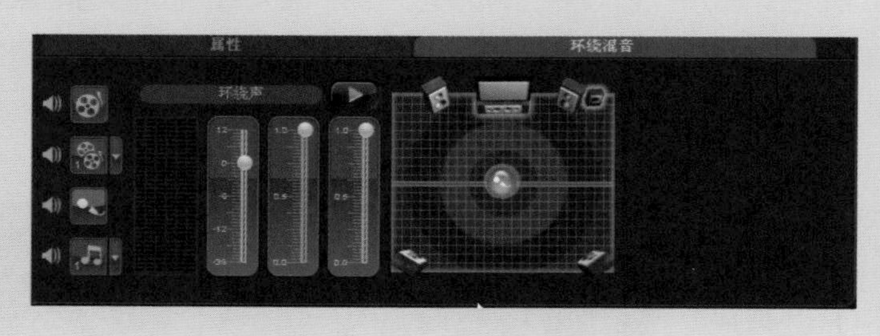

4 一般而言，调整音量时，是以视频轨上的素材为主，也就是影片本身的声音。但有时候可能在某些较安静的段落，希望能加强背景音乐来制造气氛，或者是在有旁白时，需要将背景音乐调小声。现在要调整【视频轨】的声音，让它在旁白出现时较为小声。先单击【视频轨】，调整音量时会只针对这个轨道来进行。再开启【视频轨】及【声音轨】的【喇叭】，只播放这两个轨道的声音。当然也可以开启其他的喇叭选择同时聆听其他轨道的声音。

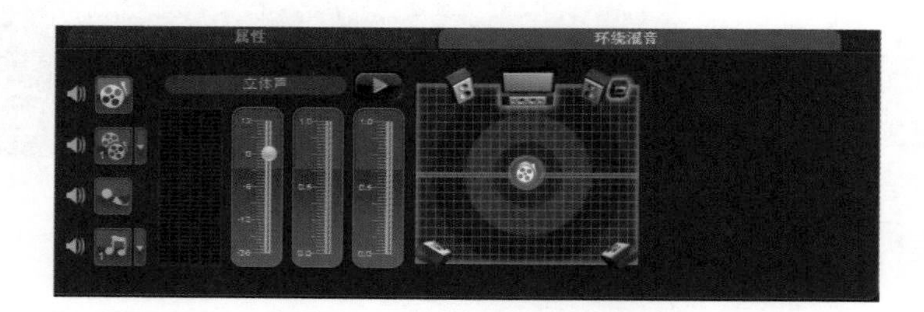

5 单击【播放键】，开始进行音量调整。注意观看【时间指针】的位置，当它移动到声音素材出现时，就将【音量滑杆】往下拖曳，降低音量；声音结束时再将它向上拉回。我们可以看到在调整过后的素材上，出现了许多节点。

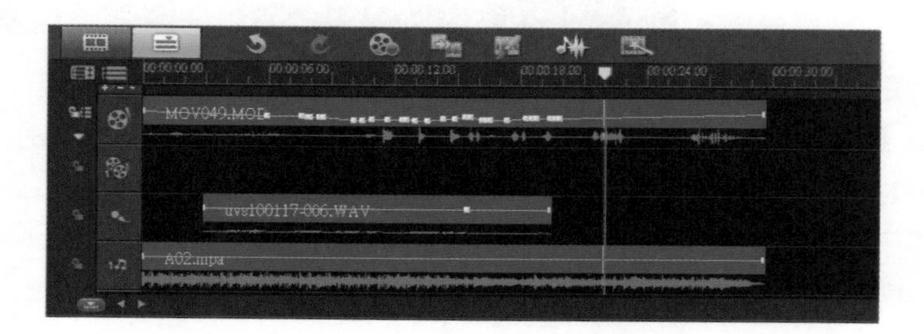

6 基本上音量的控制，就是靠这些节点。因此我们也可以直接操控节点，来调整音量。单击时间轴上的素材，【音量基线】会变成红色。

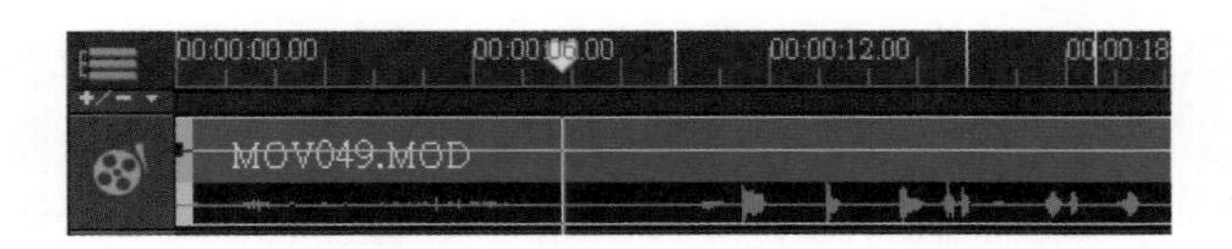

7 当鼠标指针移到红线时，就会出现一个【白箭头】，单击鼠标左键就会出现一个【节点】。

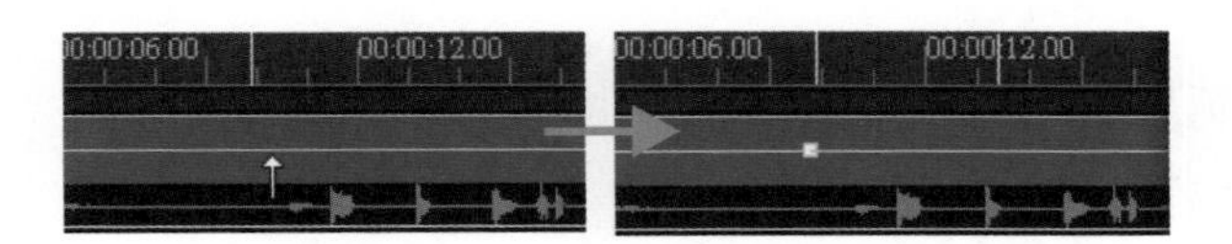

8 当鼠标指针移到【节点】上，变成“手指”时，就可以上下拖曳节点来改变音量，也可以左右拖曳移动它的位置。想要删除节点的话，把它往上或往下拖曳离开轨道即可。

9 若是有太多的节点要删除，可以直接在轨道上单击鼠标右键，选择【重置音量】，这样所有节点都会被清除。

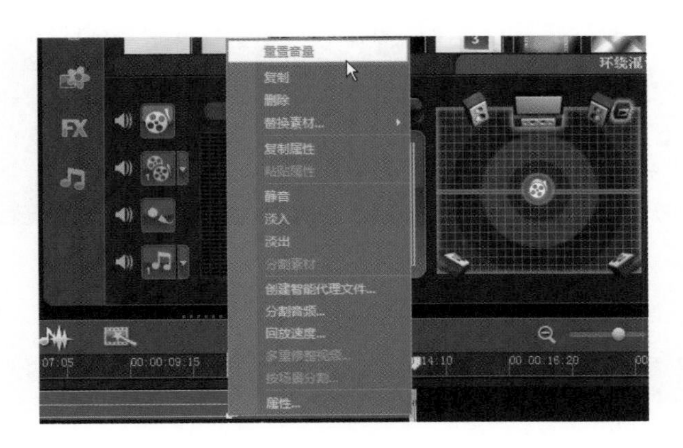

9-3 自制电影原声带——影音分离术

利用会声会影分割音频的功能，轻易就能帮您把喜欢的音乐、音效，从影片中分割出来，单独保存成一个音频文件。善用此功能，还可以帮助您收集音频素材，创建个人专属的音频素材库。不过要注意的是，请尊重他人的知识产权，千万不要触犯了著作权法喔！

原声带制作

这里要告诉你如何将喜欢的音乐从影片中分离出来，修剪过后，再录制成音频文件格式或制成音乐CD。

1 将视频素材插入时间轴，这是一段从电视上录下来的综艺节目，视频的文件格式是*.mp4。从预览窗口中可以看到影片的画质并不是很好，但是播放出来，发现它的声音质量是很清晰的。这表示我们可以取得一段不错的声音文件。

2 单击视频轨上的素材，在【视频面板】上按下【分割音频】。

注意

将鼠标移到视频轨上的素材，单击右键，也可以看到【分割音频】的选项。

3 接着时间轴上的【声音轨】就自动出现了一个音频素材。这时单击视频轨上的素材，在【视频面板】上可以发现在【素材音量】的地方，显示为【静音】。在预览窗口上面以素材模式播放，也听不到任何声音。但是不用担心实际影片的声音文件被删除或切割，这个时候再单击【视频面板】上的【静音】，播放时又可以听到【视频素材】的声音了。

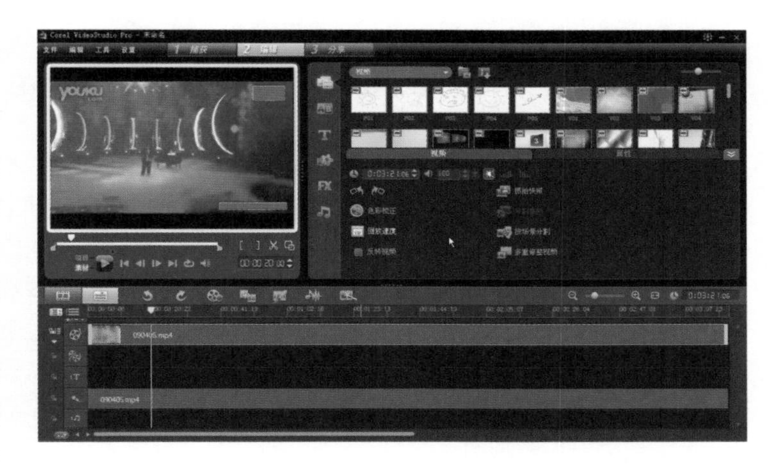

注意

分离的视频和音频如何再合并呢？在尚未进行其他动作之前，可以单击时间轴上的【复原】按钮，或者键盘上的组合键“Ctrl＋Z”。如果音频文件已被删除，如上所述，单击【视频轨】上的素材，在【视频面板】上再单击【静音】，【视频素材】就会恢复成之前影音合并的原始素材，【视频面板】上的【分割音频】功能又可以再度被单击。

4 被分割出来的音频素材和视频素材一样，也能剪辑。最快的方式就是，单击【时间轴】的音频素材，在【预览】面板上，移动【实时预

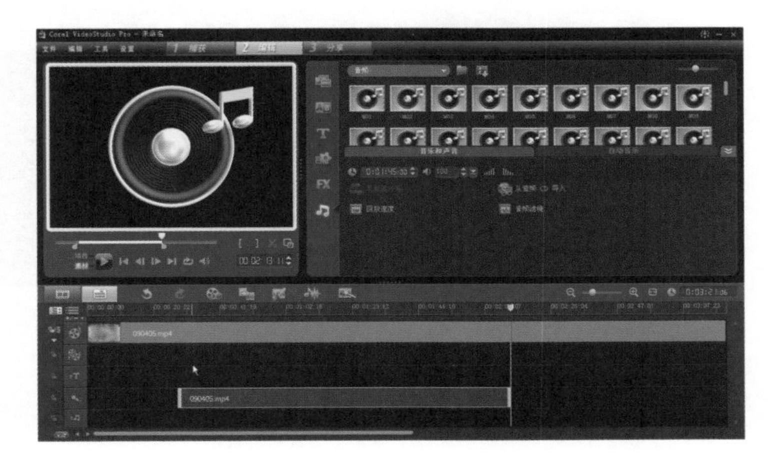

览滑杆】到修剪位置，然后用【剪刀】工具将素材分割，或是以拖曳两端【修剪控点】的方式，将素材不要的部分去头去尾，剩下中间的白色段为保留区。

5 修剪完后会看到时间轴上的素材也有所改变。与视频轨上素材剪接结果所不同的是，视频轨上素材一经修剪，即会自动往前移到时间轴上的最左端，也就是整个项目起点“00：00：00：00”的位置；但是音频轨上的素材除了长度的改变之外，却不会有任何位置的移动。因此，当我们现在要将这个剪接过后的音频素材，单独保存成音乐文件时，必须先将【视频轨】上的素材删除掉，再将【音频素材】拖曳到时间轴的最左端，也就是在时间轴上只留下一个从“00：00：00：00”开始的【音频素材】。否则，分享后播放，会发现前面、后面一大段都是没有声音的。

6 现在，切换到【分享】步骤，单击【创建声音文件】。

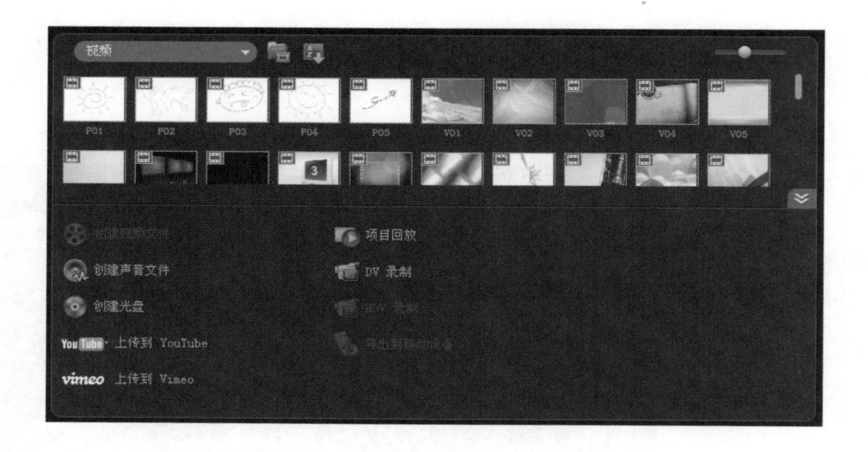

7 在跳出来的【创建声音文件】对话框中，可以看到音频文件的单元格式有哪些。若是希望获得较佳的音质，可以选择WAV文件，它是一个不压缩破坏的格式，但是要注意它的文件相对也很大。以一个30秒的文件为例，它的大小就有5.5MB。WAV的音频文件制作完成后，您就可以在计算机中利用各种软件来播放，或是再利用其他刻录软件来制作成一般的音乐CD。

音效收藏

是否常常在制作自拍的影片时，觉得缺少了一些声音特效的帮助？如果能加入一些音效，例如：打雷下雨声、车声等，应该会让影片变得更生动。在这个范例中，会告诉您如何收集影片中的音效，来丰富个人的音频素材，以便日后添加在自己的影片中。

1 从电视录制下来的一段节目里，将一段万众脚步声的声音收录起来。将视频文件插入到时间轴后，在【视频】面板上按下【分割音频】。

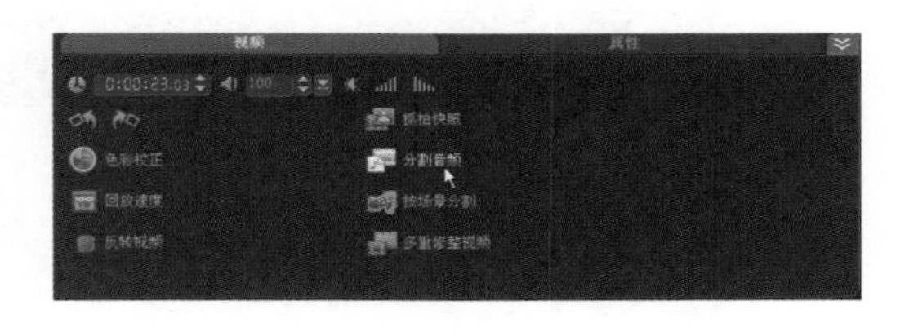

2 现在要将影片当中的一段万众脚步声音修剪出来。前一个例子中，已经示范了简单的修剪方法（步骤4），但是这两个方式，比较适合于粗略的修剪，或是清楚所要保留段落的起始、结束时间位置时使用。不然的话，我们还得靠纸笔，边看边记下时间点。在这里提供一些音频剪辑的技巧，让您可以准确地修剪出需要的声音。视频的修剪可以靠预览屏幕边看边剪，但是音效要单独靠边听边剪，却有些困难。还记得本书前面所提过的【章节点列】工具吗？在这里它可以代替纸笔，帮你记住时间点。首先在预览窗口播放项目，用画面来帮助寻找声音的时间点。

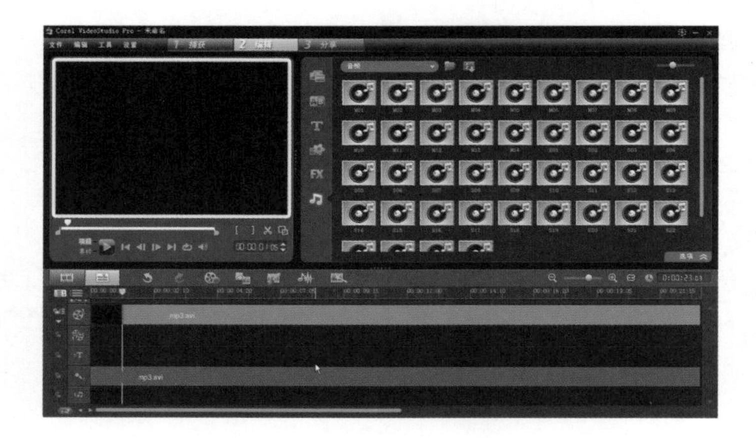

3 听到音效声音时立刻单击暂停键，就可以将鼠标移到【章节点列】上，时间指针停留的位置处，单击来产生一个【章节点】。

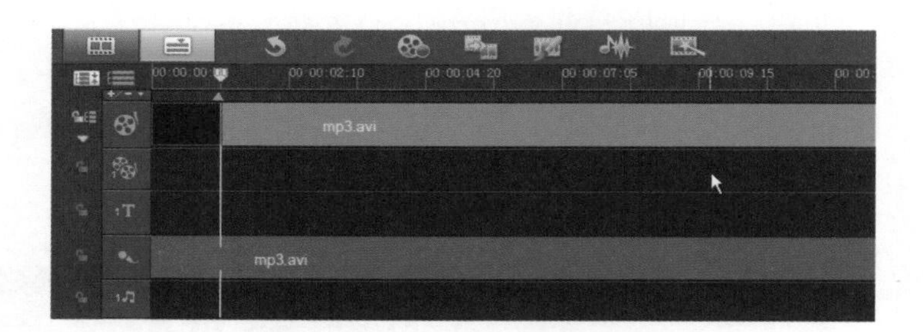

4 如果单击暂停的时间点不够准确，可以拖曳【时间指针】，或是用预览面板上的【上一帧】、【下一帧】按钮来看画面找到声音出现的时间点。然后再添加一个【章节点】。

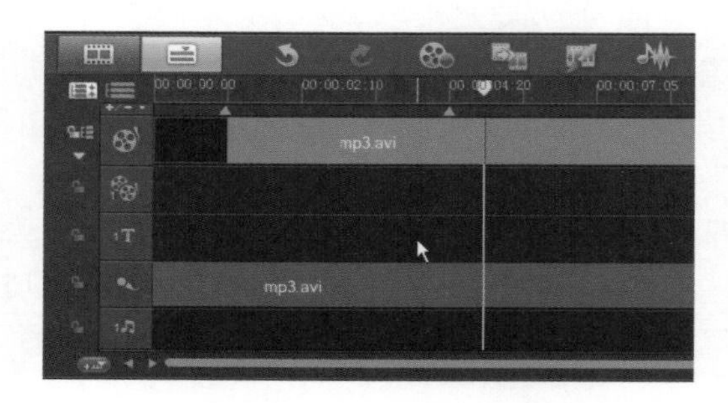

5 将不要的【章节点】拖曳到【章节点列】以外的地方放掉，就可删除。同样的方法，标出声音结束的时间点。标记完成后单击【时间轴】上的音频素材，因为刚刚才标记好声音结束的时间点，所以预览窗口上的【实时预览滑杆】就是停留在结束时间点，可以看一下【时间指针】是否在【章节点】的位置来确定。如果确认无误，可以立刻单击【标记结束时间】（F4）来去片尾。

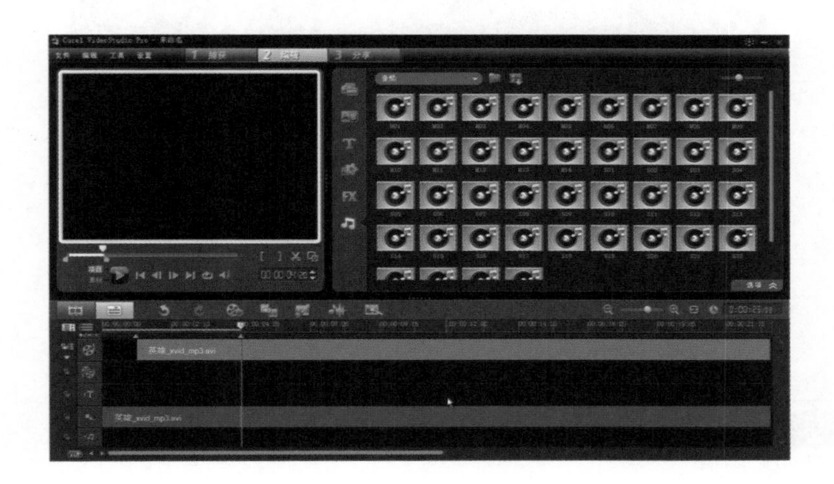

6 接着将鼠标移到第一个【章节点】，就会显示时间码的信息，那就可以立刻在预览面板上也设置同样的时间码，然后单击【标记开始时间】（F4）来去片头。这样的方式就能让您精准地修剪出想保留的声音。

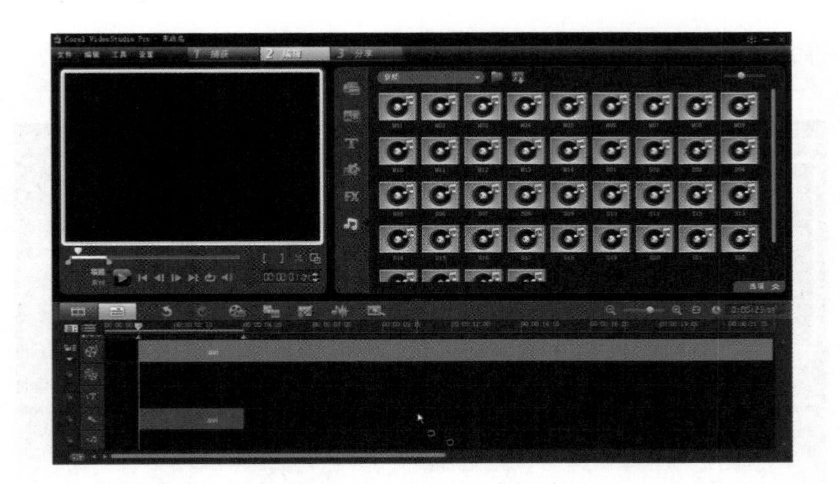

7 参考前一个范例，修剪完成的音频素材后，切换到【分享】步骤，单击【创建声音文件】。创建好之后，会自动在素材库中出现，利用【素材库管理器】，您就可以拥有自己的音效素材库了。

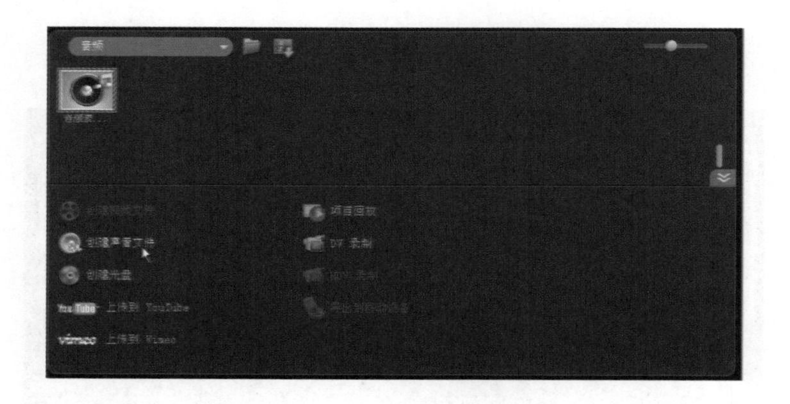

9-4 如何使用音频滤镜

会声会影提供了多种的音频滤镜让您的音乐或配音变化多端。这些音频滤镜不但可以帮您解决影片里存在的杂音，更可以让原本简单的配乐产生各式效果，增添许多趣味。

1 将一段影片加入视频轨，在影片上单击鼠标右键，选择【分割音频】。

2 这时在【声音轨】上就会出现从影片中被分离出来的声音文件。在右边的【音乐和声音】面板上，选择【音频滤镜】。

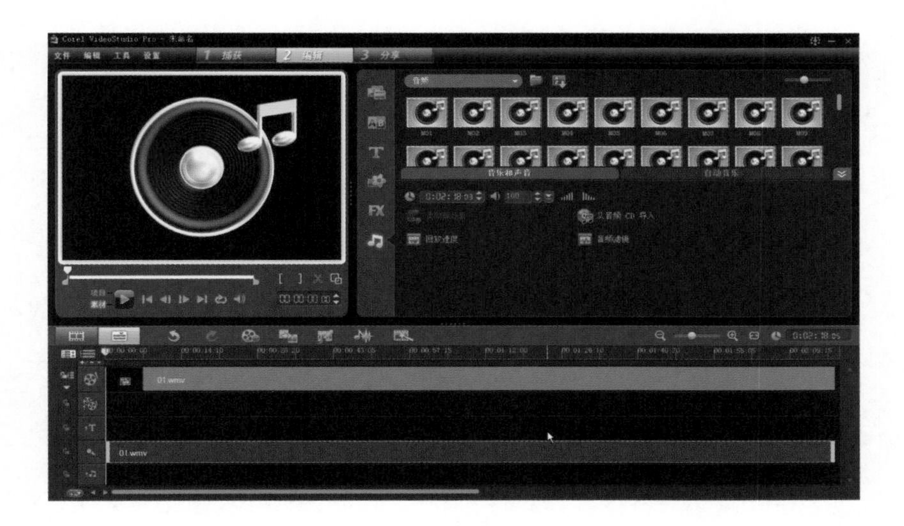

3 可以看到选单中有多达20种的音频滤镜，现在选择【音调偏移】，再单击【添加】按钮，将滤镜添加到【已用滤镜】。

4 接着单击【选项】，打开【音调偏移】对话框。这个滤镜可以将声音中的key增高或降低，数字越大，声音会越尖锐，数字越小，声音则越低沉，完成后单击【确定】按钮。让影片中的声音产生如卡通人物在说话一般有趣的变音效果。

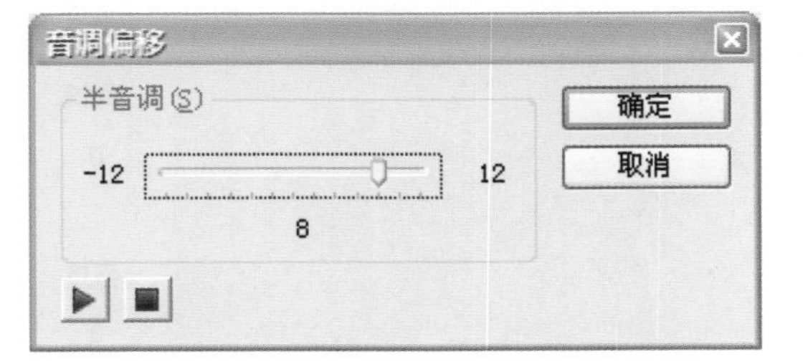

注意

以下介绍几种音频滤镜：

- 音频润饰：可以从降低噪点、压缩、亮度和环境4个项目来修饰声音效果。

- 清洁器：清除影片声音中的干扰杂音，包括降低噪点、干扰频率、干扰剪切、干扰谐波。

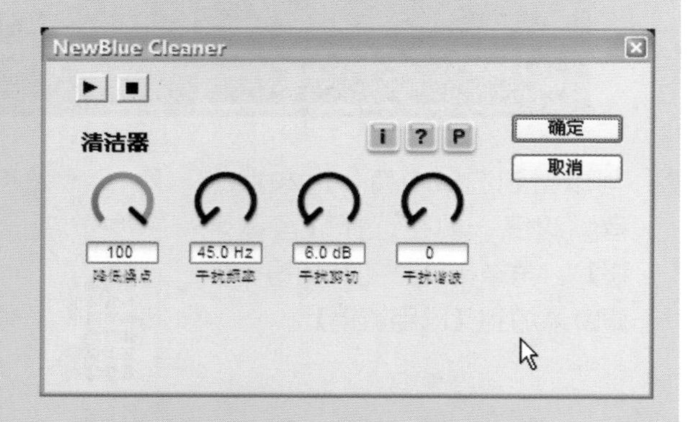

- 混响：控制音场效果。可以调整回馈值和强度值。

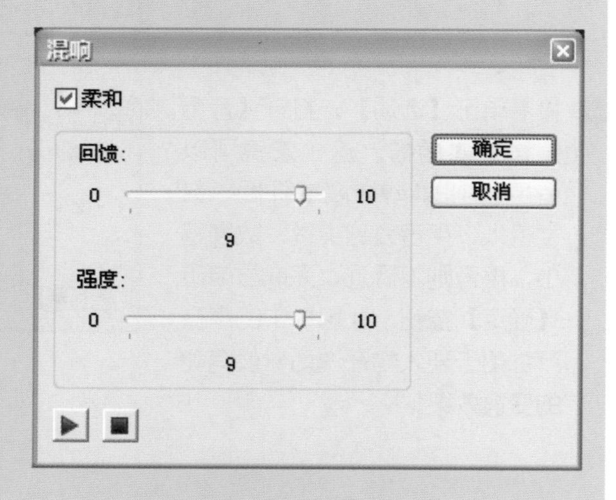

- 放大：放大音量或缩小音量的功能。可以输入1~2000之间的数值。默认值100表示正常的音量，大于100表示放大音量，小于100表示缩小音量。

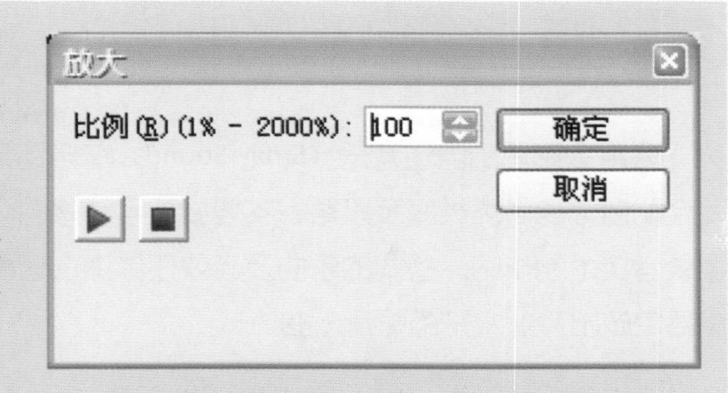

- 回声：表现回音效果的一种方式。

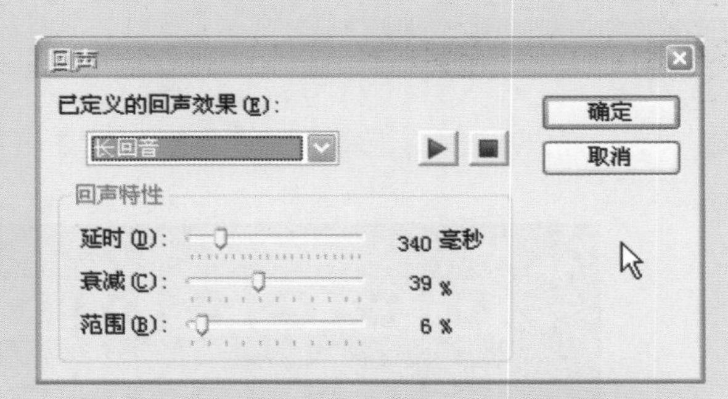

- 音量级别：可以调整音量大小，默认值为6db，可以调整的范围是0~12db。

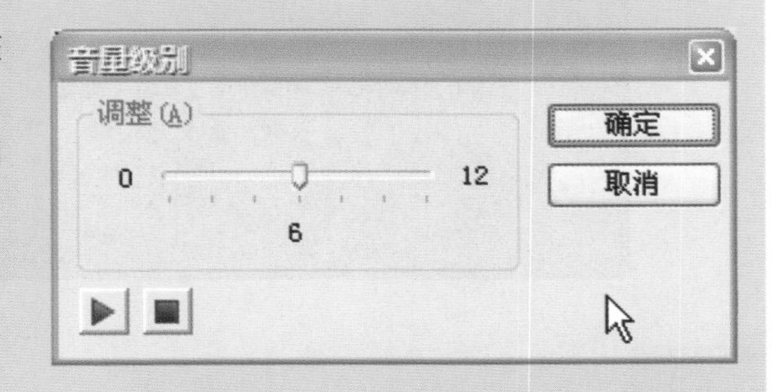

- 删除噪声：有些音频带有噪声，可以利用这个滤镜删除噪声。默认值为10%，可以调整的范围为1%~100%。

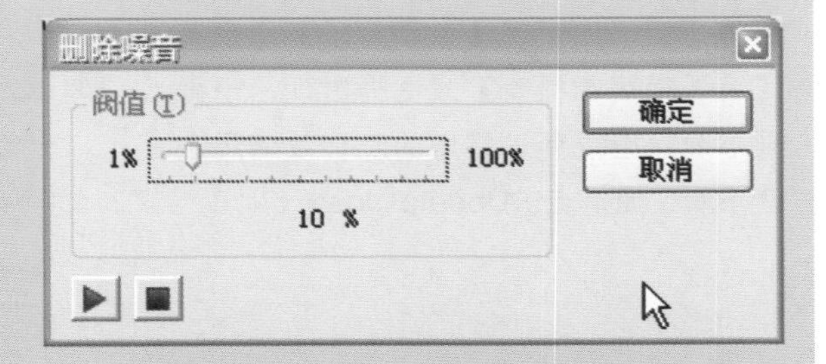

- 等量化：将音频中的爆音压低到标准的音量。
- 体育场：应用此滤镜让声音听起来具有音频折射的仿真剧场效果。

9-5 自动音乐的运用

会声会影里的自动音乐（SmartSound）能自动帮影片产生完美的配音，它可以完全配合你的影片长度及段落，不需要再手动修剪，而且所有文件都是以专业的数字录音技术制作的。各式的乐曲及音效任你挑选搭配，以最简单的方式替你的影片量身定做出专业水平的配音乐曲。

用自动音乐制作背景音乐

1 将影片插入视频轨，选择素材库中的【音频】卷标，切换到【自动音乐】面板。

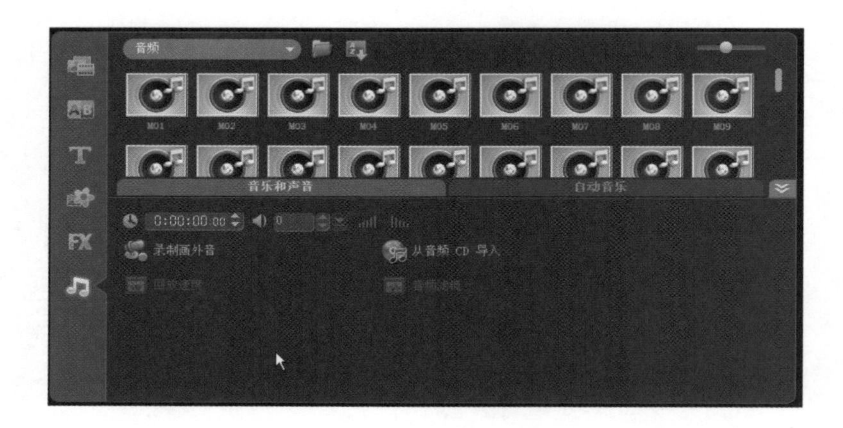

注意

若你是第一次使用【自动音乐】，会有【音乐库更新检查】对话框出现，记得要下载这些更新，将乐曲及音效增添进音乐库（图中点击Update Now）。

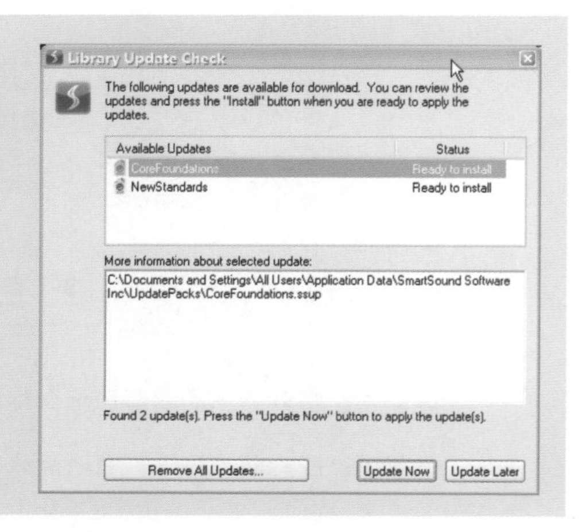

2 【自动音乐】里有非常丰富的乐曲素材。为了更方便做选择，可以根据你设置的条件，利用【滤镜】以及【子滤镜】先将选择范围缩小，那就很容易挑选到一首你想要的音乐。在【滤镜】的下拉选单中，可以从样式、乐器、节拍、强度等条件将数据库的乐曲分类。例如我们以【样式】来分类，那么在【子滤镜】中就可以选择想要的音乐类型，如古典、爵士、管弦乐、蓝调、乡村民谣、电子音乐、舞曲或是摇滚等。接着在【音乐】下拉选单中直接挑选适合你的影片风格的音乐。

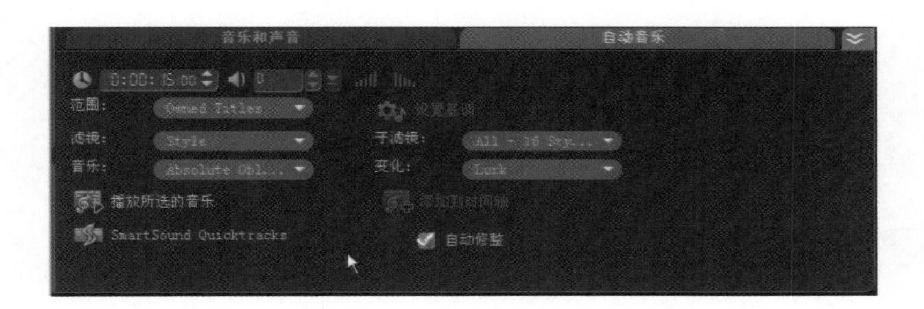

3 选好想要的乐曲之后，还可以设置【差异度】，也就是选择要应用在音乐上的乐器、节奏和情感表现。不同的配音又分成多种不同的表现方法，可依影片的需要设置。最后单击【添加到时间轴】，您所选择的音乐会自动加入到【音乐轨】。

注意

自动音乐多元风格的乐曲选择

自动音乐音乐素材库里的音乐是非常多样化且乐曲风格分类齐全，可以自由地设置出你想要的风格。在会声会影X3中，还提供了【设置基调】的新功能。在音乐列表中选择有加注“*”符号的乐曲，就可以选择【设置基调】的功能。

单击【设置基调】之后，出现【Soundtrack Player – 属性】的设置窗口，可以在【Mood】的下拉选单中选择要表现的乐器，或是直接在各个乐器旁拖曳滑杆调整。

用自动音乐自动修剪音乐

1 将实时预览滑杆拉到影片中间想加入音乐的地方，再选择【添加到时间轴】，这时音乐会从影片选定的地方加入，可以看到音乐太短，无法配合影片的长度播放完毕。

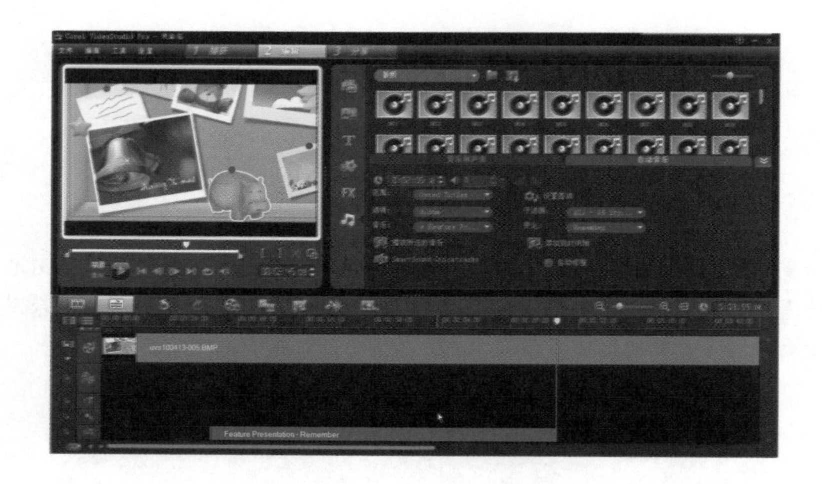

2 这次同样的将实时预览滑杆拉到影片中间想加入音乐的地方，勾选【自动修剪】，再选择【添加至时间轴】，这时音乐会从影片选定的地方加入，并自动在影片结尾处停止。由此可知，当您要让音乐配合影片长度时，记得要勾选【自动修剪】喔！

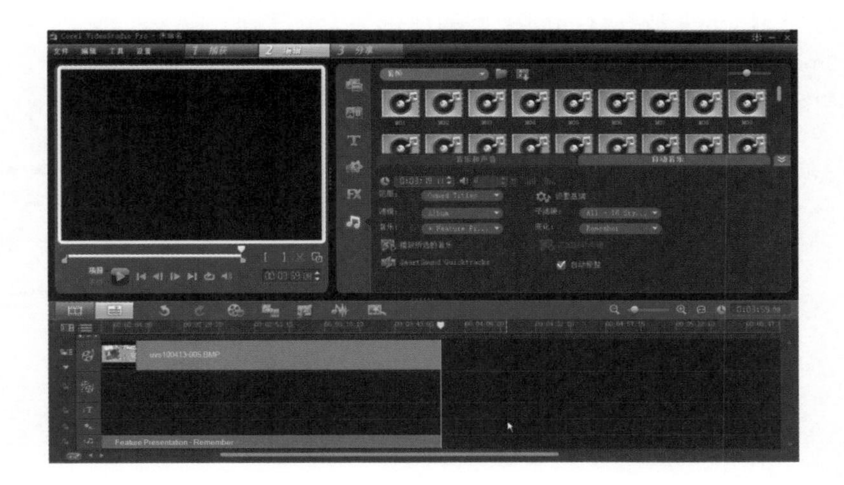

3 如果要更改音频播放长度，您可以直接在【自动音乐】面版中更改【时间长度】。

4 您也可以在音频轨中拖曳音乐左右两边的黄线。

注意

从自动音乐选择出来的音乐无法应用音乐滤镜。

5 选择【自动音乐】面版上的【SmartSound Quicktrackss】可以获得更多信息、设置及更新。

9-6 好莱坞级的声光效果——5.1声道的应用

会声会影中的Dolby® Digital 5.1杜比环绕音效，可以让您拍摄的影片也能拥有宛如置身于剧院般逼真的立体环绕音效。5.1环绕音效能忠实地呈现现场音乐，您还可以透过环绕音效混音器、变调滤镜等设置，让您的音乐呈现最完美的混音效果。

1 完成影片编辑后，将您要加入的音乐加到音频轨，并选择时间轴上方的【混音器】，就会出现环绕音效混音器的操作面板。这时可以看见影片的声音显示的是立体声。

2 至【设置】菜单处，单击【启用5.1环绕】。

3 接着出现提示告知您会清除之前编辑的工作记录，无法复原／重做，单击【确定】按钮即可。

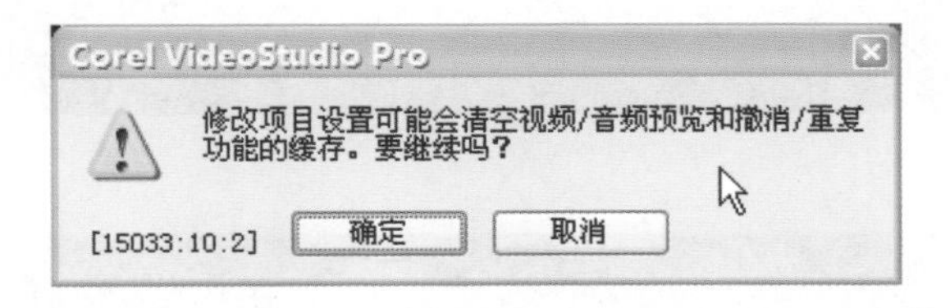

4 此时在环绕音效混音器的面板上，可以看到原来双声道的【立体声】变成了【环绕声】。我们可以针对时间轴上各个轨道的声音来进行调整，即视频轨、覆叠轨（6条）、声音轨和音乐轨（3条）。

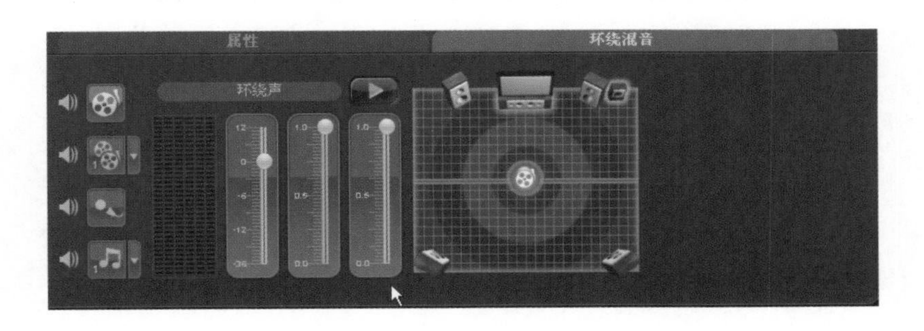

5 先选择左边您要调的轨道，例如选择音乐轨，再单击【播放】按钮，这时我们会看见声音上上下下的波动。

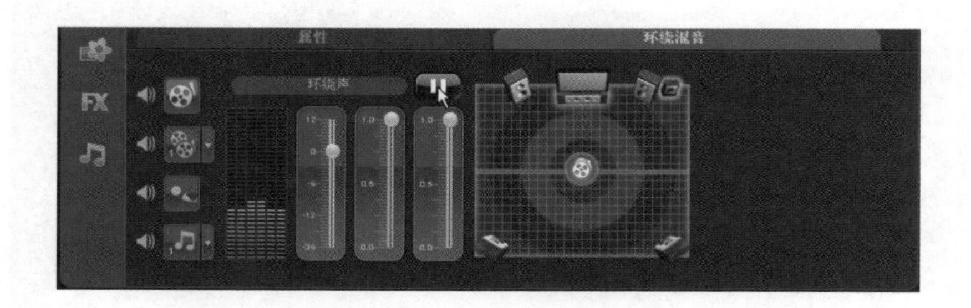

6 当您要调整环绕的效果时，请以鼠标左键按住环绕音效混音器中央的音符符号，拖曳到6个声道中的任何一个。例如下图显示将声音从左下角的喇叭传到右上角的喇叭。

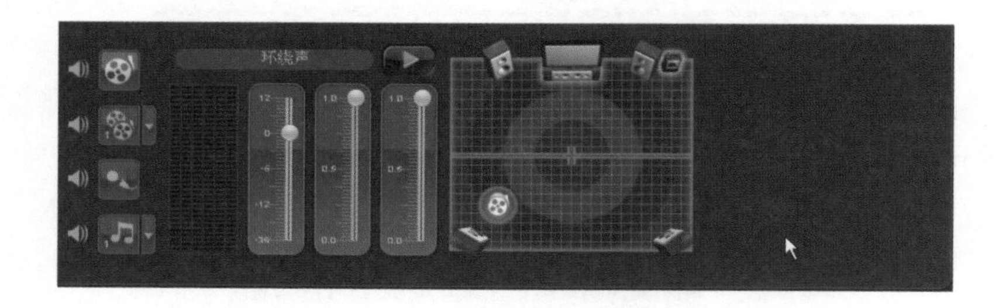

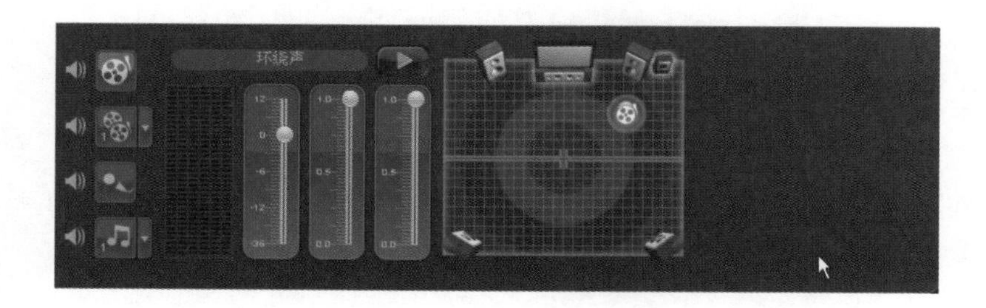

7 如果要调整音量时，面板上有3个滑杆，黑色、蓝色及紫色，分别是操控整体音量、中央喇叭及重低音喇叭。请拖曳滑杆来调整这些设置。

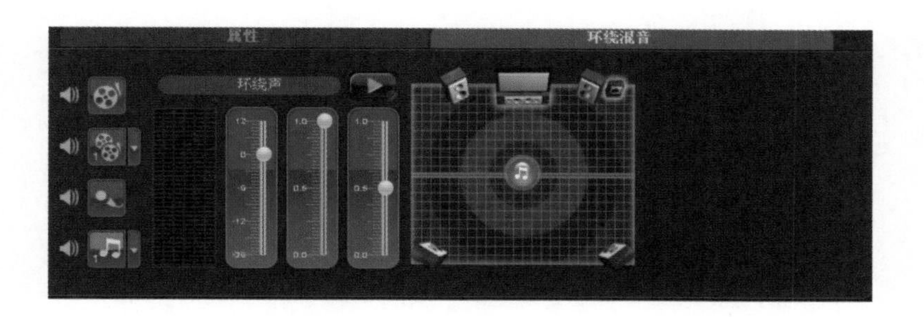

注意

【环绕混音】不像立体声串流只有两个音频声道，环绕音效将5个不同的音频声道编码到1个文件内，再提供给5个喇叭和1个重低音频率特效，它提供了更具临场感的音效。【环绕混音】拥有让声音环绕聆听者的所有控制功能，它透过多重喇叭的5.1 的组态来输出声音。

使用立体声模式时，立体声文件（两个声道）有两个波形，分别代表左声道和右声道。使用环绕音效时：

1.六声道的VU仪表：前左、前右、置中、环绕左边及环绕右边。

2.中央：控制从中央喇叭出来的输出声音的总数。

3.重低音：控制低频声音的输出量。

在设置5.1环绕音效时，您可以将其他轨道先设为停用，这样就不会被其他轨道的音乐干扰。

9-7 习题

选择题：

1. (　　) 下列哪一种方式不能将背景音乐加入到会声会影中?

A.从CD音乐导入　　B.从自动音乐选择音乐素材加入

C.选择素材库的音频素材加入　　D.从网络直接将音乐导入

2. (　　) 使用会声会影录制声音旁白时，会保存成什么格式?

A.*.WAV　　B.*.MP3

C.*.MP4　　D.*.WMA

3. (　　) 将视频素材执行分割音频时，分割出来的音频会自动被放置在哪一个轨道上?

A.标题轨　　B.覆叠轨

C.音乐轨　　D.声音轨

4. (　　) 在编辑影片时，有时需要将音频从视频中分离，然后替换原先的音频或者对音频部分做进一步的调整。可以使用下列哪个功能?

A.按场景分割　　B.分割音频

C.多重修整视频　　D.分割素材

5. (　　) 下列哪一个工具/功能无法修剪音频素材的长度?

A.剪刀　　B.分割音频

C.修剪控点　　D.标记结束时间

6. (　　) 会声会影可以捕获音乐CD光盘中的曲目成为影片背景音乐。会声会影将其转换为什么格式的音频文件保存到计算机硬盘中?

A.*.WAV　　B.*.MP3

C.*.CDA　　D.*.WMA

7.（　　）在编辑文件的过程中，时间轴上通常都有多个长度不一的各种素材。单击哪一个按钮可以快速将项目调整到时间轴窗口大小（整个项目内的素材，全部显示在时间轴窗口内）？

A. 　　B.

C.　　D.

8.（　　）在自动音乐中，我们可以选择不同的表现方式应用在同一首乐曲上。下列哪一个不能调整？

A.差异度　　B.节奏和乐器

C.情境　　D.升降音调

9.（　　）下列哪一个不是音频滤镜所提供的滤镜效果？

A.回音　　B.缩小

C.放大　　D.音量级别

10.（　　）下列哪一个声道不属于5.1环绕音效设置范围内？

A.中央　　B.环绕左

C.重低音　　D.高音

11.（　　）会声会影X3的时间轴上，一共有几条轨道可以放置音频素材？

A.二条　　B.四条

C.三条　　D.五条

12.（　　）下列哪一个不是会声会影支持的音频文件格式？

A.*.OGG　　B.*.AIF

C.*.CDA　　D.*.FLAC

13. （　　）音乐与声音面板上的 两个选项代表何种音频效果？

A.淡出/淡入　　B.淡入/淡出

C.渐强/渐弱　　D.渐弱/渐强

14. （　　）音频滤镜中能让影片中的声音产生如卡通人物在说话一般有趣效果的是哪一种滤镜？

A.共鸣　　B.长回音

C.音量偏移　　D.反射

15. （　　）下列哪一个不是会声会影支持的创建声音文件的格式？

A.*.OGG　　B.*.MP4

C.*.WMA　　D.*.MP3

16. （　　）关于提示点叙述不正确的是？

A.移动的素材会自动吸附对准提示点

B.可以精确的将素材拖曳对准指定的位置

C.可以自行编辑每一个提示点的名称

D.在提示点上单击右键，可选择删除提示点

练习题：

1. 将一段视频素材加入时间轴上，去除掉原来的背景音乐，从CD音乐将一首乐曲导入成为背景音乐。

2. 为一段视频素材配上背景音乐，并且添加淡入/淡出的效果，完成后将音乐保存在计算机硬盘中。

3. 利用一张相片做背景，用麦克风替画面制作一段声音旁白，并且应用音频滤镜使音频产生如卡通人物说话一般的高音效果。

4. 利用自动音乐，帮一段视频素材在播放5秒钟后，加入一段配合影片长度的背景音乐，并且将音乐的重低音部分调至最高。

习题解答

选择题：

1. D
2. A
3. D
4. B
5. B
6. A
7. D
8. D
9. B
10. D
11. B
12. D
13. B
14. C
15. D
16. D

Note

第 10 章

DVD影片制作秘籍（视频分享与刻录篇）

10-1 将影片回录到DV、HDV磁带中

会声会影X3一样支持将影片回录至DV或HDV磁带中，当然您必须创建相对应的DV或HDV文件才能回录。读者们可以依照以下的步骤将项目回录到DV或HDV磁带中。

1 在会声会影完成所有的编辑后到【分享】步骤，再单击【创建视频文件】。

2 在创建视频文件的窗口下单击【PAL DV（4：3）】或【PAL（16：9）】作为保存类型，4：3或16：9必须依照您的项目去做选择。HDV则选择HDV相关设定。

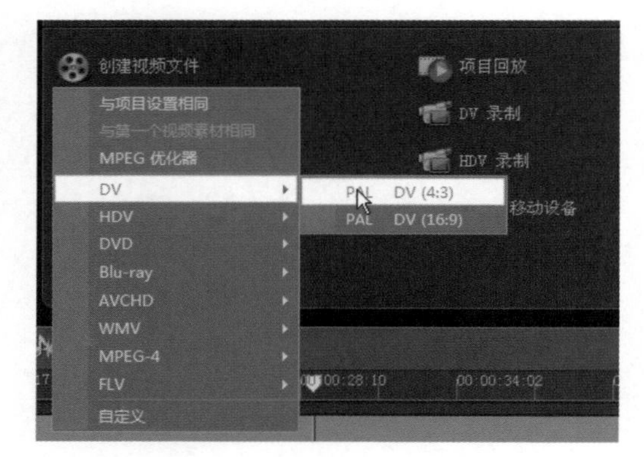

3 在创建视频文件的窗口输入您要保存的名称，单击【保存】按钮即会开始渲染。

4 当创建视频完成之后，图库中会出现您所创建的DV AV缩I略图，此时我们必须开启DV电源并切换到磁带播放模式，如VCR，接着单击【DV录制】选项准备开始录制。

5 此时您可以利用控制列预览影片，要录制素材时请单击【下一步】按钮。

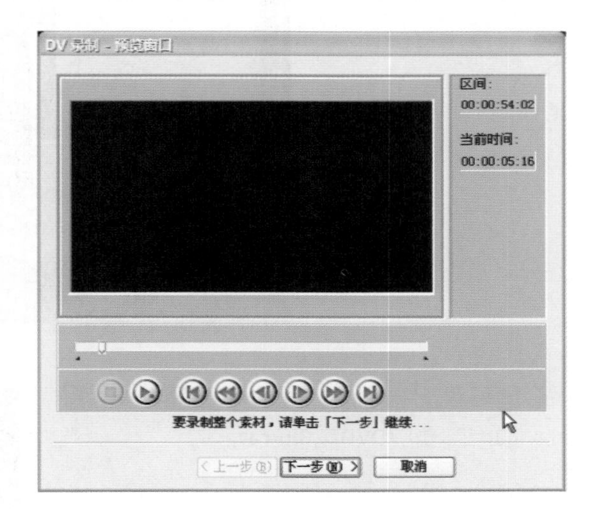

6 您可以使用设备控制列来控制您的DV到您想要录制的位置，单击【录制】按钮即可开始录制，录制结束时可单击【完成】按钮结束录制。

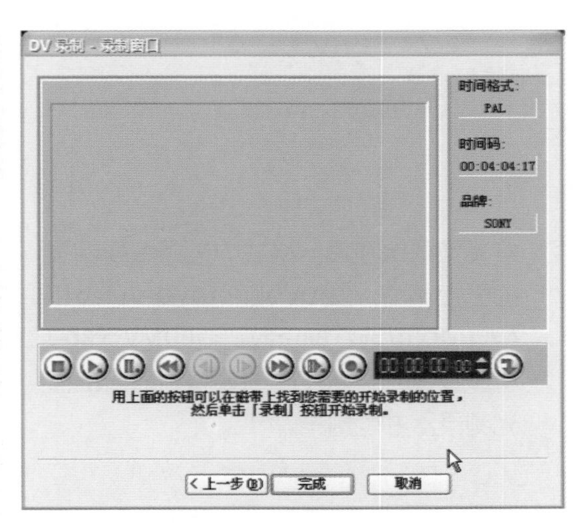

10-2 轻松制作完美DVD、Blu-ray光盘

如何轻松地把一段影片刻录成一片DVD或Blu-ray（蓝光）光盘呢？一般人都会觉得好像要经过烦杂的处理程序才能解决，但在会声会影软件中处理起来是很简单方便的。只要几个简单的步骤，就可简单地完成，以下就是简单的制作步骤。

1 项目完成时我们到【分享】步骤单击【创建光盘】按钮。

2 窗口跳出后您可以在选择光盘中设置将项目刻录成DVD或Blu-ray。

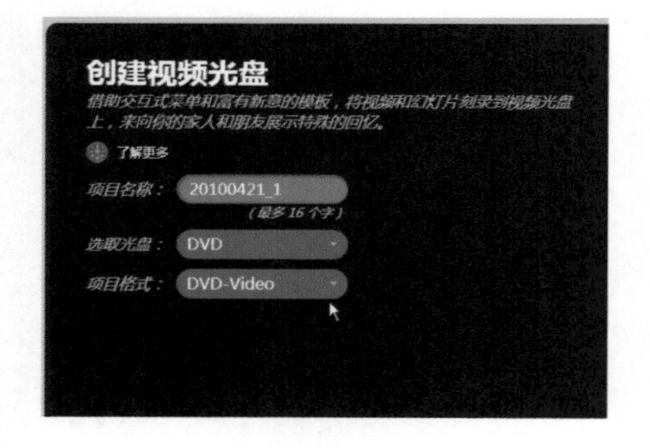

3 接着您可以在项目格式中选择您要刻录的光盘格式，如DVD则有DVD-Video和AVCHD可以选；Blu-ray则有BDMV或BD-J可以设置，当然您必须要有相对应的蓝光刻录器才能刻录。

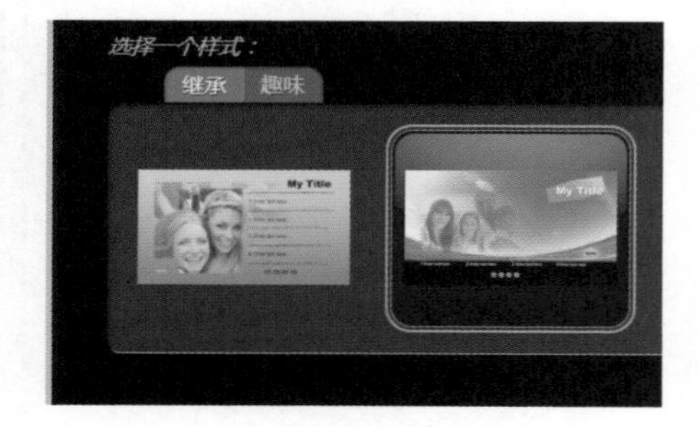

4 可在趣味及继承中选择一个您喜爱的菜单模板，选择完请单击【转到菜单编辑】。

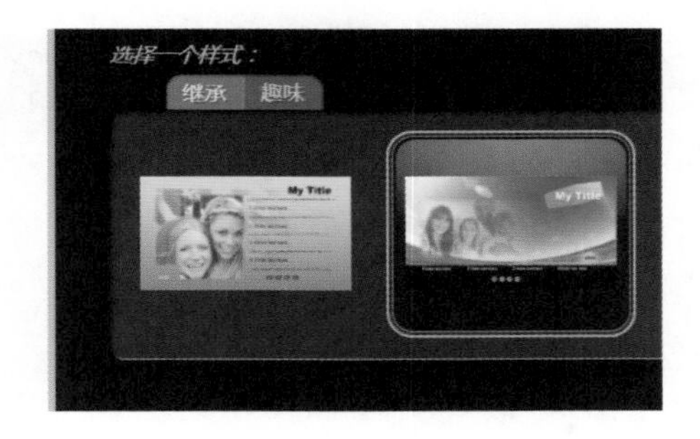

5 窗口跳出后您可以单击【添加更多媒体】按钮来添加更多的影片，加入的影片会以缩略图的方式显示在下方的工作区中。

6 接着我们可以单击【创建章节】的按钮来为该影片设置更多的章节按钮，如果不需要则跳过此步骤直接参阅步骤10。

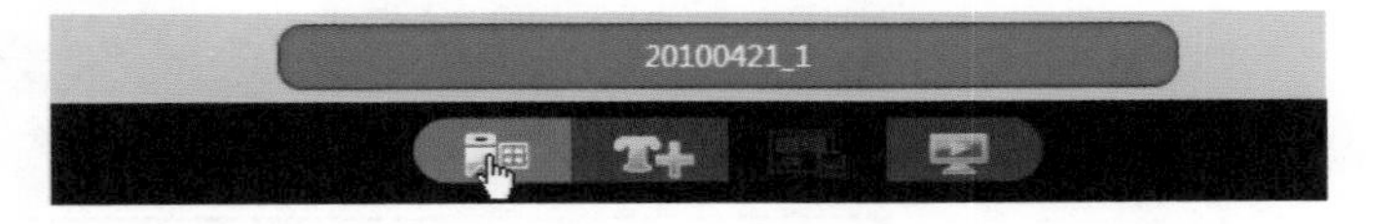

7 单击【按场景或固定间隔自动添加章节】按钮来添加章节点。

8 选择是要【按场景】或是【每隔X分钟】来添加章节点，设置完成请单击【确定】按钮。

9 单击【应用】按钮就会回到菜单设置。

10 接着在任何有文字的地方单击改变该文字的内容，除了可以改变文字的基本属性如字号等之外。您还可以利用3种控制点来改变文字的排版设置，其中黄色控制点为改变其大小；绿色是变形；粉红色则是旋转。

11 如果您还想在此菜单加入更多的文字，您可单击【在目前菜单上添加更多文字】的按钮在任何位置加入文字。

12 另外单击缩略图也可以利用3种控制点来改变缩略图的排版设置，其中黄色控制点为改变其大小；绿色是变形；粉红色则是旋转。

13 最后您还可以利用下方的【配乐】来为您的菜单选一首您喜欢的歌曲，或是将背景换成自己喜欢的图像文件等。

14 单击【装饰】您可以将一些对象加入到菜单中，此对象您可以利用图像制作软件来制作。加入后在缩略图上单击“+”号，该对象就会加入到菜单上，单击该对象就可以透过控制点改变其大小或变形。

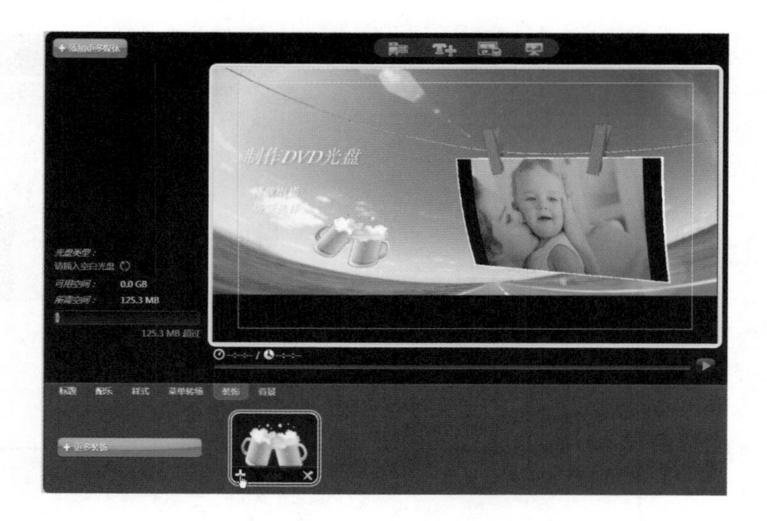

15 此外如果您有多层菜单，还可以单击【菜单转场】，为菜单设置转场效果。

16 最后我们可以单击【预览】按钮进入播放软件试播您设置好的结果，预览好之后就可以单击【刻录】按钮直接开始渲染刻录。

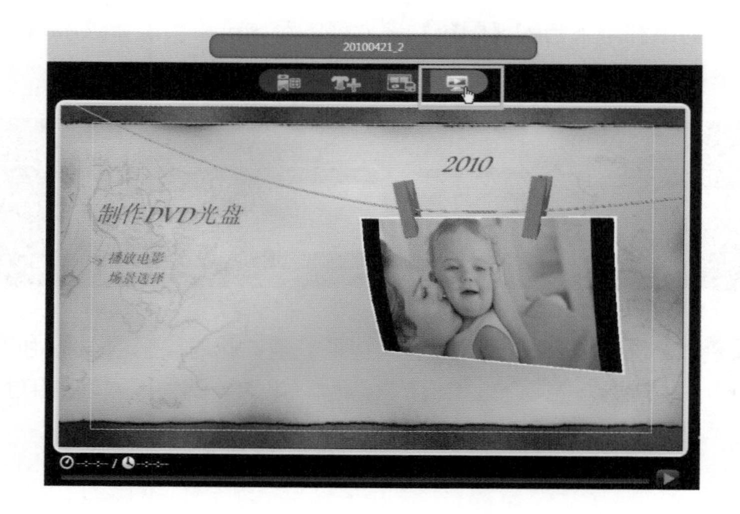

注意

如果您想要加入存在于计算机中自己的音乐、对象、图像文件等，别忘记到DVD Factory Pro 2010中的导入，将该文件夹加入到您的多媒体管理中心。

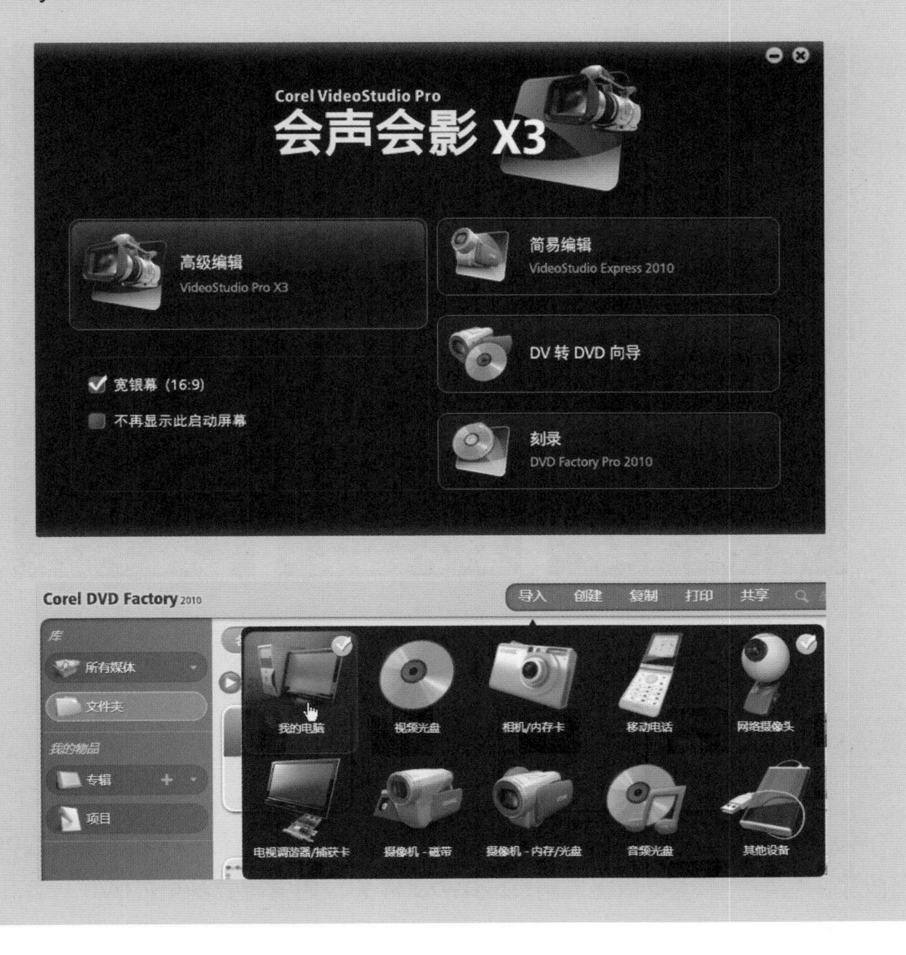

注意

您知道您还可以单击窗口最右边的设置键来做一些刻录跟播放的高级设置吗？例如需要刻录多张光盘时您可以创建DVD文件夹，或为了避免播放时声音忽大忽小，您还可以将所有素材做等量化音频的处理，这里您可以找到所有的答案。

注意

您知道您还可以在设置选项中的最后一项【标题顺序】，来设置影片播放的行为模式吗？别忘记请到这来设置一下您习惯的播放设置。

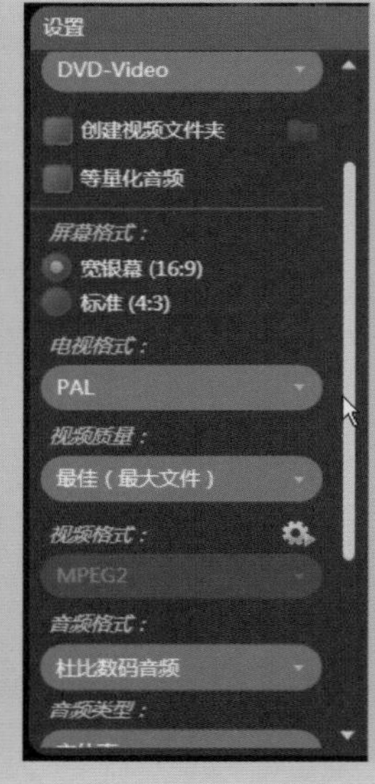

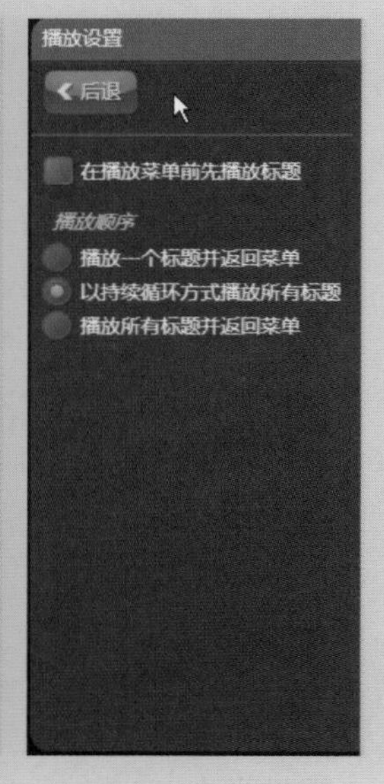

10-3 DVD文件夹的创建与刻录

很多人喜欢将DVD-Video存放在计算机中，以后想刻录时再将其还原成DVD就可以了。会声会影也支持将项目转成DVD文件夹，如果想要刻录成DVD，您可以利用NERO很简单地刻录成DVD-Video光盘。

创建DVD文件夹

读者们可以依照下列步骤在会声会影中创建您项目的DVD文件夹。

1 当您完成您的项目时，请在【分享】步骤单击【创建光盘】按钮。

2 DVD项目模板设置完成时，单击【转到菜单编辑】。

3 单击右边的设置，请勾选【创建视频文件夹】。该选项右边可以让您设置文件夹的存放位置，设置完成单击右下角【刻录】按钮，当达100%时即渲染刻录完成并同时创建一个VIDEO_TS的文件夹。

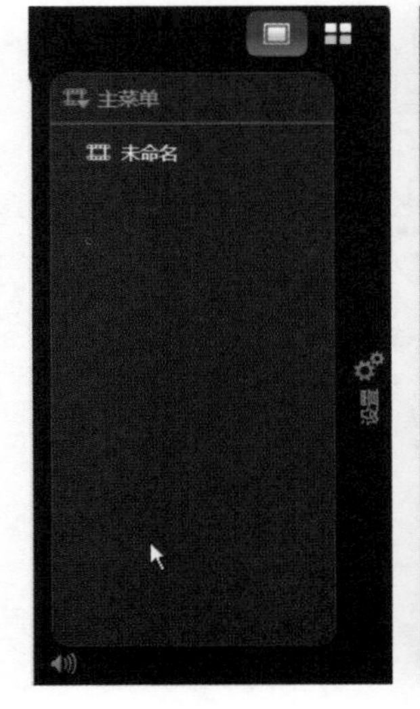

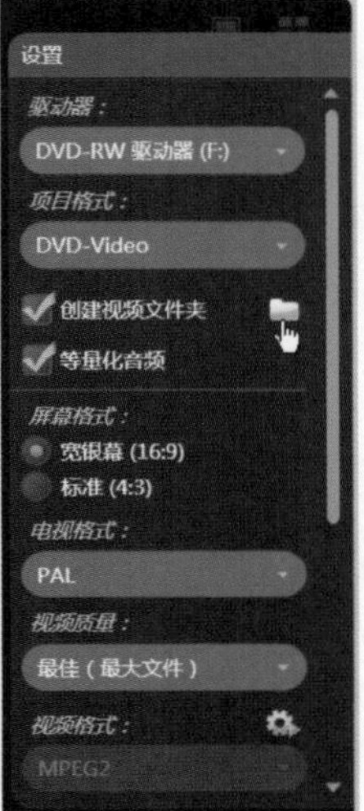

与NERO的结合

此外，在用会声会影X3刻录时所创建的DVD文件夹，可用一般市面上常见的刻录软件NERO来刻录成DVD-Video，您可依照下列步骤来完成DVD文件夹的刻录。

1 启动NERO程序，选择刻录DVD菜单下的DVD影片。

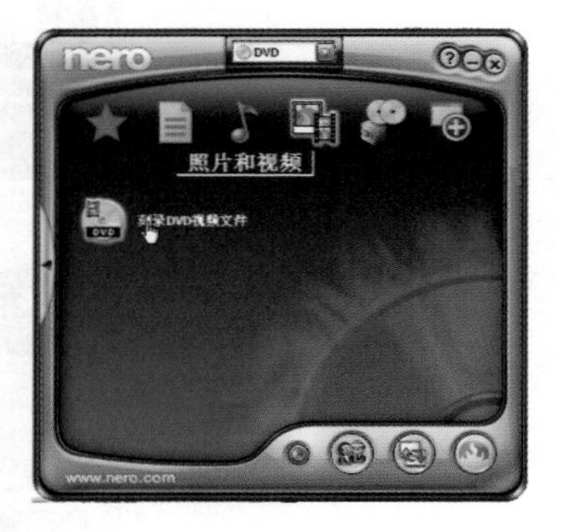

2 找到保存文件的名称底下的VIDEO_TS文件夹，拖曳至左边窗口的VIDEO_TS及AUDIO_TS上。

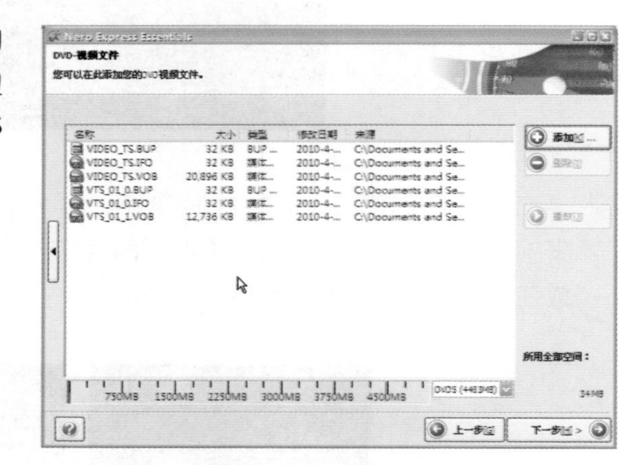

3 单击下方的【下一步】按钮后开始刻录。

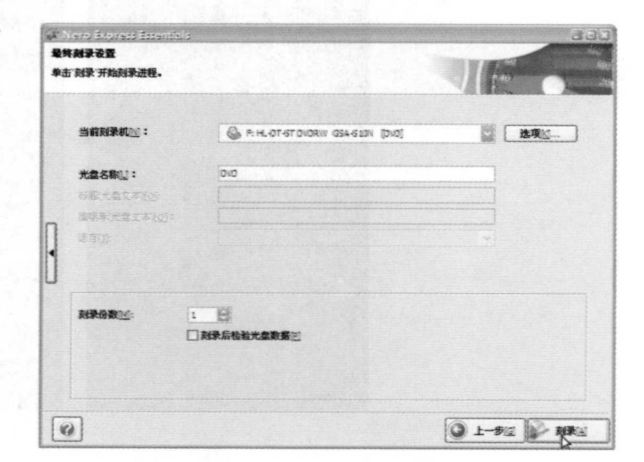

10-4 习题

选择题

1. （　　）通过IEEE1394会声会影支持将何种格式回录至相对应的磁带中？

A.DV　　B. HDV

C.以上皆可　　D.以上皆否

2. （　　）当我们在制作DVD或Blue-ray菜单时，我们可以通过控制点来改变对象或缩略图的哪一种属性？

A.大小　　B.选转

C.变形　　D.以上皆可

3. （　　）制作菜单时，在以下的何种选项中我们可以创建DVD文件夹？

A.设置　　B.创建

C.刻录　　D.复制

4. （　　）在NERO中要打开何种项目才能将VIDEO_TS文件夹刻录成DVD-Video？

A.DVD-ROM　　B.DVD影片

C.DVD复制　　D.自动白平衡

5. （　　）下列哪一种DVD类型不是预录式的？

A.DVD-Video　　B.DVD-Audio

C.DVD-Rom　　D.DVD-R

填空题

1. 单层的BD的容量为______GB。

2. BD（Blue-ray Disc）与CD及DVD光盘片都是直径______cm。

3. 蓝光是由于其采用波长______毫米的蓝色激光束作为读写和操作的媒介。

4. Full HD的分辨率为_____。

5. 一般而言可以将BD影片分成两种，一种是BDAV；另一种是_____。

6. BDMV的视频内容可以是MPEG-2，也可以是AVC（H.264/MPEG-4）或是_____。

7. _____是目前负责保护BD光盘内容的主要机制。

8. 当我们利用计算机来浏览DVD-Video盘片时，通常您会看到有两个文件夹_____与AUDIO_TS。

习题答案

选择题

1. C　　2. D　　3. A

4. B　　5. D

填充题

1. 25　　2. 12　　3. 405

4. 1920x1080　　5. BDMV　　6. VC-1

7. AACS　　8. VIDEO_TS

第 11 章

视频热门应用

11-1 分享：与家人或朋友分享您的作品

会声会影X3自身带有非常强大的分享功能，您可以在软件中直接把作品上传到YouTube，Vimeo等视频网站中以便与家人、朋友甚至世界的人分享您的作品。

但由于国内的限制，我们可能无法登录Youtube等国外视频网站。但是不用担心，我们国内也有很多类似以上两者的视频分享网站，比如优酷，土豆，56及6间房等，只是无法通过软件连接直接上传，需要手动上传而已。那么作者就以上传视频到优酷为例给大家介绍一下如何共享自己的作品。

1 在会声会影X3中制作好项目文件后我们到分享→创建视频文件处输出视频文件。读者们可以任选视频格式，高清或标清再或者是自定义都是可以的，主要是依照想要上传的网站对文件大小的规定去决定（画质越高文件就越大）。

注意

因大部分网站都支持WMV格式，所以我们就那此格式举例。

2 等视频文件渲染完成后我们就可以上传了，不过上传之前如果某些读者没有优酷账号的话需要先到优酷网中申请一个。

首先登录优酷网站www.youku.com进入首页后在页面的右侧中单击【免费注册】并进入注册页面。

接下来我们就填写邮箱地址、密码、昵称及验证码，填完后单击【完成注册】即可。

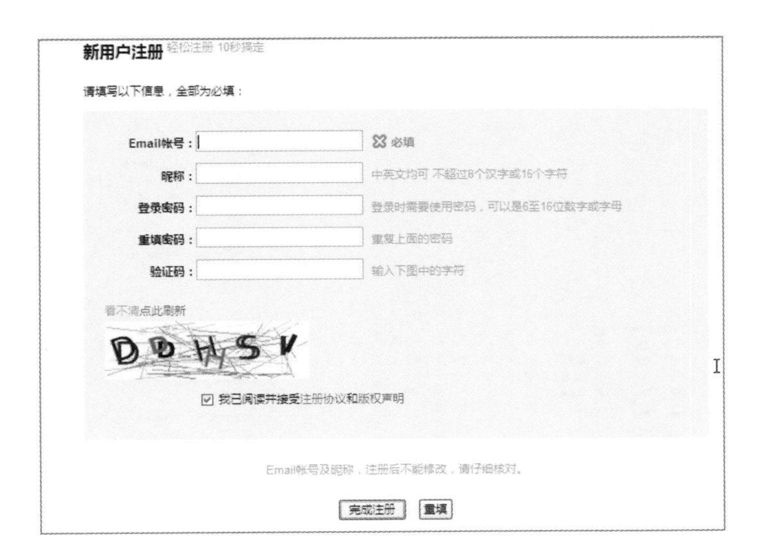

3 注册完成后登录到我们的用户名并在右侧单击“我的优盘”，进入我们的专属空间。进入后单击左侧中“我的视频”下的“我的上传”。

4 这时在页面的中间我们就可以看得到【上传】的按钮，如果以前上传过底下也会显示上传过的视频。我们单击【上传】按钮并跳转到上传页面。当跳转完成后我们在页面左侧可以看到视频上传步骤，即选择视频，输入标题、简介、标签、分类，以及是否原创等。在右侧我们也可看得到该网站支持的视频格式都有哪些。安装网站上的要求我们可以上传视频到我们的专属空间中。

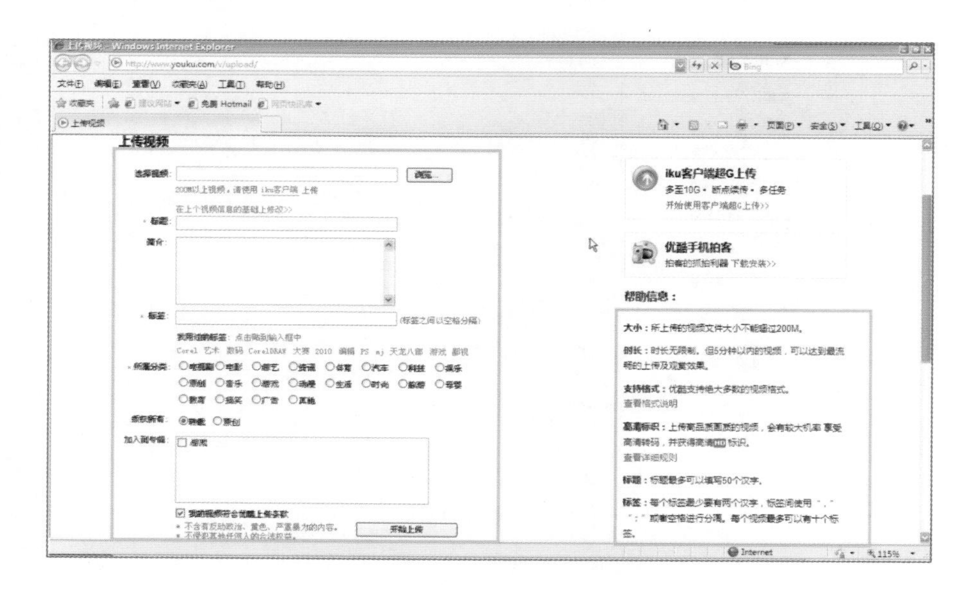

5 上传视频，我们可在【选择视频】中单击【浏览】并选择我们将要上传的视频，在标题与简介中输入自定义文本，然后选择标签、所属分类与及是否原创就可以单击【开始上传】按钮。

6 等视频上传成功后在“我的视频”下的“我上传的”视频中就可以看得到刚上传的视频了。

7 等该视频网站审核完毕后我们就可以在“状态”下看到写着“已发布”了。等状态变为“已发布”后我们单击“编辑”。

8 在此处我们可以挑选该视频的缩略图是否公开或设置密码等设置。

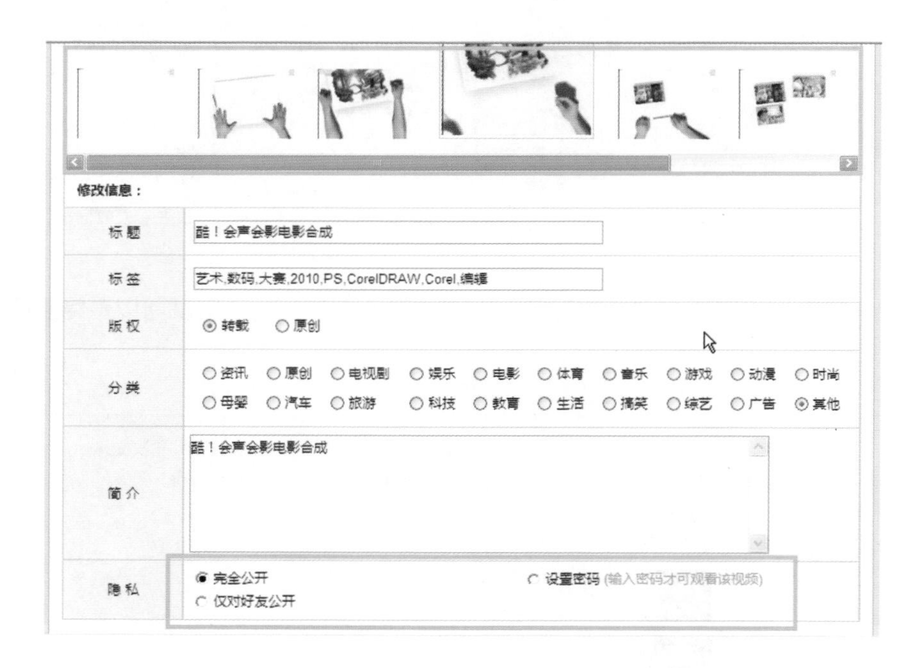

注意

如读者对视频设置密码时必须告知对方（将与您分享视频的人）密码，对方才能正常预览。

9 全部上传完毕并设置成功后我们就可以跟亲朋好友分享了。分享的方法有很多种，作者就把优酷中的分享方式给大家介绍一下。

观看视频时，复制浏览器地址栏中的地址，发送给QQ或MSN上的好友。

单击播放器下方的“分享”。通过复制视频地址分享给站外好友，或把视频嵌入到博客、论坛、其他个人空间，让更多网友看到。还可以通过站外转贴，分享给社区网站的朋友。单击播放器下方的“转发”，以站内信形式向站内朋友推荐视频。

如何把视频粘贴到博客或论坛中

在您的博客或论坛中，发表新文章，观察发表文章的页面：

- 如页面含有Flash或Windows Media Player的图标，表示这个博客或论坛通过Flash地址插入视频。在优酷播放视频的页面单击打开播放器下方的“分享”，复制“Flash地址”，在博客或论坛发表新文章时，单击“插入”，粘贴这段代码即可。
- 如页面含有“显示源代码”、“切换到HTML源代码编辑器”、“切换到代码模式”等选项，表示这个博客或论坛是使用HTML代码插入视频。在播放页面单击打开播放器下方的“分享”，复制HTML代码，在博客或论坛发表新文章时，切换到编辑源代码的状态，在要插入视频的地方，粘贴这段代码即可。

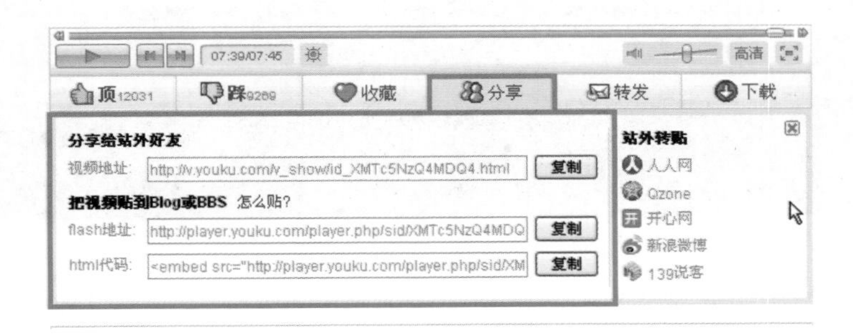

好了，快去把您的作品上传，与亲友分享吧。

11-2 精彩的Power Point的视频简报

简报最主要的目的就是传达信息，而信息传达最好的方式莫过于视觉上的传达，若简报内容是由一系列过目难忘的视觉因素所组成（如流程图、产品相片或完成某些动作的视频画面等），绝对能让观众那渺小的记忆力提升4倍以上。如果要传达复杂的理念或抽象的构想，那么引人注目的视觉效果绝不可少，这是因为人脑处理视觉信息的速度会比它翻译成文字时快6万倍左右。正因如此，我们就需要学习怎样在制作的简报中加入视频，丰富简报内容，以下笔者将示范在PowerPoint中的两种视频表达方式。读者们可以打开本书附赠光盘：\范例\简报.pptx，先来体验一下在PowerPoint中所呈现的结果。

方式一

1 打开会声会影编辑器，将所需要用到的视频文件加以剪辑（加字幕转场效果）后，直接到【分享】步骤。

2 选择【创建视频文件】，并选取如图所示的视频输出模板【WMV HD 720 25p】。

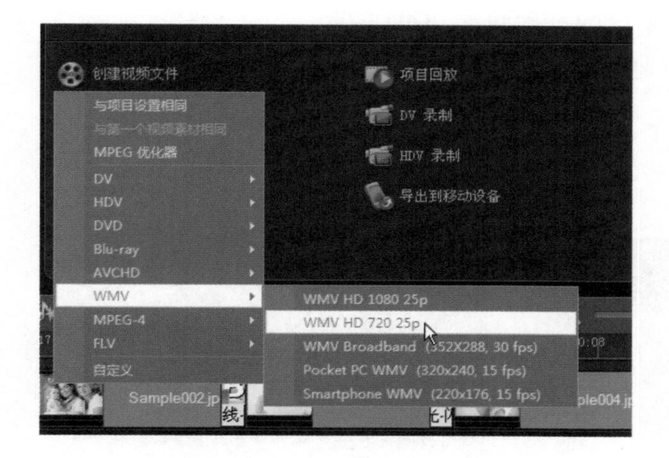

3 设置文件名后保存文件。

注意

使用者当然也可以选择存成其他文件类型，但是笔者建议存成*.wmv，原因为大多数的简报人员需将简报随身带，因此文件要越小越好，但又需顾虑画质，所以建议存成此文件格式。如果您想让文件更小，您可以选择320×240来保存，但如此就无法期望画质能够很好。

4 打开Microsoft Power Point（以Office 2007为例），并打开自己制作的简报文件，到想加入视频的幻灯片页面。

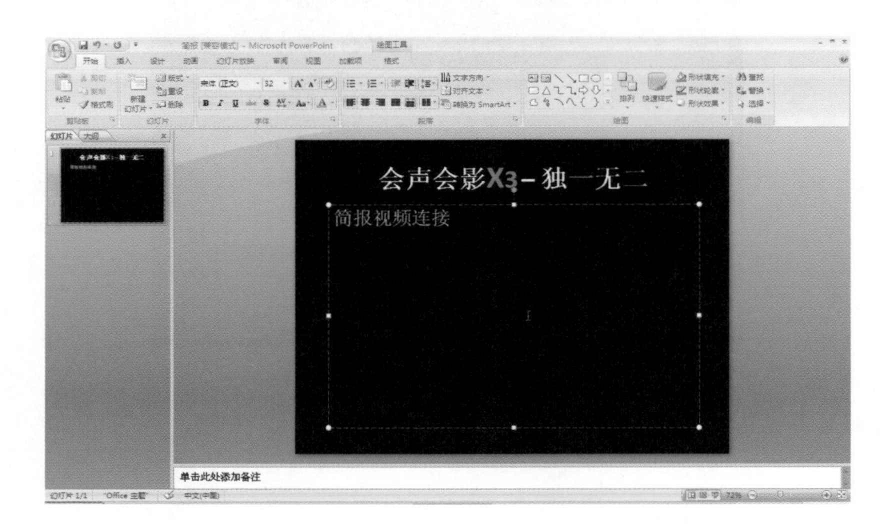

5 切换到【插入】标签，单击【影片】然后选择【文件夹中的影片】。

6 插入刚刚在会声会影所制作的视频文件，然后单击【确定】按钮。

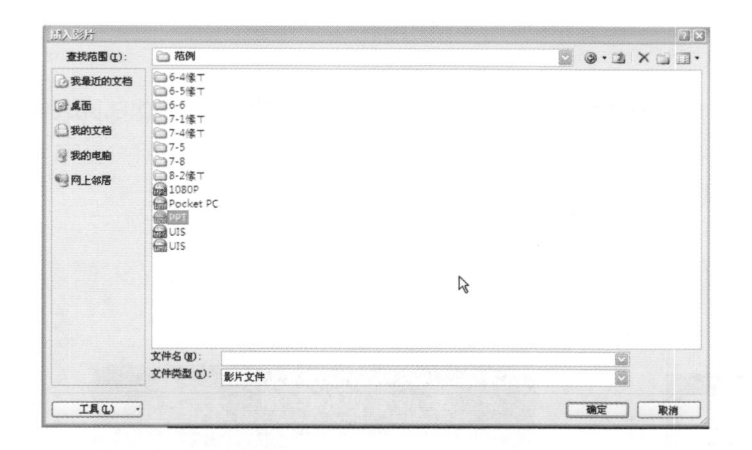

7 插入视频后会出现以下窗口，用户可选择当幻灯片播放时，此视频是【自动】播放还是要【在单击时】播放。

注意

笔者建议选择【在单击时】播放，主要原因是在于可以让观众有反应的时间，等到大部分的观众已经在注视这张幻灯片时再单击【播放】按钮，这对简报才是最有效益的。

8 完成后将可看到影片的第一张画面已经在投影片上，接下来您只要调整此影片四周的控制点来掌握适当的缩放，接着单击【存盘】即完成。日后只要带着这份简报文件出门就可以轻轻松松做简报了。

方式二

1 同样打开自己制作的简报文件（请参考本书附赠光盘中简报.pptx的第二页），到想加入视频的投影片页面，将自己所需要呈现影片的相关文字全选后，再单击鼠标右键，选择选单中的超链接。

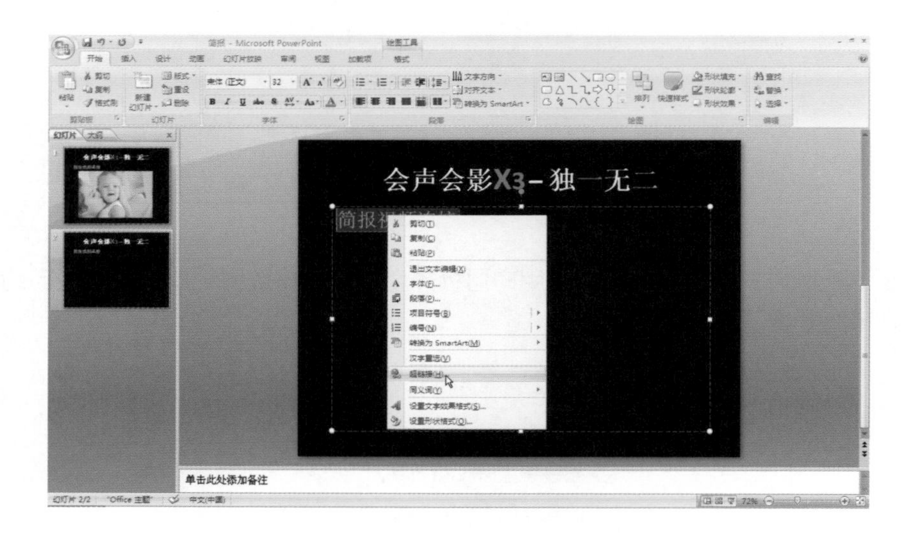

2 出现插入超链接窗口后，同样请自定义到刚刚使用会声会影所制作的视频，然后单击【确定】按钮。

3 完成后你将会看到幻灯片上你所选的字样，然后出现超链接的样式，再进行保存即可完成简报文件。

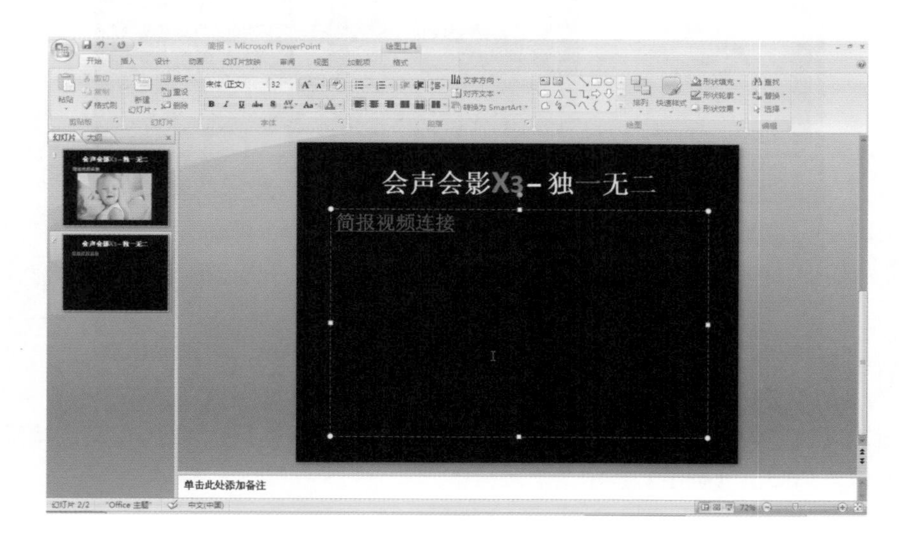

注意

利用第二种方式时要特别注意一点，就是你所制作的简报文件与视频文件缺一不可，由于是用链接的方式，所以一定要将两个文件保存于同一个文件夹中，届时要四处做简报时，也要随时带着这份文件夹。

11-3 自制KTV字幕

谁说唱歌一定要到KTV？利用会声会影X3的双字幕轨，我们也可以自制KTV视频！将我们喜欢的歌曲配上悠美的视频或照片，如果你喜欢，也可以自己扮演男女主角，做一个自己的MV，秀给亲朋好友看！如此值得炫耀的功能，我们要马上学起来！

1 导入数张照片或视频，将素材拖曳至时间轴并加以排序。

2 单击【轨道管理器】，于轨道管理器窗口中，勾选【标题轨 #2】以开启第二标题轨，再单击【确定】按钮。

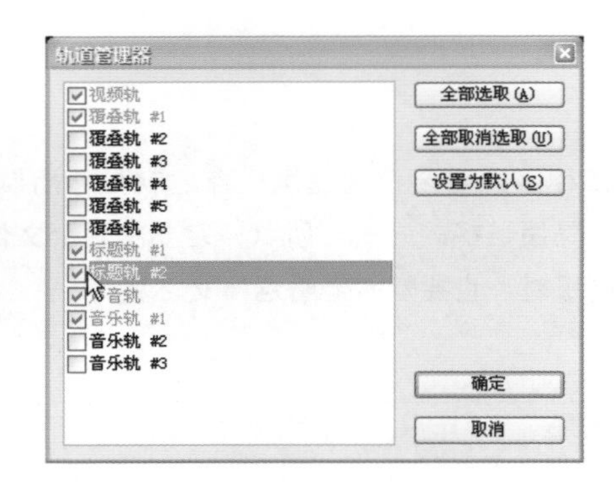

3 按下右侧上的【T标题】后，预览窗口上会出现【双击此处以添加标题】。

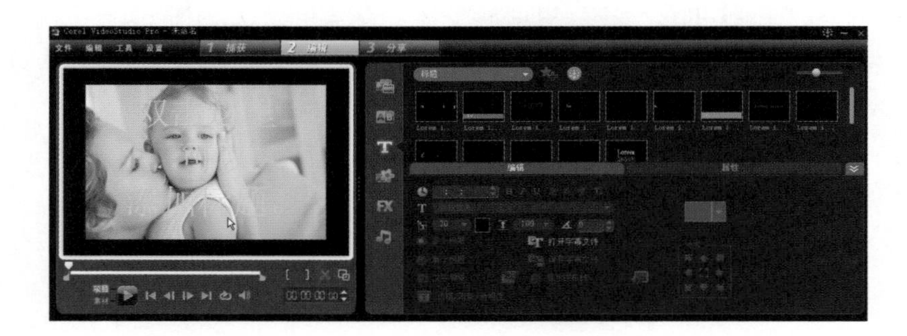

4 在预览窗口上单击【双击此处以添加标题】即会出现输入文字的闪烁光标，即可开始输入文字。

5 输入完后，在右边的【编辑】页面，可以调整文字字型、大小与颜色等设置。调整完后，在【对齐】设置里，选择【靠下方中央对齐】，字幕就会不偏不倚地置于画面中央下方。

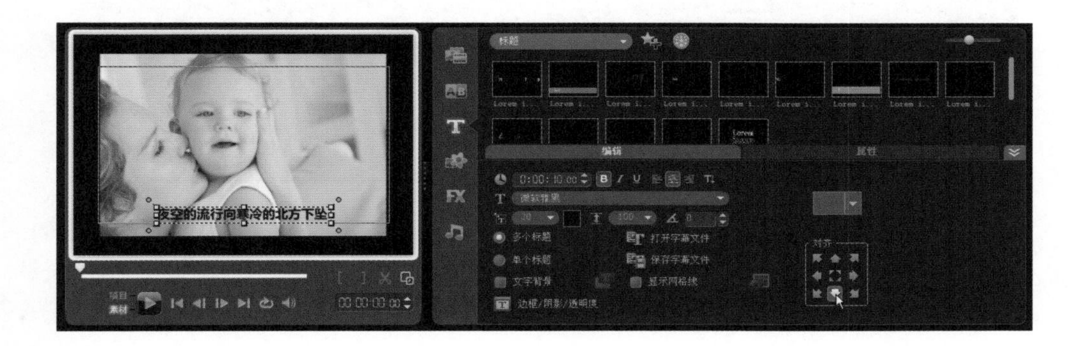

6 以鼠标左键拖曳时间轴的滑杆至上一句歌词结束处，预览窗口上会再度出现【双击此处以添加标题】，再重复步骤4的方法，将剩下的歌词逐一输入。

7 输入完歌词之后，单击“1T”上的第一段标题，再单击鼠标右键，选择【复制属性】。

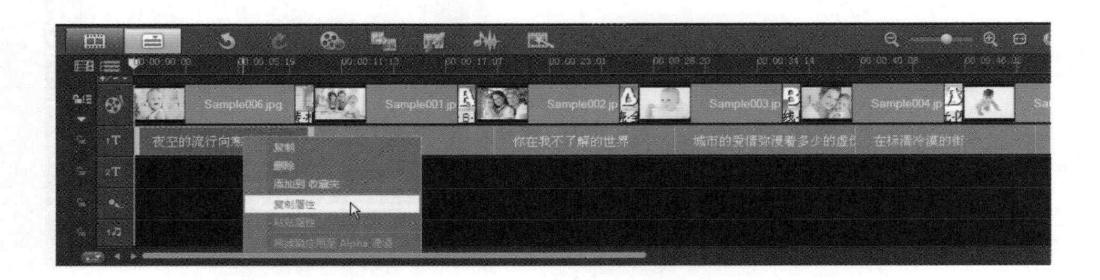

8 再一边按着键盘上的Shift 键，一边将剩余的字幕全部选择。在全部选择的字幕上单击鼠标右键，选择【粘贴属性】。

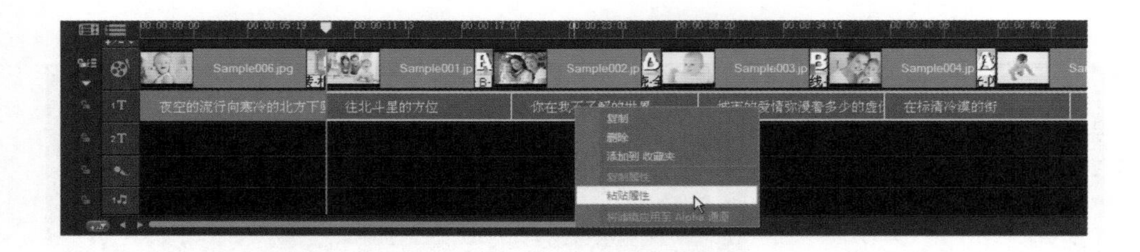

9 执行【复制】和【粘贴属性】后，你会发现，所有的字幕都按照步骤5的设置，变更了字号与对齐位置，替我们节省了不少时间！

10 接下来，按住键盘上的Shift键，将所有字幕选择起来。在被选择的字幕上单击鼠标右键，选择【复制】。

11 选择完复制之后，将鼠标移到“2T”的位置上，你会发现出现一只手、目前时间码与“+”的符号，代表已复制的全部字幕已经准备好要贴到第二字幕轨了。

我们将要贴到第二字幕轨的字幕稍微向右移动，再单击一下鼠标左键，字幕就会贴到 2T 字幕轨上了。

12 单击 2T字幕轨上的第一段字幕，鼠标移到字幕的尾端，按住鼠标左键，会出现黑色的双键头，再将字幕往左拖曳，与1T字幕轨的第一段字幕尾端对齐。

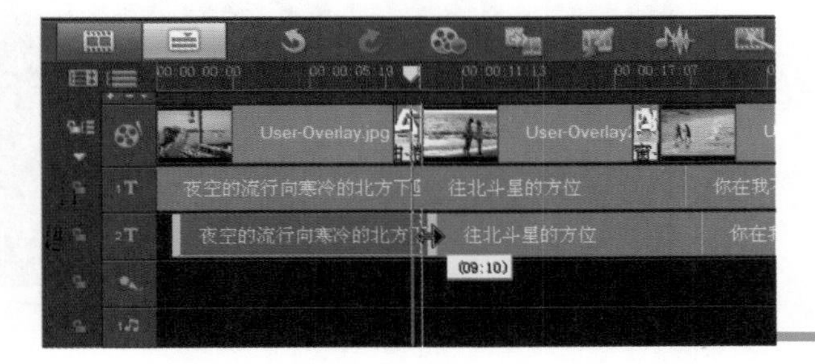

13 剩下的字幕以步骤12的方法逐一与1T字幕分别对齐。

14 单击2T的第一段字幕，再单击预览窗口上出现的2T第一段字幕。到编辑页面，单击【色彩】，选择一个鲜明的颜色。

15 再到【属性】分页，勾选【动画】与【应用】选项。在应用旁的下拉式菜单中，选择【弹出】效果，再以鼠标左键单击第一横排的第二个快显特效。

16 现在我们可以播放看看，文字是以逐一出现的方式显现的。

17 到2T字幕轨的第一段字幕上单击鼠标右键，选择【复制属性】。

18 按着键盘上的Shift 键，将剩余的字幕全部选择。在全部选择的字幕上单击鼠标右键，选择【粘贴属性】。

19 此时会看到，剩下的所有字幕颜色已经变更，文字的弹出方式也会一并应用至所有字幕上。KTV字幕的制作就完成啰!

20 以项目模式播放制作的成果吧!

11-4 与SWiSH Max的搭配运用（自制Flash动画）

会声会影支持*.swf文件已经是很久以前的事情了，但为何还要在本书中特别提出来此使用方式呢？主要是因为还是有太少人将其用于视频编辑上；若是用户对于Flash这个软件有一定程度的了解，笔者相信将其用于视频编辑上，将会更丰富您的视频。针对Flash这套软件，您若有兴趣可另行学习，而在此笔者将介绍另一个简易的软件SWiSH Max，同样可以输出*.swf文件，与会声会影搭配更是相得益彰，因此笔者才会建议使用此软件，以下我们就来看看SWiSH Max与会声会影的搭配使用吧。读者可以打开光盘中的\范例\Dance.swf看看其制作的结果。

1 您可先至官方网站下载SWiSH Max试用版使用，最新的版本是3：

http://www.swishzone.com/index.php?area=international&tab=chinese。

2 下载后执行安装SWiSH Max，单击【下一步】按钮可以开始进行安装（因为我们下载的繁体版软件，所以软件安装和界面可能会显示繁体中文）。

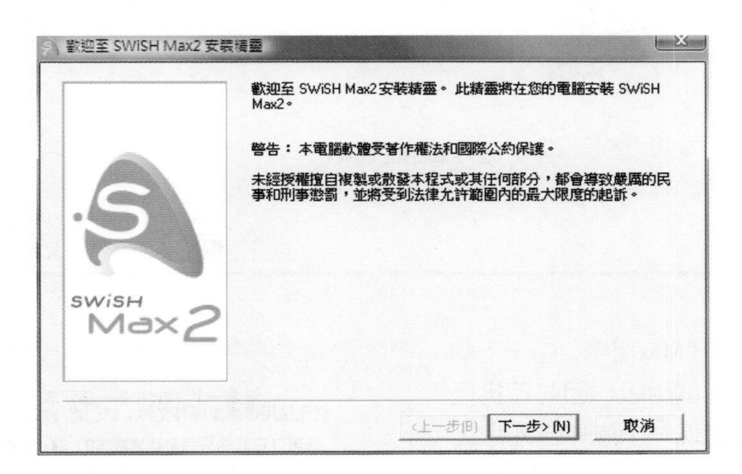

阅读许可协议后单击【是（Y）】的按钮。

选择安装的路径，若无特别需求不必更改安装路径，选择后再单击【下一步】按钮。

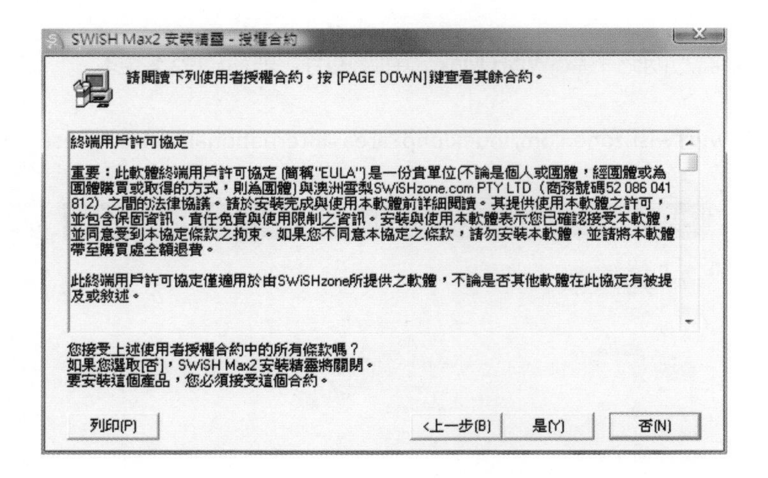

执行一连串的程序安装，最后完成安装，单击【关闭】按钮可以结束安装。

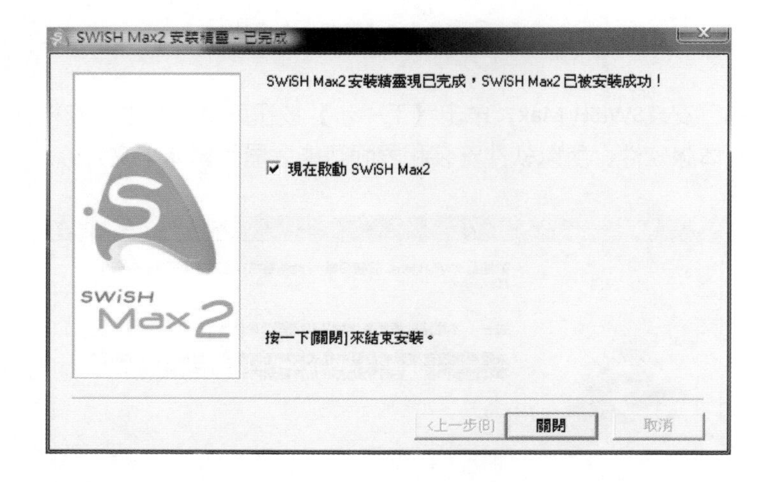

3 打开SWiSH Max程序，由于下载使用的是试用版，因此在执行时会先出现一个信息告知您无法由此版本保存或创建Flash影片，若是您觉得这套软件还不错，那就赶快上网去订购吧。

4 打开SWiSH Max程序后，会出现3个选项，由于我们要自行制作，因此请选择【新影片】。

5 首先必须先设置所需制作的画面大小，请事先考虑您在会声会影中制作的项目画面大小来决定，所以我们先到【修改】然后选择【影片属性】。

6 在此笔者以制作PAL DVD的格式为项目格式考虑，因此在影片属性中设置了以下几个选项。

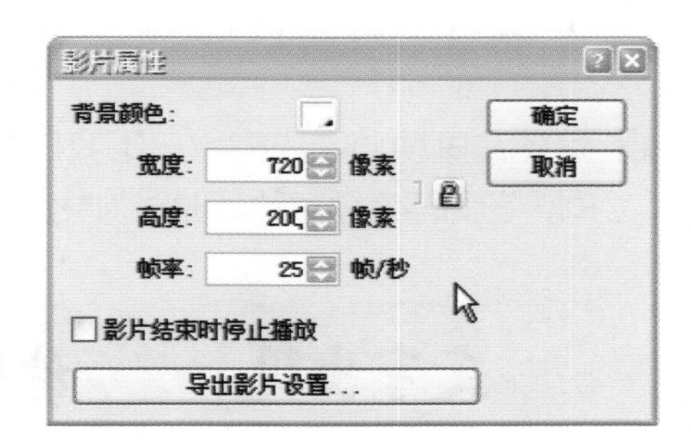

A．背景色彩用默认，请不要更改。

B．宽度设为720，高度设为200，这主要是符合会声会影的项目。

C．帧率设为25 帧/秒，主要是符合PAL的电视系统，国外NTSC则选择30帧/秒。

7 在此笔者以文字动画为例，因此在程序的工具栏中我们使用【文字】工具。

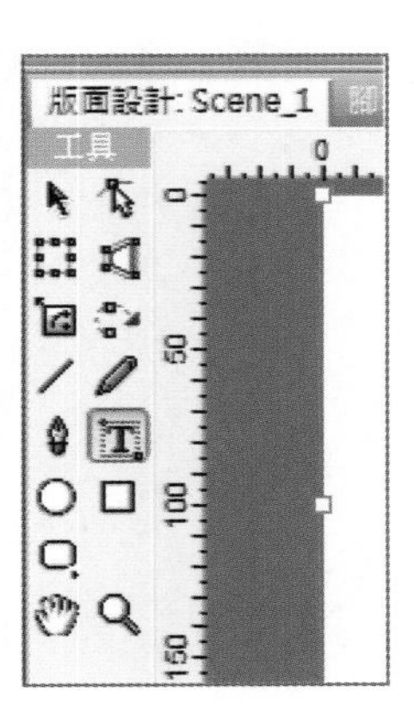

8 点选文字工具后，我们在画面上任意点一下就可以输入文字，并在右方的属性设置以下选项。

A. 字型，在此笔者使用了华康墨字体，字体大小为48。

B. 颜色，使用了橘色。

其他选项笔者皆未改变，使用默认值，若您觉得字体不够大，或是变化不多，请自行在编辑区使用变形工具。

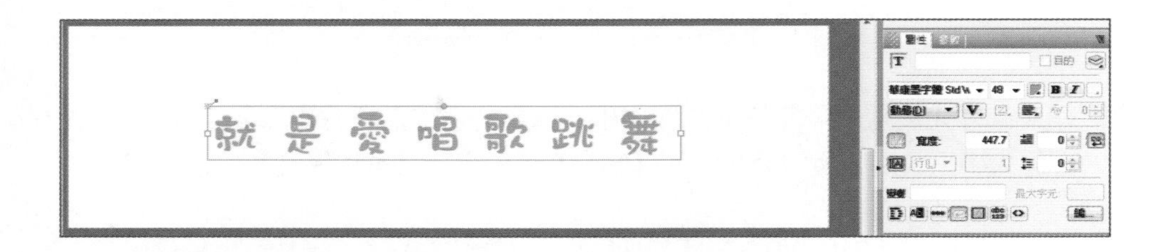

9 这做动画前必须先构思一下我们将要做文字动画的呈现方式，以及效果的时间，在此笔者预定动画时间为4秒。

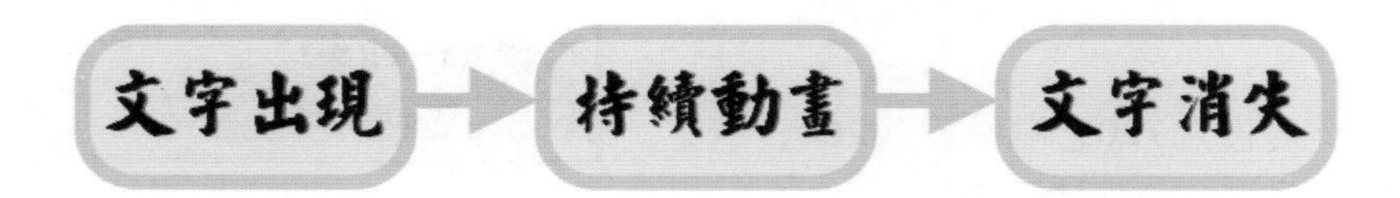

10 决定呈现的方式后，在编辑区中选择输入的文字，此时在上方时间调整字段中您将会看到一个【加入效果】的按钮

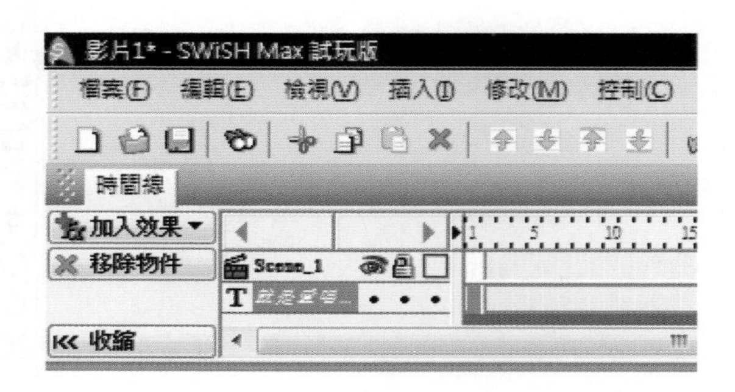

11 单击【加入效果】后您将会看到许多动画选项，在此笔者选择了【显示到位置\从随机方向一起移动】的动画范本。

选择后您将会在时间轴字段中看到这个动画默认的时间，20格所代表的意义就是2/3秒，当然您可以选择黑色的控制点任意调整时间长短，在此笔者使用默认，原因是笔者之前所提到的动画构思要事前决定效果时间。

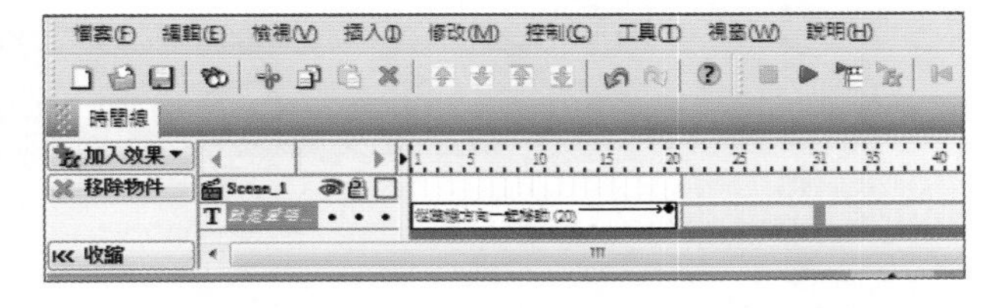

12 文字出现后要有停留时间，在此笔者选择了停留10格，所以在第31格时再执行【加入效果】并选择了【回到起始\缓慢膨胀】的动画效果。

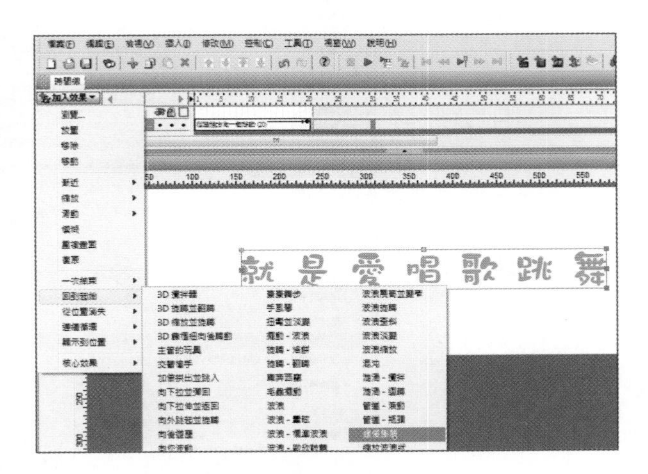

13 由于之前已经决定了动画持续的时间长度（4秒钟=120格），因此我们持续地添加同样的动画效果（4次），让持续的时间长达第110格，这也意味者我们剩余10格的时间让文字消失。

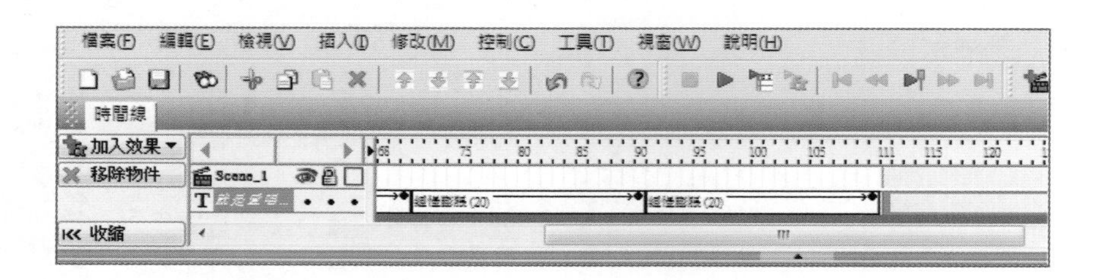

14 剩余的10格也就是在第111格，同样执行【加入效果】并选择了【渐近\淡出】。

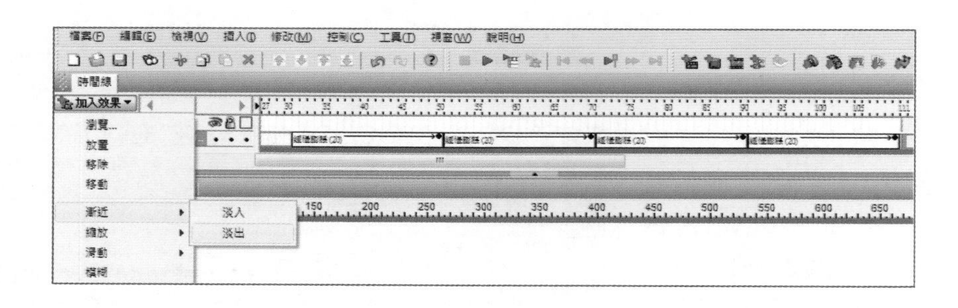

15 完成动画后，打开文件的下拉式选单并选择了【导出\SWF…】。

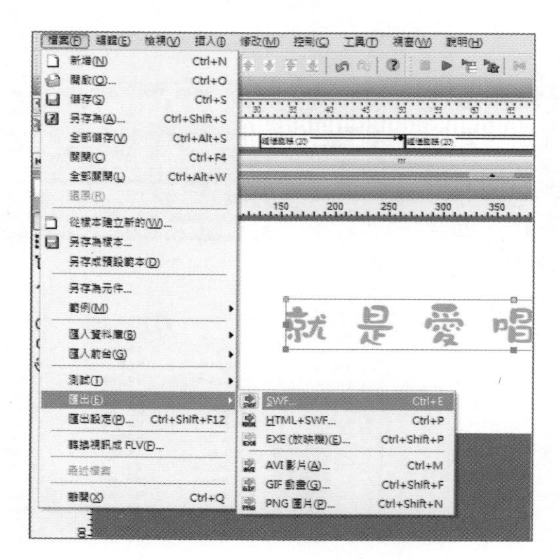

16 选择一个保存的文件夹，并取名后保存文件。

17 在会声会影的编辑步骤，在第2轨覆叠轨想添加此Flash SWF文件的位置上单击鼠标右键，选择【插入视频】。

18 将刚刚保存的*.swf文件导入进来，另外我们必须调整此SWF视频文件在【覆叠轨】上的位置，也就是影片中将出现此段文字的时间。

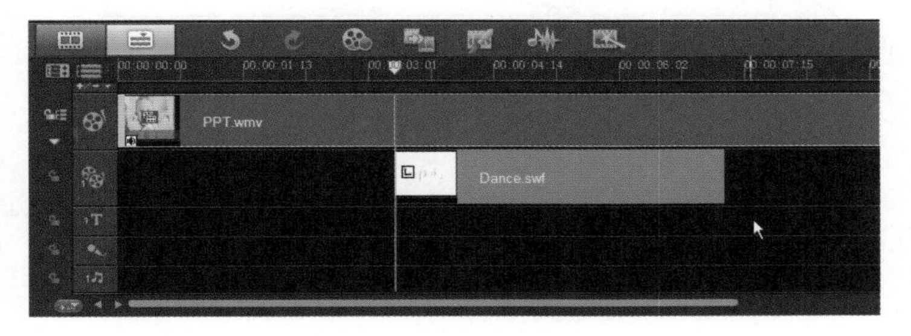

19 由于至于覆叠轨上的默认值并不是我们想要的，因此在预览窗口中，选择我们所制作的覆叠动画后单击鼠标右键调整设置，将其设为【原始大小】。

20 重设大小后，再经过位置的调整，则我们要做的文字动画就完成了。

注意

若您在会声会影中或是计算机中无法播放Flash动画，或是无法打开Flash文件时，请至www.adobe.com下载最新的Flash Player。

11-5 习题

选择题：

1. （　　）想将影片置入PowerPoint 时，为顾及影片的大小与质量，以下哪一种为最合适的视频格式?

A.mov　　B.avi

C.mpg　　D.wmv

2. （　　）以下哪一种功能可以快速将文字设置应用在所有标题上?

A.复制　　B.复制属性

C.批次转换　　D.替换素材

3. （　　）如果要选择打开或关闭特定轨道，要点选哪一个按钮?

A.素材库管理器　　B.轨道管理器

C.章节点管理器　　D.提示点管理器

4. （　　）在标题选项面板中，我们不能设置什么?

A.文字背景　　B.行距

C.摇动缩放　　D.文字输入方向

5. （　　）以下哪一种非覆叠轨影片可执行的设置?

A.预设大小　　B.重设扭曲

C.摇动缩放　　D.保持宽高比

6. （　　）在会声会影中，按住键盘的哪一个按键可以快速将全部素材全部选中?

A.alt　　B. ctrl

C.shift　　D.tab

7.（　　）标题文字要想应用动画效果时，我们可以去哪个分页做设置?

A.编辑　　　　B.属性

C.照片　　　　D.视频

8.（　　）想将Flash 文件导入会声会影，应该以下列何种功能执行?

A.插入视频　　　　B.添加照片素材

C.文件：打开项目　　　　D.捕获：捕获视频

填空题：

会声会影 X3支持Flash文件，而Flash 的文件格式为______。

练习题：

1.将影片输出为适合简报之用的文件格式，并以超链接的方式插入PowerPoint中。

2.以自己的照片或视频，搭配歌曲，制作KTV字幕。

3.以视频或相片素材制作自我介绍视频，并搭配5段分别应用不同动画效果的字幕。

习题答案

选择题：

1.D　　2.B　　3.B

4.C　　5.C　　6.C

7.B　　8.A

填充题：

2.swf

附录 A

影音基础知识

这里笔者将为您介绍一些有关于视频方面的基础知识，让读者在面对一些视频剪辑与制作上常听到的专有名词时，能有一些基本的认知。

电视播放系统

一般我们在中国台湾、日本、美国收看的电视，由所谓NTSC系统所传送，而中国大陆、欧洲、澳洲则是用所谓PAL系统所传送，还有SECAM的播放系统，适用于法国及一些欧洲国家。这些播送系统将电视画面的影像，每秒传送固定数量的画面，在电视上产生连续的动态影像。而这些系统标准有何不同、出自何处及相关知识，我们将一一介绍如下。

◆ NTSC(National Television Standards Committee)

国际电视标准委员会所制定的规格每秒为30（29.97）个帧，而每个帧有525条扫描线，扫描频率为60Hz，目前为中国台湾、日本、美国所使用。NTSC的原始规格是传送单色信号及声音的，每个频道的占用带宽为6MHz，但是与前一个频道必须保留1.25MHz的旁通带间隔，实际使用带宽4.75MHz，影像传送为AM调变方式载波传送，声音为FM调变方式载波传送。声音载波位于频道高频末端，占用0.25MHz带宽，因此实际影像亮度信号使用带宽为4.5MHz。

◆ PAL(Phase Alternation Line)

每秒为25个帧，而每个帧有625条扫描线，扫描频率为50Hz，目前为中国大陆、中国香港、欧洲、澳洲等国家使用，与NTSC并列为两大系统。

◆ SECAM(Sequental Couleur Avec Memoire)

每秒为25个帧，而每个帧有625条扫描线，扫描频率为50Hz，由法国人所开发，目前只有前苏联地区及部分欧洲国家使用SECAM系统；但是中东部分国家，如沙特阿拉伯，为了兼容SECAM规格，使用的系统称为NTSC4.43，不过这个规格所制作的影像以一般的NTSC系统观看的话只能是黑白的。

对照表

规格	水平扫描线数	水平扫描频率	色度信号	垂直扫描频率(Hz)/每秒帧	使用地区
NTSC	525	15.75 kHz	3579MHz	60Hz/30帧	美、日、韩、中国台湾
PAL	625	15.75 kHz	另外配置	50Hz/25帧	欧洲、澳洲、巴西、中国大陆、中国香港
SECAM	625	15.75 kHz	另外配置	50Hz/25帧	法国、前苏联

帧类型（Frame Type）

一般而言，帧（Frame）为影像常用的最小单位，而实际上一个帧是由两次扫描所合成的，每一次的扫描则称之为一个场（Field）。例如NTSC系统每秒为30个帧，也就是说每秒为60个场。帧类型可分为基于帧（Frame Base）及场顺序（Field Order），而场顺序又分为场顺序A（Field Order A）以及场顺序B（Field Order B），分别介绍如下。

◆ 基于帧（Frame Base）：

每一帧以非交错式扫描，由上而下依序显示，最小单位为帧（Frame）。一般用于计算机屏幕上显示视频（因计算机屏幕为非交错式扫描）或用于Mpeg档制作VCD（因帧小、数据速率较低，来得及显示），通常建议使用于计算机屏幕显示。也就是说，您的成品要在计算机中播放，最好将您的视频建立成基于帧（Frame Base）的格式。

◆ 场顺序（Field Order）：

场顺序可分为“下方场优先”以及“上方场优先”两种。一个帧以交错式且分两次扫描的方式显示，下方场优先则从第1条扫描线开始，单数扫描线先显示，双数扫描线后显示，故亦称为Lower field first或是Odd field first。上方场优先则是从第0条扫描线开始，双数扫描线先显示，单数扫描线后显示，故亦称为Upper field first 或Even field first。场顺序的设定必需配合撷取卡使用，如果您事先将捕获设备接上计算机，会声会影X3就可以帮您做自动侦测该装置的设定，就不会设定错误。如果您将场顺序设定错误的话，就可能会发生撷取下来的视频跳动模糊或播放不流畅的情形。

场顺序显示示意图

下方字段优先：单数1，3，5，7……扫描线先显示	上方字段优先：双数0，2，4，6……扫描线先显示

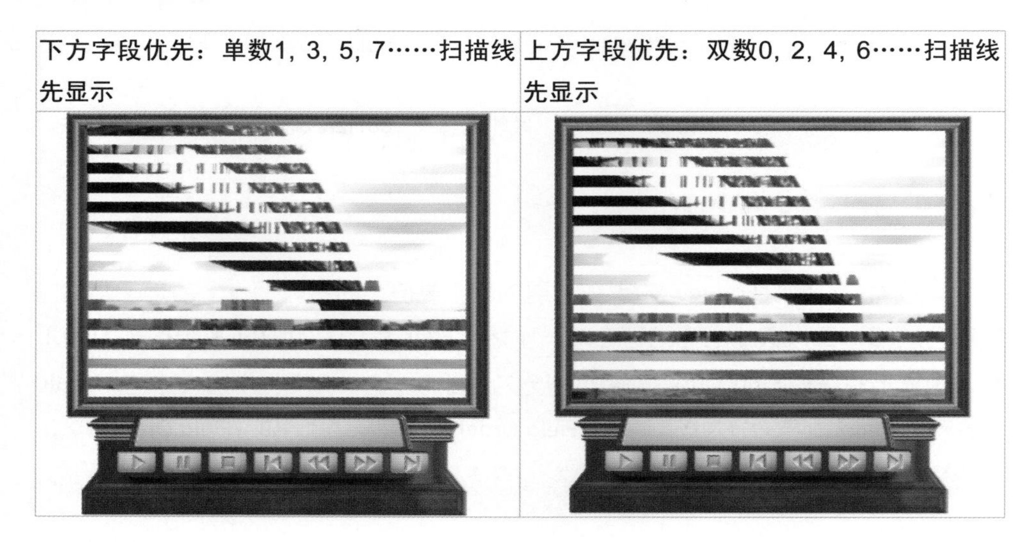

帧速率（Frame Rate）

无论是何种系统的影像数据，每一次传送的画面影像称为一个帧（Frame），连续的视频是由连续的帧播放所产生，而帧则是由“扫描线”所集合而成的，以NTSC系统而言都是每秒钟播放30（29.97）个帧，也就是说NTSC系统的帧速率为29.97 fps（Frame Per Second），而PAL系统就是每秒钟播放25个帧，所以它的帧速率为25 fps。眼睛的视觉暂留约为1/16秒，所以我们人类的眼睛只要超过每秒钟播放15个帧，因为视觉暂留的原因，我们都会认为画面是连续不断的。其实卡通或动画的制作就是连续地播放一张张图片的结果，相信我们小时候一定试过在课本上画上一连串的图案，借由快速地翻书而达到类似动画的效果，如果您每秒钟能翻超过15页，您就会发现画面还真的非常流畅。

帧大小（Frame Size）

常见的NTSC系统帧大小有320×240、352×240、352×480、480×480、640×480、704×480、720×240及720×480，而PAL系统帧大小有320×288、352×288、352×576、480×576、640×576、704×576、720×288及720×576，另外还有较特殊的帧大小，如384×288，以及已经不常见的768×576。另外自从HD问世以来我们也会经常看到如720P、1080i以及1080P的视频规格。这些帧大小有其特殊意义及用途，我们概括如下：了解了这些帧的特性及使用方向，我们就不容易用到错误的帧大小了。

用途	帧大小	备注
早期用于计算机中播放的视频	320×240(NTSC)、320×288(PAL)	
VCD	352×240(NTSC)、352×288(PAL)	
SVCD	480×480(NTSC)、480×576(PAL)	
DVD	720×480(NTSC)、720×576(PAL) 704×480(NTSC)、704×576(PAL)	
DV	720×480(NTSC)、720×576(PAL)	
某些硬件压缩的AVI	640×480(NTSC)、640×576(PAL	相当于VHS\VGA质量
某些硬件压缩的AVI	704×480(NTSC)、704×576(PAL)	相当于S-VHS质量
用于HD相关的视频格式	720 P 1280×720(NTSC & PAL) 1080i 1440×1080(NTSC & PAL) 1080P 1920×1080(NTSC & PAL)	1080P就是大家经常看到的Full HD的帧大小

视频数据速率（Video Data Rate）

视频数据速率的单位为 Kbps，也就是每秒播放多少Kb的视频数据。通常这类的设定选项都可在设定视频压缩时的对话框中找到，一般而言数值越大画质越好，但相对的文件就越大，而且如果您的计算机等级不足，很可能会有播放延迟的状况发生。

交错式（Interlace）与非交错式（Non-Interlace）扫描

计算机玩家们一定都知道计算机屏幕同分辨率显示模式下，非交错扫描要比交错扫描效果好，像早期的彩色屏幕都是交错式的，但现今新款的CRT屏幕都是非交错式的。您知道为什么吗？假设屏幕有500条水平扫描线，所谓的交错式扫描就是电子枪由上而下画出第1条后，不接着画第2条，而是跳至第3条，第5条、第7条……画至第499条线之后，再回上方的第2条开始以2、4、6、8的顺序画下去，直到500，这种做法的优点是能够让较窄的带宽而获得较高的分辨率，但相对的缺点是若每秒帧数目不够多，画面看起来便会有闪动的感觉，至于非交错扫描便是由第1条至第500条依序画下去，当然最大的优点是看起来眼睛比较舒服，不容易疲劳，不过非交错式需要较高的频率、较昂贵的映像管配合才行，所以非交错式的屏幕要比交错式昂贵许多。

软件压缩

一般而言，为了增加视频的流通性，大部分人都会使用软件压缩来制作视频成品，因为只要您的计算机有安装其译码程序就能播放该视频成品，而且现在许多使用非常广泛的译码程序都已内含安装在操作系统之中，使用非常方便，但是对于影像质量与硬件压缩而言就相对打了折扣，因为软件压缩的质量取决于该软件压缩编码的技术，而且压缩处理的时间则视计算机系统整体的速度而决定。不过近几年来，软件压缩的技术日渐趋于成熟，几乎已经能制作出媲美硬件压缩的质量了。

硬件压缩

为了保持视频的质量及处理的速度，一些专业人士常用硬件压缩采集卡搭配其专用的硬件压缩编码来处理视频，优点是高质量、快速及不受计算机本身速度干扰。但有些硬件解压缩所制成的视频档案，就无法于无安装该硬件的计算机上正常解压缩播放。

音频压缩

音频的压缩格式也有非常多种，而最常见的就是PCM（Pulse Circle Modulation），这是一种音频的软件压缩格式，当然现在较流行的则是以MP3、AAC或是WMA的压缩技术来制作声音的压缩部分，而达到文件尺寸变小的目的。无论视频使用硬件压缩或软件压缩，在音频上最常使用的是PCM的压缩格式，所以有时您会发现在无安装该硬件的计算机上播放由硬件解压缩制作的文件，视频无法解压缩来播放，但是声音却播放得很正常。

音频属性

音频的属性可分为频率、位以及单音或立体声，频率的范围从8 000~48 000Hz，位可分为16位及8位，声音则可分为单音或立体声。举个最常见的例子说明：我们一般播放的CD音乐，它的音频格式属性为44 100Hz、16位、立体声，如果将它以文件格式储存，其每秒需要172 Kb，所以一分钟的CD质量的音乐就需要10 M左右的空间来储存（60秒 × 172 Kb = 10320 Kb，约10 Mb）。所以一个音频的档案大小取决于其属性格式，频率位越大，档案就越大，当然立体声绝对比单音的文件要大得多。

视频压缩

将影片输入至计算机则需经过相当程度的数据压缩（Compression），因为视频数据所需的容量相当庞大，例如中国台湾的NTSC视频系统，每秒需要传递29.97个帧，如果在完全不压缩的状态下，每秒大约至少需要20MB的硬盘空间，实在是有点大得让人害怕，所以适当压缩而尽量不影响画质，是当前软硬件影音压缩技术所要克服的问题。您常会在视频剪辑系统中看到所谓的压缩编码格式CODEC（Compression and Decompression）以及压缩比（Compression Ratio）等设定，这两项的设定值决定了您影片的质量好坏与否。目前最常使用的压缩格式其扩展名有AVI及MPEG等，而压缩比自然牵涉到画质的好坏，越高的压缩比，代表画质失真率越高。

在计算机中存放的视频影片，通常我们希望能够得到较小的文件，因此您就必须透过视频编辑软件而将这些影片以不同的压缩方式来压得更小，通常这些视频编辑软件中都已内建这些功能（如会声会影）。例如将视频压成MPEG文件或MPEG-4的AVI等，甚至如果要通过网络播放，最好存成网络视频串流式多媒体格式。如果您要刻录制作成VCD或DVD，则需要将视频压缩成相对应的MPEG-1或MPEG-2格式。以下为一些常见到的视频规格，兹分述如下。

◆ AVI文件格式

AVI（Audio Video Interleave）是 Microsoft 在 Video for Windows当中所定义的文件格式，AVI文件当中可存放许多不同种类媒体的数据流（data stream），每个数据流都可以是一种独立的媒体（例如视频数据流、声音数据流），而支持AVI格式的应用程序必须能将这些数据流做同步播放（Playback）的工作，这是在多媒体领域当中最重要的文件格式之一。

一般的AVI文件皆可使用媒体播放程序（Windows Media Player）来播放它，因为大部分的AVI文件都是使用软件的压缩编码格式，只要您的计算机中安装此译码程序（Decoder），自然您就能使用各式播放软件播放它。AVI可选用的压缩编码格式（Compression Codec）非常多，如DV编码程序类型一及类型二、Microsoft的Video 1、RLE、MPEG-4，Intel的IYUV，Radius的Cinepak等，亦可使用某些硬件压缩撷取卡上的硬件压缩编码（Hardware Codec），使图像处理速度加速而且更逼真，在您会声会影X3中的输出步骤，单击【创建视频文件】。接着将存盘类型设定成AVI，然后进入【选项】键内的AVI卷标下来查看安装过的Codec。

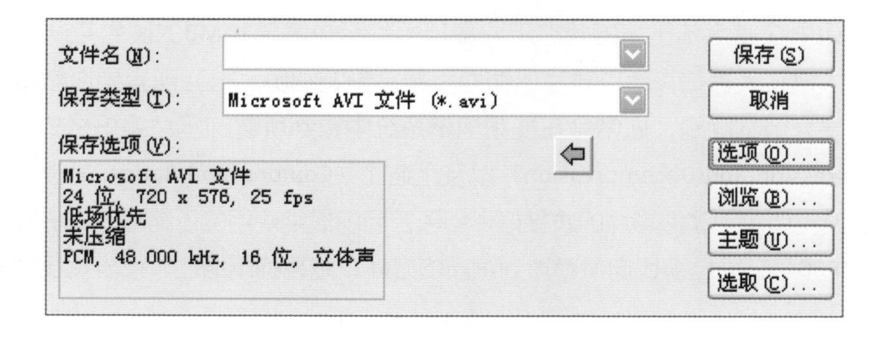

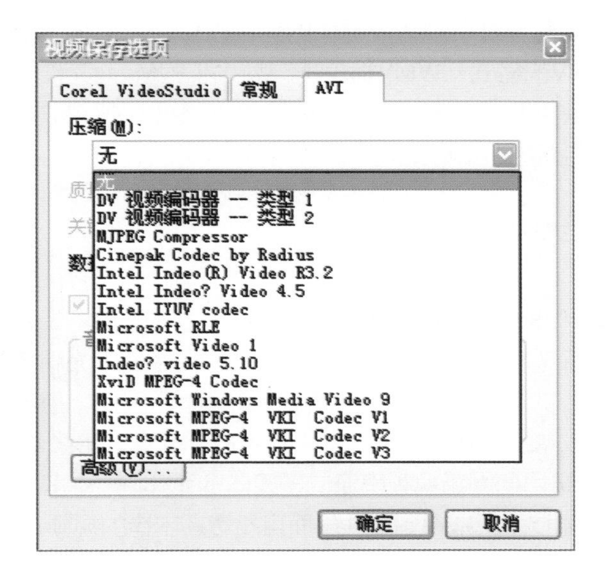

◆ MPEG文件格式

MPEG（Motion Pictures Expert Group）由动画专家群组所研发出来的压缩标准。MPEG-I与MPEG-2是视频压缩的标准，此格式以高压缩比将视频文件以较少的空间储存，播放出令人满意的视频质量。MPEG视频标准的分辨率与家庭用的录放机差不了多少，不过音频的标准则采用和音乐CD一样的质量。一般VCD即采用MPEG1的压缩格式，而SVCD、XVCD、DVD以及HDV则采用MPEG2的压缩格式。

◆ MPEG串流文件M2t

扩展名为M2t的就是MPEG串流文件，现在已经广泛地应用在HDVD、蓝光、AVCHD以及一些支持高清画质的录放摄影机中。

◆ WMV文件格式

WMV（Windows Media Video）是微软极力推展的一种适合于网络上流传的规格，也是目前最受欢迎的串流式多媒体的规格之一， 在Windows内建的附属应用程序中，您一定会发现有一个叫“Windows Movie Maker”的程序，它本身也是一个功能简单的剪辑软件，所以编码制作出来的视频格式就是WMV的格式，WMV相较于同帧大小的Mpeg文件，能得到较小的文件，而且只要您的带宽够大，还能及时从网络上观赏WMV的影片，是当前最受欢迎的网络视频格式之一。

◆ RM\RMVB文件格式

RM\RMVB为 RealNetworks Inc.这家公司所制作出来的，其特有的播放软件就是大家耳熟能详的RealPlayer，RealPlayer 使用串流科技能更迅速地将音效、影像、文字、动画传送到您的计算机中，因此，您不需要等待整个图像文件下载完成后才开始观赏，一旦接收到信息，影像便会开始播放。RM与RMVB也是目前网络视频串流式多媒体的宠儿之一，其最新的压缩技术如H.264的压缩技术已能得到文件小而且质量还不错的视频。

◆ MOV文件格式

MOV为Apple QuicktTime 的格式，相信有玩Mac的朋友一定对此格式再熟悉不过了，MOV的发展历史相当长久，也是视频上相当成熟的一种规格，QuickTime MOV格式的应用面非常广，读者要是有兴趣，不妨到Apple的网站一游www.apple.com，相信您一定会有不少收获。MOV现在已经能支持H.264的压缩而且也支持最高的Full HD 1920×1080的视频，已有相当多的数字相机如Canon系列的数码单反相机，其录像存盘格式就是MOV HD格式。

◆ MPEG-4压缩格式

MPEG-4压缩技术是近几年最热门的话题，小文件高质量的压缩技术就是MPEG-4诉求的结果。给您一个参考值，通常一部电影以VCD的质量而言就要以两张CD来存放，DVD的质量少说也要一张4.7GB的储存媒体存放。您相信一部DVD质量的影片能放进一张680 MB的CD中吗？MPEG-4就有这种功能，目前MPEG-4的压缩技术比较为人所知的有Real、Apple的Quick Time还有Div X（http://www.divx.com），而且这些规格已经被广泛地运用到许多的3G、宽带或家电上了。

◆ FLV压缩格式

相信大家对于FLV应该不会太陌生，因为目前YouTube、Google Video、Yahoo! Video等都是采用这个格式来当做影音分享的标准。FLV就是FLASH VIDEO的简称，FLV串流视频格式是一种新的视频格式，它的出现有效地解决了视频在导入Flash之后，使导出的SWF文件变得非常庞大的问题。FLV的好处是通常FLV文件都会包含在SWF播放器中，并且FLV可以很好地保护原始网址，具有保护版权的作用，不会轻易地被直接下载。

Note

附录 B

DVD简介

虽然蓝光已经问世许久，但是普及率还是很低，所以目前DVD还是家庭娱乐最红的工具。由于DVD播放器价格大幅滑落，现在的DVD播放器几乎成了家中的基本配备。既然如此我们一定要好好地研究一下什么是DVD了。

认识DVD家族

许多人都会认为DVD光盘就是DVD Video（俗称的DVD激光视盘片），实际上DVD Video只是DVD光盘的一种。DVD光盘片的种类可以分为“预录式”与“可录式”两种。预录式就是预先录制好的DVD，可录式就是现在可以用来刻录的空白DVD光盘。DVD光盘包含如表B.1所示的数据规格。

表B.1 DVD光盘规格

类别	类型	图示
预录式	只读型光盘： DVD-ROM	DVD ROM
	数位激光视盘： DVD-Video	DVD VIDEO
	数字音乐光盘： DVD-Audio	DVD AUDIO
可录式	一次写入光盘： DVD-R 、DVD+R	DVD R RW DVD+R
	重复写入光盘： DVD-RW DVD-RAM DVD+RW	DVD RW RW DVD+ReWritable DVD RAM

另外DVD在结构以及格式上也有许多不同，市面上常见到的直径12公分的DVD就可分为好几种，而且DVD又可依照层数及面数的不同，其容量可是大大的不同。目前可录式DVD的容量为DVD-5的规格，但许多由八大电影公司所生产的DVD-Video都是DVD-9以上的规格，这是为了避免非法复制所做的保护动作。除了上述直径12 cm规格的DVD，其实有一种迷你的DVD光盘，称为 Single DVD，它的直径为8 cm，一样也有单双层面的设计。以下的表格可以让读者们清楚地知道各种规格的DVD容量。

表B.2 12 cm DVD容量规格表

光盘名称	DVD-5	DVD-9	DVD-10	DVD-18
层数面数	单层单面	双层单面	单层双面	双层双面
储存容量	4.7GB	8.5GB	9.4GB	17GB

表B.3 8 cm DVD容量规格表

光盘名称	DVD-1	DVD-2	DVD-3	DVD-4
层数面数	单层单面	双层单面	单层双面	双层双面
储存容量	1.4GB	2.7GB	2.9GB	5.3GB

蓝光（Blu-ray）简介

之前吵得沸沸扬扬的BD与HD DVD的战争终于结束了，Blu-ray Disc取得了最后的胜利，为了让读者们对Blu-ray有一些初步的认识，特别准备了以下的内容，希望能提供给大家较正确的观念。

蓝光光盘是由SONY及松下电器等企业组成的“蓝光光盘联盟”（Blu-ray Disc Association，BDA）策划的次世代光盘规格，并以SONY为首于2006年开始全面推动相关的产品。蓝光光盘之所以叫蓝光是由于其采用波长405nm的蓝色激光束作为读写和操作的媒介（DVD采用650nm波长的红光，CD则是采用780nm波长）。

BD（Blu-ray Disc）是一种储存媒体，就与一般的光盘（CD/DVD）及硬盘一样可

以储存各种数据。当BD拿来储存标准的影片格式如BDMV/BDAV等，就必须完全依循其特定的规范，否则就会产生兼容性的问题。

认识BD光盘

BD（Blu-ray Disc）与CD及DVD光盘类似，都是直径12cm、厚1.2mm的构造。由于BD所使用的雷射光波长更小（0.58μm），光点可以更聚焦而使得储存密度大大的提高。就如同CD及DVD一样，BD也是在光学基板上排列着螺旋形的坑洞，当蓝光雷射光循着轨道照射到光盘上时，其反射回来的光束就可以经由读取来判断0与1的数据。

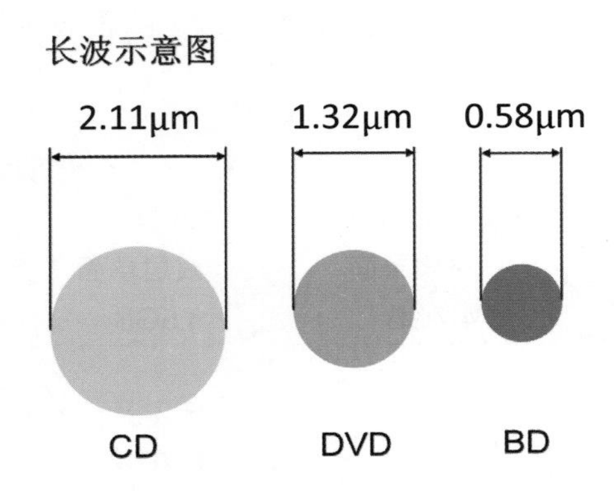

BD的容量可以从单层的25G到八层的200G，目前市面上可以看见的仅有25G以及50G两种，表B.4为其容量规格表。

表B.4 12 cm BD容量规格表

层数面数	单层	双层	四层	八层
储存容量	25GB	50GB	100GB	200GB

认识BD家族

BD与DVD光盘片的种类一样可以分为“预录式”与“可录式”两种。预录式就是预先录制好的BD，可录式就是现在可以用来刻录的空白BD光盘。预录式的BD就只有BD-ROM 一种，如一般BD电影的BD光盘就是BD-ROM。可录式就是现在可以用来刻录的空白BD光盘，一般可分为一次性刻录的BD-R以及可重复刻录的BD-RE两种。

附录 C

认识DVD以及BD影片

认识DVD影片

当我们购买或到出租店去租了一部DVD影片，在DVD影片的硬盒或包装上一定会有注明本部DVD影片的相关规格。例如由八大电影公司所出产的DVD影片一定会有区码的分别，像中国台湾与中国香港是属于3区的、美国则是1区的。另外我们还可以知道它的容量、系统规格、音频规格、支持的语言字幕以及是否支持16：9的播放模式等信息。

由下图笔者所买的DVD影片为例子，我们可以知道此DVD影片为NTSC的系统规格，无区码限制，有着DVD 9双层单面的容量规格以及dts杜比数位5.1声道，而且支持可选择的语言字幕有繁体中文、简体中文以及英文，播放模式为4：3。讲到了区码的限制，其实是DVD联盟与八大电影公司所制定的规定，目的应该与防止盗版有关。一般我们的家用DVD播放器都会有区码的限制，也就是说该播放器只能播放某区码的DVD影片，除非您的播放器为全区播放器。如果读者想要知道各个国家的区码，可以参考以下的区码表。

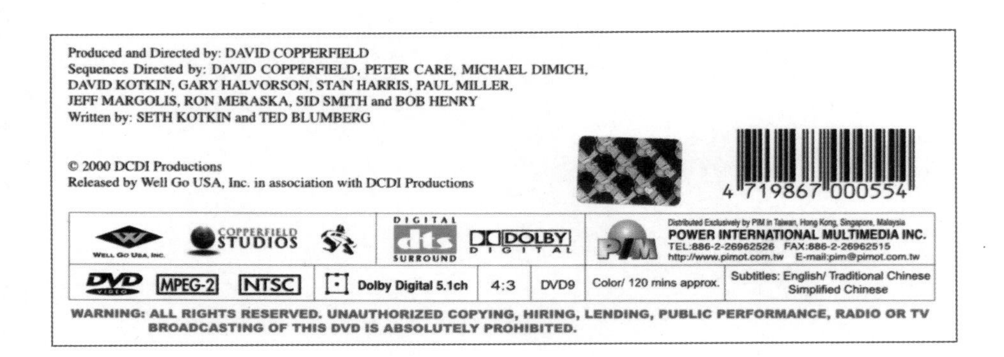

◆ DVD区码表

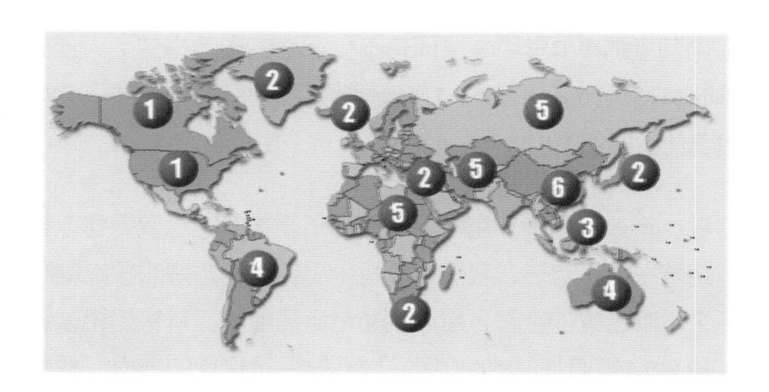

区域区码		包括区域
一区	北美	美国、加拿大
	欧洲	格林兰
二区	欧洲	波兰、芬兰、罗马尼亚以西
	亚洲	日本、土耳其、伊朗以西
	非洲	南非、埃及、史瓦济兰、赖索拖
三区	东南亚	中国台湾、中国香港、缅甸以东、印度尼西亚以西、韩国
四区	北美	墨西哥以南
	南美	南美大部分国家
	大洋洲	澳洲、纽西兰
五区	亚洲	前苏联、印度、巴基斯坦、北韩、阿富汗、蒙古
	非洲	大部分非洲国家
六区	东南亚	中国大陆
七区		保留
八区		国际播放场所（飞机、游轮等）

认识DVD影片的音频规格

您可以在市面上的DVD影片中发现有不少规格的声音格式，大部分的DVD影片都标榜Dolby Digital 5.1 ch。什么是5.1声道可能有许多人都不知道，DVD声音格式旁边的图示又代表什么意思呢?

其实这些杜比音效的图标非常容易懂，如下表中的图示我们可以看见许多小小的黑色方块围绕着一个正方形，我们只需将小小的黑色方块想象成喇叭的位置，正方形想象成一个聆听音效的空间，那么就非常容易懂了。其实如果读者要在家中设置家庭剧院，那么5.1声道的6个喇叭摆设也要像图示这样的摆设。杜比音效可分为好多种，表B.5就是各个种类的比较及说明。

表B.5 杜比音效种类及说明

图示	名称	说明
	Dolby Digital Mono	杜比数位单声道音效，通常只出现在某些老片或独立制作录制的音效片中。因为某些老片子在当初录音时就是以单声道录音的，但现在老片新作的DVD通常都会以模拟的方式来表现出立体声的音效
	Dolby Digital Stereo	杜比数位立体声音效，AC-3双声道音效仅提供左右两声道的喇叭发声
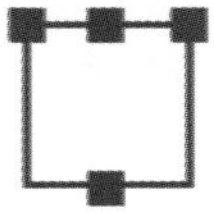	Dolby Digital Surround	杜比数位环绕音效，其实这就是四声道的AC-3音效，提供左右主声道、中央声道及环绕声道
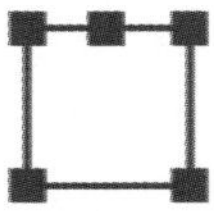	Dolby Digital 5.0	杜比数位5.0环绕音效，五声道AC-3音效，提供左右主声道、中央声道及左右后声道
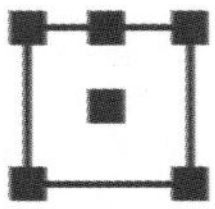	Dolby Digital 5.1	杜比数位5.1环绕音效，六声道AC-3音效，提供左右主声道、中央声道、左右后声道及一个重低音声道

图示	名称	说明
	Dolby Digital 6.1	杜比数位6.1环绕音效，七声道AC-3音效，提供左右主声道、中央声道、左右后声道、重低音声道还有中央后方的环绕声道
	DTS-ES Discrete 6.1	分离式DTS-ES 6.1声道，这是近年来最新的音效系统，属于DTS-ES 6.1声道的规格之一

认识BD影片

一般而言可以将BD影片分成两种：BDAV和BDMV。BDAV一般是使用在BD录放机上直接将高画质电视节目录制在光盘中，或是在计算机中利用编辑软件将高画质视频直接录制到BD光盘中。至于BDMV就如同DVD-Video一样，可以有选单、多国语言、多国字幕、多视角以及其他互动功能等。一般我们在影片出租店租到的BD影片，其实在背面的说明中有许多的东西说明了此BD影片的内容。例如以下的影片我们可以知道它是A区的BD影片，另外它是Full HD（1920×1080）的视频格式，DOUBY DIGITAL音效。还有如果此BD影片有其他的功能，它都会在SPECIAL FEATURES中说明。

BD区码

BD的区码与DVD不同，BD只分3区。像中国台湾跟中国香港就属于第1区或A区，中国大陆则属于C区或3区。读者们可以参阅以下的区码表来做进一步的了解。

◆ 区码表

区码	地区
A区或1区	北美洲、中美洲、南美洲（不包括法属盖亚那）、日本、中国台湾、韩国、中国香港、中国澳门及东南亚
B区或2区	欧洲、格陵兰、法属殖民地、中东、非洲、澳洲及纽西兰
C区或3区	印度、俄罗斯、中国大陆、孟加拉国、尼泊尔、巴基斯坦及南亚

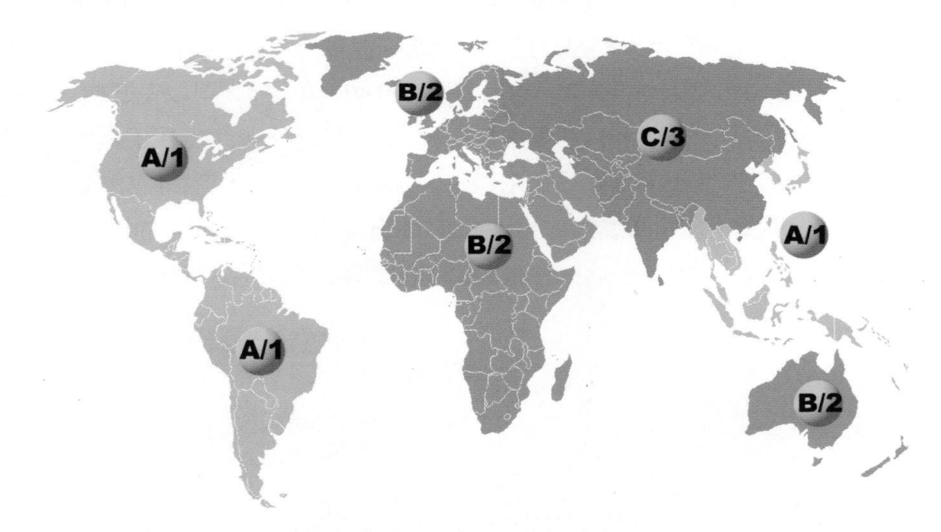

附录 D

DVD及蓝光附加说明

DVD附加说明

本单元笔者将一些DVD影片中常见到的标示做一些说明，相信以后当大家在讨论这些名词时不会像鸭子在听雷一样。

◆ DVD-Video的结构说明

当我们利用资源管理器来浏览DVD-Video光盘时，我们可以看到如下图所示的文件结构，通常您会看到有两个文件夹VIDEO_TS与AUDIO_TS，VIDIO_TS 是存放DVD影片的文件夹，AUDIO_TS则是用来存放DVD-AUDIO的格式。一般的DVD-Video影片中通常AUDIO_TS为空文件夹而且目前的计算机无法还无法译码DVD-Audio的格式。以下为DVD-Video基本结构图以及各个文件格式的说明。

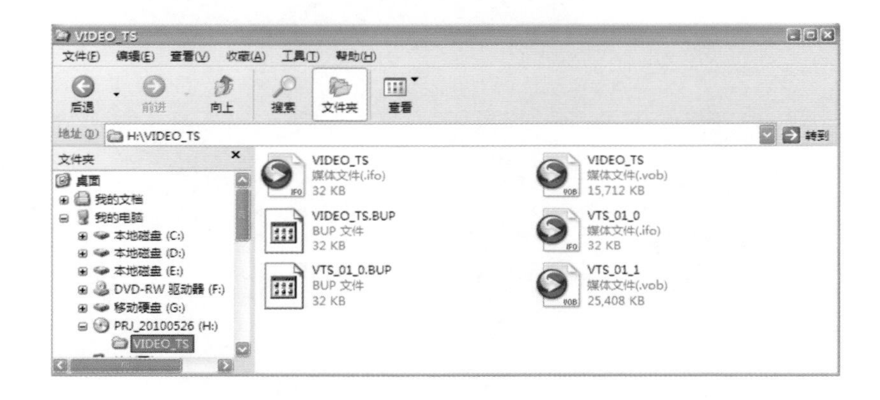

DVD-Video基本结构图：

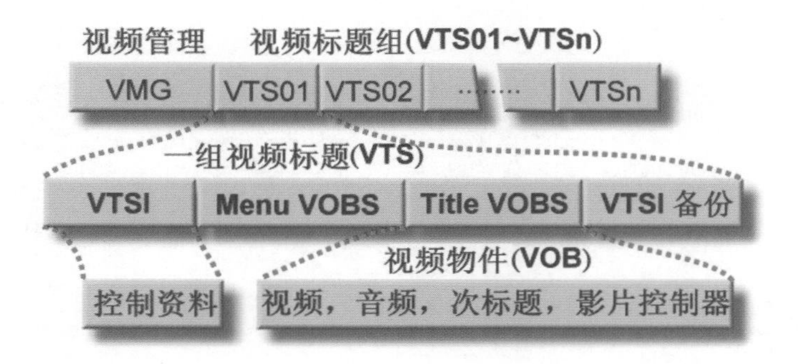

文件格式说明：

目录名称	用途	文件数据类型	描述
VIDEO_TS	储存DVD影片的数据	VIDEO_TS.IFO	VMGI（Video Manager Information）视频管理信息文件，用来控制DVD影片的整体数据
		VIDEO_TS.BUP	VIDEO_TS.IFO的备份文件
		VIDEO_TS.VOB	为放入DVD播放器时第一个开始播放的影片，通常用来置放版权宣告的影片
		VTS_01_0.IFO	VTSI（VTS Manager Information）视频标题管理信息文件，用来控制视频标题播放
		VTS_01_0.BUP	VTS_01_0.IFO的备份文件
		VTS_01_0.VOB	Video Object Set for VTS Menu，通常为菜单
		VTS_01_1.VOB	第一个视频标题的第一个视频对象文件
		VTS_01_2.VOB	第一个视频标题的第二个视频对象文件
		: : :	: : :
		VTS_xx_n.VOB	第n个视频标题的第n个视频对象文件(1≤n≤9)。VOB文件包含影像、声音及字幕等数据，而且每个VOB文件不得超过1 GB
AUDIO_TS	存放DVD-Audio的文件格式（DVD-Audio专用文件夹）	*.IFO	用来控制播放的管理信息文件
		*.BUP	为IFO的备份文件
		*.AOB	为DVD-Audio的音频对象文件，内容包含了音轨、静态画面及实时文字。DVD-Audio的取样率最高可到达24bits、192kHz

DVD

◆ CSS

CSS的全名为Content Scramble System，中文称是内容扰乱系统，是由Matsushita以及Toshiba所发展出来的。如果您试过将一般市售的DVD影片复制到硬盘中，就会发现无法复制，这就是因为CSS的保护所致。CSS的保护是利用密钥直接加密在影片中，想要完整地解码必须配合DVD播放器，与DVD播放器互换钥匙，才能让DVD影片顺利播放。

◆ Macrovision 版权保护

Macrovision 版权保护又称为模拟保护系统 (Analog Protection System，APS)，主要功能在于防止DVD被复制。有很多的商用DVD（如好莱坞电影公司）在压片工厂生产时，都会使用此项技术。使用此项保护技术需与Macrovision检测合约书，带着这份合约书以及您的DVD母片到压片工厂，压片工厂即会将此保护技术加入至大量生产的片子当中。

◆ LPCM

LPCM为Linear Pulse Code Modulation的简称。LPCM的规格为16 Bit 、48 kHz立体声信号，与杜比 AC-3同属于DV-Video的标准音频规格。

◆ AC-3

AC-3是由杜比公司在1992年提出来的定位音效技术。AC-3的技术，实现了完全音场的声音效果，它可以非常准确地定位出发声体的位置，无论是前左、前右、左、右，你都可以很清楚地听出它的位置，而这个技术通常都应用在电影院及家庭剧院。目前的DVD-Video也都是采用AC-3音效压缩技术。AC-3它提供了多声道的功能，它的压缩比最大约为10 ：1，也就是经AC-3压缩过的声音数据只有原来的十二分之一。

◆ DTS

DTS为Digital Theater System 的简称，原本是电影院的播放系统，现在为家庭剧院扩大基本音效规格。就如同AC-3一样，信号源也是利用压缩的方式以便在有限的空间中来记载庞大的声音数据，但是DTS的压缩比为4：1远远低于AC-3的10：1，因此DTS的声音会比AC-3更加清晰且不失真。

◆ THX

THX其实并不是音频格式而是一种音效质量的认证，THX为美国卢卡斯电影公司所提出来的，需经过多项严格制作规格通过后，才能成为THX之认证产品。所以当您在某一部DVD影片看到标有THX的MARK时，相信此影片的音效一定有非常好的水平。

BD附加说明

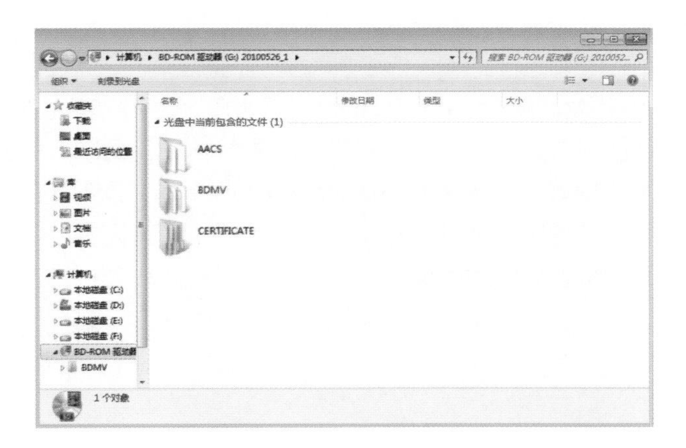

如果您有BD刻录器或光驱，在VISTA或Windows 7的环境下放入BD影片时就可以看到如下图一般的结构。在它的结构中最重要的部分就是BDMV\STREAM文件夹中的.m2ts档案，它作用在BDMV中跟DVD中的.vob雷同。另外BDMV的影像内容可以是MPEG-2，也可以是AVC（H.264/MPEG-4）或是VC-1（Windows Media Video 9）。另外BD一样有许多的防复制保护机制，如AACS、BD+等，也会于本单元一并说明。

◆ BD影片基本结构图：

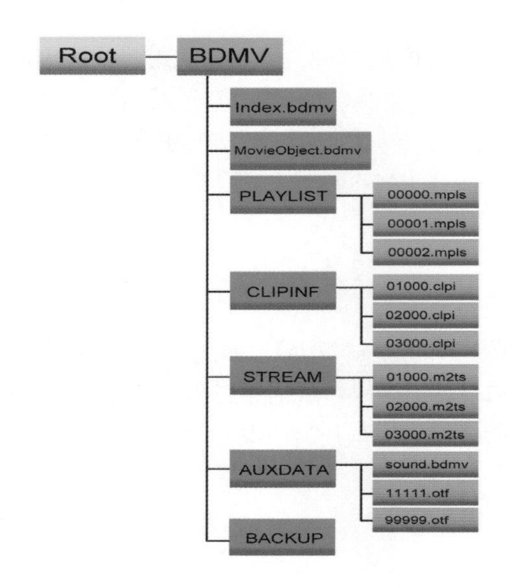

◆ AACS

AACS（Advanced Access Content System）是目前负责保护BD光盘内容的主要机制之一，也是目前八大电影公司所发行的BD影片内一定会加入的数字版权保护系统。AACS是由AACS LA（AACS Licensing Administrator）所制定的，其相关成员包含了迪斯尼、英特尔、微软、三菱、松下电器、华纳兄弟、国际商业机器、东芝以及索尼。所以当您的计算机无法播放某些新的BD影片时，通常就是要更新AACS密钥。

◆ BD+

BD+ 是一个储存于蓝光光盘内的微型虚拟器，它的责任就是赋予获得授权的蓝光光盘播放器（BD Player）可以进行播放蓝光光盘的动作。

◆ ROM Mark

ROM Mark是一种密码封锁的数据库，附加于蓝光光盘的内容之中，它的责任就是负责监控及阻止蓝光光盘的内容被未得到授权的播放程序（Player）进行译码（Decode）。

附录 E

快捷键

以下为会声会影X3的所有快捷键，您可使用下列的快捷键来执行经常使用的操作。

◆ 选单指令快捷键

功能	快捷键
开始新的视频项目	Ctrl+N
显示【开启旧项目文件】对话框	Ctrl+O
以相同的项目名称来储存目前的项目，并覆盖现有项目	Ctrl+S
项目内容	Alt + Enter
显示【参数选择】对话框	F6
还原上个指令	Ctrl+Z
重新套用上个还原的指令	Ctrl+Y
复制	Ctrl+C
粘贴	Ctrl+V
删除选定的区域或素材	Del

◆ 步骤面板快捷键

功能	快捷键
移至【捕获】步骤	Alt + C
移至【编辑】步骤	Alt + E
移至【编辑】步骤的转场	Alt + F
移至【编辑】步骤的标题	Alt + T
移至【编辑】步骤的音频	Alt + A
移至【输出】步骤	Alt + S
移至上一个步骤	往上
移至下一个步骤	向下

◆ 浏览面板快捷键

功能	快捷键
设定标记开始时间	F3
设定标记结束时间	F4
切换至项目模式	Ctrl + 1
切换至素材模式	Ctrl + 2
播放/ 暂停	Ctrl + P
只播放项目内的选定区域	Shift+【播放】按钮

功能	快捷键
最前面	Ctrl + H
最后面	Ctrl + E
上个帧	Ctrl + U
下个帧	Ctrl + T
重复	Ctrl + R
系统音量	Ctrl + L
分割视频	Ctrl + I
在修剪控点和实时预览滑杆之间【Tab】可以进行切换。当左修剪控点启动时，按【Tab】或【Enter】可切换至右控点	Tab，Enter
如果您按了【Tab】或【Enter】启动修剪列或实时预览列，使用往左键可移至上一个帧	左
如果您按了【Tab】或【Enter】启动修剪列或实时预览列，使用往右键可移至下一个帧	右
如果您按了【Tab】或【Enter】启动并切换修剪列与实时预览列，可按【Esc】来停用修剪列/ 实时预览列	Esc

◆ 时间轴快捷键

功能	快捷键
在时间轴中选取所有素材 单一标题：选取屏幕编辑模式中的所有字符	Ctrl + A
单一标题：剪下屏幕编辑模式中的选定字符	Ctrl + X
选取相同轨中多个素材（若要选取素材库内的多个素材，可使用【Shift+单击鼠标】或【Ctrl+单击鼠标】」来选取素材）	Shift +点击鼠标
在时间轴中选取前一个素材	左
在时间轴中选取下一个素材	右
拉近/ 拉远	+ / -
向右/ 向左卷动	Page Up /Page Down
往前卷动	Ctrl + Down /Ctrl + Right
往后卷动	Ctrl + Up /Ctrl + Left
移至时间轴的开始位置	Ctrl + Home
移至时间轴的结束位置	Ctrl + End

◆ 多重修剪视频快捷键

功能	快捷键
删除	Del
设定标记开始时间	F3
设定标记结束时间	F4
在素材中向后移动	F5
在素材中向前移动	F6
设定【前进/ 后退按钮的时间长度】	F7
取消	Esc

◆ 其他快捷键

功能	快捷键
停止捕获、录制、建构或关闭对话框而不作任何变更 如果您切换至【全屏幕预览】，请按【Esc】可切换到会声会影编辑程序接口	Esc
双击【素材库】中的转场，就可将它自动插入两素材间第一个空白的转场位置。重复此程序就可将转场插入下个空白转场位置	在【特效素材库】中双击转场

電子工業出版社
PUBLISHING HOUSE OF ELECTRONICS INDUSTRY

《会声会影X3权威指南》读者交流区

尊敬的读者：

感谢您选择我们出版的图书，您的支持与信任是我们持续上升的动力。为了使您能通过本书更透彻地了解相关领域，更深入的学习相关技术，我们将特别为您提供一系列后续的服务，包括：

1. 提供本书的修订和升级内容、相关配套资料；
2. 本书作者的见面会信息或网络视频的沟通活动；
3. 相关领域的培训优惠等。

请您抽出宝贵的时间将您的个人信息和需求反馈给我们，以便我们及时与您取得联系。

您可以任意选择以下三种方式与我们联系，我们都将记录和保存您的信息，并给您提供不定期的信息反馈。

1．短信

您只需编写如下短信：B11486+您的需求+您的建议

发送到1066 6666 789（本服务免费，短信资费按照相应电信运营商正常标准收取，无其他信息收费）

为保证我们对您的服务质量，如果您在发送短信24小时后，尚未收到我们的回复信息，请直接拨打电话（010）88254369。

2．电子邮件

您可以发邮件至**jsj@phei.com.cn**或**editor@broadview.com.cn**。

3．信件

您可以写信至如下地址：北京万寿路**173**信箱博文视点，邮编：**100036**。

如果您选择第2种或第3种方式，您还可以告诉我们更多有关您个人的情况，及您对本书的意见、评论等，内容可以包括：

（1）您的姓名、职业、您关注的领域、您的电话、E-mail地址或通信地址；

（2）您了解新书信息的途径、影响您购买图书的因素；

（3）您对本书的意见、您读过的同领域的图书、您还希望增加的图书、您希望参加的培训等。

如果您在后期想退出读者俱乐部，停止接收后续资讯，只需发送"B11486+退订"至10666666789即可，或者编写邮件"B11486+退订+手机号码+需退订的邮箱地址"发送至邮箱：market@broadview.com.cn <mailto:market@broadview.com.cn>亦可取消该项服务。

同时，我们非常欢迎您为本书撰写书评，将您的切身感受变成文字与广大书友共享。我们将挑选特别优秀的作品转载在我们的网站（**www.broadview.com.cn**）上，或推荐至**CSDN.NET**等专业网站上发表，被发表的书评的作者将获得价值**50**元的博文视点图书奖励。

我们期待您的消息！

博文视点愿与所有爱书的人一起，共同学习，共同进步！

通信地址：北京万寿路 173 信箱　博文视点（100036）　电话：010-51260888

E-mail：jsj@phei.com.cn，editor@broadview.com.cn

举报电话：（010）88254396；（010）88258888

传　　真：（010）88254397

E-mail：　dbqq@phei.com.cn

通信地址：北京市万寿路 173 信箱

　　　　　电子工业出版社总编办公室

邮　　编：100036